HUODIANCHANG HUANBAO JISHU JIANDU TIKU

火电厂环保技术监督题库

华电电力科学研究院有限公司 编

中国电力出版社
CHINA ELECTRIC POWER PRESS

图书在版编目（CIP）数据

火电厂环保技术监督题库/华电电力科学研究院有限公司编. —北京：中国电力出版社，2023.8

ISBN 978-7-5198-2911-7

Ⅰ. ①火… Ⅱ. ①华… Ⅲ. ①火电厂－环境保护－技术监督－习题集 Ⅳ. ①X773-44

中国版本图书馆 CIP 数据核字（2019）第 140418 号

出版发行：中国电力出版社
地　　址：北京市东城区北京站西街 19 号（邮政编码 100005）
网　　址：http://www.cepp.sgcc.com.cn
责任编辑：赵鸣志（010-63412385）
责任校对：黄　蓓　王小鹏
装帧设计：赵姗姗
责任印制：吴　迪

印　　刷：三河市百盛印装有限公司
版　　次：2023 年 8 月第一版
印　　次：2023 年 8 月北京第一次印刷
开　　本：880 毫米×1230 毫米　32 开本
印　　张：13.5
字　　数：323 千字
印　　数：0001—1000 册
定　　价：60.00 元

《火电厂环保技术监督题库》
编 写 委 员 会

主　　任　舒泽萍

副 主 任　常　浩　陈　剑

编　　委　杨宏伟　夏江庭　王士委　李　洋

主　　编　朱斌帅

副 主 编　李乾坤　邹阳军

编写人员　宋广田　刘朋彬　曹天佑　任鸿飞

李洪吉　刘　烨　吴　凯　白　佳

车　方

前言

近年来，我国生态环境保护形势发生了历史性变化，在习近平生态文明思想的指导下，新时代生态环境保护工作上升到了一个崭新的高度。根据依法治国的要求，国家密集修订出台了多项环保法律法规、标准规范等，强化制度执行，让制度成为刚性约束和不可触碰高压线的力度前所未有。在愈加严峻的外部形势下，环保工作者如何熟悉掌握相关法律法规、标准规范，从而更好地做好环保工作显得愈发重要。

华电电力科学研究院有限公司（以下简称华电电科院）是中国华电集团有限公司的直属科研机构，专门从事火力发电、煤炭清洁高效利用、质量标准咨询及检验检测、环保监督等技术研究与技术服务工作。近年来，华电电科院环保监督技术团队持续跟踪研判国家出台的生态环保领域最新政策法规，创新环保监督模式，积极构建火电企业生态环保风险防控体系，提升企业环境守法能力。

基于上述背景和相关从业人员的需求，华电电科院特成立编写委员会，整理分析国家最新的生态环保相关法律、规范、标准，结合典型环境违法案例，编制了本题库。希望通过本书的出版，能够让企业环保监督相关人员更加深入了解我国生态环保政策与法律法规，为后续开展相关工作提供指引。

本书在编写过程中得到了有关领导及专家的支持与指导，在此一并致谢。限于作者水平和编写时间，书中存在疏漏或不当之处在所难免，欢迎各位同行及专家不吝赐教。

编　者

2022 年 12 月

目 录

第一章
大气污染防治

第一节 单 选 题

1. 依据《中华人民共和国大气污染防治法》，超过大气污染物排放标准或者超过重点大气污染物排放总量控制指标排放大气污染物的，处（　　）的罚款。

A. 一万元以上十元以下

B. 十万元以上一百万元以下

C. 二十万元以上一百万元以下

D. 五十万元以上一百万元以下

2.《火电行业排污许可证申请与核发技术规范》中自动监测小时均值是指“整点 1 小时内不少于（　　）分钟的有效数据的算术平均值”。

A. 15　　B. 30　　C. 45　　D. 50

3.《火电行业排污许可证申请与核发技术规范》中废气手工监测小时均值是指“1 小时内等时间间隔采样（　　）个样品监测结果的算数平均值”。

A. 1　　B. 1～2　　C. 2～3　　D. 3～4

4.《火电行业排污许可证申请与核发技术规范》中 NO_x 的稳定运行达标判定期为机组启动后出力达到额定的（　　）开始到机组解列前出力降到额定的（　　）为止。

A. 25%，25%　　B. 25%，50%

C. 50%，50%　　D. 50%，25%

5. 依据《中华人民共和国大气污染防治法》，火电厂因超标排放大气污染物受到罚款处罚，被责令改正，拒不改正的，依法作出处罚决定的行政机关可以自（　　）起，按日连续处罚。

A. 发生超标排放之日　　B. 现场检查之日

C．责令改正之日的次日　　　D．现场复查之日的次日

6．违反《中华人民共和国大气污染防治法》规定，造成大气污染事故的，除对违法企业罚款外，对直接负责的主管人员和其他直接责任人员可以处上一年度从本企业事业单位取得收入（　　）以下的罚款。

A．百分之百　　　B．百分之五十

C．百分之二十　　　D．百分之十

7．违反《中华人民共和国固体废物污染环境防治法》规定，造成一般或者较大大气污染事故的，按照污染事故造成直接损失的（　　）计算罚款。

A．原金额　　　B．一倍以上二倍以下

C．一倍以上三倍以下　　　D．三倍以上五倍以下

8．环境保护主管部门可以当场认定违法排放污染物的，应当（　　）向排污单位送达责令改正违法行为决定书。

A．现场调查时　　　B．次日

C．三个工作日内　　　D．五个工作日内

9．依据《环境保护主管部门实施限制生产、停产整治办法》，因排放污染物超过污染物排放标准的原因限制生产最长时间为（　　）。

A．三个月　　B．六个月　　C．一年　　D．两年

10．依据《环境保护主管部门实施限制生产、停产整治办法》，排污者完成整改任务的，应当在（　　）内将整改有关情况报作出整治决定的环境保护主管部门备案。

A．一个月　　　B．十五个工作日

C．一周　　　D．五个工作日

11．排污者解除限制生产、停产整治后，环境保护主管部门应当在解除之日起（　　）内对排污者进行跟踪检查。

A．十日　　B．十五日　　C．三十日　　D．九十日

12．脱硝装置使用寿命及检修维护周期应与（　　）保持一致。

A．锅炉辅机　　B．锅炉主机

C．外围辅机　　D．脱硫装置

13．依据《锅炉大气污染物排放标准》，新建锅炉房的烟囱周围半径 200m 距离内有建筑物时，其烟囱应高出最高建筑物（　　）m 以上。

A．2　　B．3　　C．4　　D．5

14．SNCR 采用尿素溶液作为还原剂时，（　　）位于其最佳反应温度区间内。

A．100℃　　B．500℃　　C．1000℃　　D．1300℃

15．SNCR 脱硝系统运行过程中，还原剂喷入炉膛前，尿素溶液质量浓度应控制在（　　）之内。

A．5%　　B．10%　　C．15%　　D．20%

16．依据《燃煤电厂超低排放烟气治理工程技术规范》，燃煤电厂颗粒物、SO_2、NO_x 排放浓度超低排放限值分别不高于（　　）mg/m^3。（标态、干基、6%O_2）。

A．10、20、30　　B．10、35、50

C．15、30、50　　D．5、35、50

17．火电厂应建立健全烟气治理设施的事故预防和应急预案，至少应包括突发事件总体应急预案和（　　），并定期演练和记录备案。

A．环境污染事故专项预案

B．重大气象灾害预警应急预案

C．火灾事故应急预案

D．触电事故应急预案

18．以下不属于脱硫工艺性能指标的是（　　）。

A．脱硫效率　　B．二氧化硫排放浓度

C．系统压降　　D．氮氧化物排放浓度

19．新建项目的烟气脱硫工程应和主体工程同时设计，同时施工，（　　）。

A．同时验收　　B．同时投产使用

C．同时报批　　D．同时检修

20．依据《石灰石/石灰-石膏湿法烟气脱硫工程通用技术规范》，脱硫吸收塔除雾器除雾性能应能确保烟气中液滴全含量不大于（　　）mg/m^3（标态、干基、6% O_2）。

A．30　　B．40　　C．50　　D．60

21．依据《火电厂烟气脱硫工程技术规范　海水法》，海水法烟气脱硫装置的入口烟气含尘浓度应不大于（　　）mg/m^3。

A．10　　B．20　　C．30　　D．40

22．脱硫吸收塔入口烟道可能接触浆液的区域，以及脱硫吸收塔出口至烟囱入口之间的净烟道应采用（　　）。

A．防磨措施　　B．防腐措施

C．防冻措施　　D．防火措施

23．以下不属于电除尘性能参数的是（　　）。

A．除尘效率　　B．漏风率

C．颗粒度　　D．本体压降

24．根据《火电厂除尘工程技术规范》，袋式除尘系统入口气体温度应至少高于气体酸露点温度（　　）℃以上。

A．5　　B．10　　C．20　　D．25

25．SCR的运行的入口烟气温度一般在（　　）℃。

A．200～300　　B．250～350

C．300～420　　D．380～480

26．电除尘器产品整机性能试验宜在正常投运（　　）进行。

A．一个月后至三个月　　B．三个月后至六个月

C．六个月后至九个月　　D．九个月后至十二个月

27．依据《中华人民共和国大气污染防治法》，暂时不能开工的建设用地，超过（　　）应当进行绿化、铺装或者遮盖。

A．一个月　　B．三个月

C．六个月　　D．一年

28．依据《中华人民共和国大气污染防治法》，施工单位应当在施工工地设置（　　），并采取有效防尘降尘措施。

A．硬质围挡　　B．遮阳帘

C．低音喇叭　　D．警戒线

29．某发电企业建设了一座石灰石贮存场所，无法实现封闭贮存，计划在四周建设围挡，正常使用过程中堆放高度设计为 3m，围挡的高度应设计为（　　）。

A．1m　　B．1.5m　　C．2m　　D．4m

30．依据《火电厂污染防治可行技术指南》，火电厂 NO_x 控制的首选技术是（　　）。

A．低氮燃烧技术　　B．SCR

C．SNCR　　D．湿法吸收

第二节　多　选　题

1．依据《中华人民共和国大气污染防治法》，防治大气污染，应当加强对（　　）等大气污染物和温室气体实施协同控制。

A．颗粒物　　B．二氧化硫

C．氮氧化物　　D．氨

2．依据《环境保护主管部门实施按日连续处罚办法》，环境

保护主管部门责令改正违法行为决定书送达后，排污单位具有下列情形之一的，认定为拒不改正（　　）。

A．复查时仍在实施违法行为

B．拒绝实施复查的

C．阻挠实施复查的

D．复查的已整改，但未办理验收手续

3．排污者有下列行为之一，拒不改正的可以实施按日连续处罚（　　）。

A．违法超标排放污染物

B．通过暗管等偷排污染物

C．篡改、伪造监测数据

D．违法倾倒危险废物

4．环境保护主管部门针对违法排放污染物行为实施按日连续处罚的，可以同时适用责令排污者（　　）等措施。

A．限制生产　　B．停产整治

C．拆除设施　　D．查封、扣押

5．环境保护主管部门可以责令企业采取停产整治措施的情况包括（　　）。

A．通过暗管方式排放污染物，超过排放标准的

B．非法排放含重金属的污染物超过污染物排放标准三倍以上的

C．篡改、伪造监测数据，超过排放标准的

D．被责令限制生产后仍然超过污染物排放标准排放污染物的

6．排污者有（　　）情形之一的，由环境保护主管部门报经有批准权的人民政府责令停业、关闭。

A．两年内因排放含重金属、持久性有机污染物等有毒物质

超过污染物排放标准受过三次以上行政处罚，又实施前列行为的

B．被责令停产整治后拒不停产的

C．停产整治决定解除后，跟踪检查发现又实施同一违法行为的

D．环保设施不能正常运行的

7．脱硝工艺可供选择的还原剂有（　　）。

A．液氨　　B．液氧　　C．尿素　　D．氨水

8．烟气脱硝的系统布置应符合国家相关规定和要求，并满足（　　）要求。

A．环境保护　　B．安全防火

C．防爆、防毒　　D．职业安全卫生

9．采用 SCR 工艺的锅炉，应对空气预热器等下游设备采取（　　）等措施。

A．防腐　　B．降温　　C．冲洗　　D．吹灰

10．火电厂脱硝设施催化剂常见的形式有（　　）。

A．板状　　B．蜂窝状　　C．波纹式　　D．圆筒式

11．以下哪些属于烟气脱硝系统性能考核指标（　　）。

A．脱硝效率　　B．氨逃逸浓度

C．SO_2/SO_3 转化率　　D．二氧化硫排放浓度

12．新建、改建、扩建超低排放工程应和主体工程（　　），能够满足主体工程的生产需要。

A．同时设计　　B．同时施工

C．同时验收　　D．同时投产使用

13．烟气污染防治主要采用（　　）等技术。

A．烟气除尘　　B．烟气脱硫

C．烟气脱硝　　D．汞污染防治

14. 依据《火电厂烟气治理设施运行管理技术规范》，烟气治理设施运行和管理人员上岗基础理论培训内容主要包括（　　）。

A. 环保设施的工艺　　B. 环保设施的原理

C. 环保设施的设计规范　　D. 烟气治理法律法规

15. 脱硫吸收塔宜采用一体化结构，一体化吸收塔应同时具有（　　）功能。

A. 浆液储存　　B. 副产物氧化

C. 烟气 SO_2 吸收　　D. 除雾

16. 目前常用的烟气脱硫技术主要有（　　）。

A. 石灰石—石膏湿法脱硫技术

B. 烟气循环流化床脱硫技术

C. 氨法脱硫技术

D. 海水脱硫技术

17. 依据《中华人民共和国大气污染防治法》，以下（　　）物料贮存时应当密闭，不能密闭应当采取满足条件的严密围挡措施。

A. 煤炭　　B. 煤矸石

C. 煤灰　　D. 运输皮带

18. 依据《中华人民共和国大气污染防治法》，施工单位应当在施工工地采取防尘降尘措施有（　　）。

A. 覆盖　　B. 冲洗地面和车辆

C. 洒水抑尘　　D. 分段作业、择时施工

19. 依据《中华人民共和国大气污染防治法》，下列（　　）行为会受到经济处罚。

A. 装卸物料未采取密闭或者喷淋等方式控制扬尘排放的

B. 存放煤矸石未采取防燃措施的

C．码头未采取有效措施防治扬尘污染的

D．对不能密闭的易产生扬尘的物料采取覆盖措施

20．下列属于施工工地扬尘治理六个百分百要求的是（　　）。

A．工地周边100%围挡　　B．物料堆放100%覆盖

C．出入车辆100%冲洗　　D．土方开挖100%湿法作业

21．依据《中华人民共和国大气污染防治法》，暂时不能开工的建设用地，超过三个月的，应当进行（　　）。

A．绿化　　B．铺装　　C．遮盖　　D．硬化

第三节　填　空　题

1．依据《中华人民共和国大气污染防治法》，向大气排放污染物的，应当符合大气污染物________，遵守重点大气污染物排放总量控制要求。

2．依据《火电行业排污许可证申请与核发技术规范》，机组启动期间排放数据不作为火电机组 NO_x 达标判定依据，启动时间原则上并网后不得超过________小时。

3．依据《火电行业排污许可证申请与核发技术规范》，机组停机期间排放数据不作为火电机组 NO_x 达标判定依据，停机时间原则上不得超过________小时。

4．火电厂应定期对烟气脱硝设施的运行状况进行考核，考核指标至少应包括________、系统投运率、NO_x 排放达标状况及总量控制情况、还原剂消耗量、电耗等。

5．海水法烟气脱硫装置由海水供应系统、烟气系统、二氧化硫吸收系统和________等组成。

6．脱硫吸收剂制备可采用磨制系统制浆或来粉制浆，其中磨制系统制浆分为干磨制浆和________。

7. 电除尘器主要由机械本体和________两大部分组成。

8. 火电厂的烟（粉）尘主要包括火电厂锅炉燃烧过程产生的烟尘以及________的粉尘。

9. 火电厂烟气排放应设置________进行监测，并与当地环保部门联网。

10. 能够满足火电厂烟尘排放标准要求的除尘器主要包括电除尘器、袋式除尘器和________。

11. 袋式除尘器清灰方式应根据烟尘的物理性质确定，燃煤锅炉烟气宜采用行喷吹袋式除尘器或________喷吹袋式除尘器。

12. 低低温电除尘器入口烟气温度应低于烟气酸露点，一般为________℃，最低温度应不小于 85℃。

13. 按照脱硫工艺是否加水和脱硫产物的干湿形态，烟气脱硫技术分为湿法、干法和________三种工艺。

14. 燃煤电厂的煤炭装卸应当采取封闭、________等方式防治扬尘污染。

15. 依据《火电厂污染防治可行技术指南》，燃煤电厂厂内煤炭贮存宜采取________煤场。

16.《中华人民共和国大气污染防治法》规定，装卸物料应当采取________或者喷淋等方式防治扬尘污染。

17.《中华人民共和国大气污染防治法》规定，贮存煤炭的场所不能密闭的，可设置________堆放物高度的严密围挡。

第四节　判　断　题

1. 排污单位只需满足大气污染物排放标准即可向大气排放污染物。（　　）

2．环保法的立法目的是为保护和改善环境，防治大气污染，保障公众健康，推进生态文明建设，促进经济社会可持续发展。（　）

3．依据《火电行业排污许可证申请与核发技术规范》，机组启动后出力达到额定的50%和机组停机解列前出力降到额定的50%期间的NO_x排放数据，可不作为火电机组NO_x达标判定依据。（　）

4．禁止以逃避现场检查为目的的临时停产、非紧急情况下开启应急排放通道等逃避监管的方式排放大气污染物。（　）

5．排污单位违法排放大气污染物受到罚款处罚，被责令改正但拒不改正的。作出处罚决定的行政机关可以自责令改正之日的次日起，按照原处罚数额按日连续处罚。（　）

6．燃煤电厂燃用不符合质量标准的煤炭的，不属于违反《中华人民共和国大气污染防治法》的行为。（　）

7．某市环保局在送达责令改正违法行为决定书后第15天，以暗查方式组织对排污者违法排放污染物行为的改正情况实施复查，该行为符合《环境保护主管部门实施按日连续处罚办法》。（　）

8．排污者在环境保护主管部门实施复查前，可以向作出责令改正违法行为决定书的环境保护主管部门报告改正情况，并附具相关证明材料。（　）

9．市环保局可要求该市辖区内污染物排放量超过政府分配的总量控制指标的企业停产整治。（　）

10．锅炉启动点火时应采用等离子或清洁燃料进行点火，烟气治理设备可待机组并网后再投入。（　）

11．烟气治理设施必须由火电厂自主运行。（　）

12．施工工地未设置硬质密闭围挡，或者未采取有效抑尘措

施，由相关部门责令改正并处罚款。（ ）

13. 建设单位应当将防治扬尘污染的费用列入工程造价，并在施工承包合同中明确施工单位扬尘污染等防治责任。

（ ）

14. 施工单位应当在施工工地公示扬尘污染防治措施、负责人、扬尘监督管理主管部门等信息。（ ）

15. 依据《中华人民共和国大气污染防治法》，暂时不能开工的建设用地，超过一个月的，应当进行绿化、铺装或者遮盖。

（ ）

16. 依据《中华人民共和国大气污染防治法》，装卸物料应当采取密闭或者喷淋等方式防治扬尘污染。（ ）

17. 贮存煤炭的场所不能密闭的，可设置低于堆放物高度的严密围挡。（ ）

18. 依据《中华人民共和国大气污染防治法》，暂时不能开工的建设用地，闲置不超过三个月的，可不采取抑尘措施。

（ ）

19. 火电厂在场周边安装的总悬浮颗粒物（TSP）浓度监测设施，数据记录应保存半年以上。（ ）

第五节 问 答 题

1.《环境保护主管部门实施按日连续处罚办法》中规定的可以实施按日连续处罚的情形有哪些？

2．依据《打赢蓝天保卫战三年行动计划》，施工工地“无组织排放管控”“六个百分之百”主要包括哪些内容？

参　考　答　案

第一节　单　选　题

1．B

解　析　《中华人民共和国大气污染防治法》(2018年10月26日第二次修正)

第九十九条　违反本法规定，有下列行为之一的，由县级以上人民政府生态环境主管部门责令改正或者限制生产、停产整治，并处十万元以上一百万元以下的罚款；情节严重的，报经有批准权的人民政府批准，责令停业、关闭：

（二）超过大气污染物排放标准或者超过重点大气污染物排放总量控制指标排放大气污染物的。

2．C

解　析　《火电行业排污许可证申请与核发技术规范》(环水体〔2016〕189号)

六、达标排放判定方法

（一）废气

1．一般情况

自动监测小时均值是指“整点1小时内不少于45分钟的有效数据的算术平均值”。

3．D

解　析　《火电行业排污许可证申请与核发技术规范》(环水体〔2016〕189号)

六、达标排放判定方法

（一）废气

1．一般情况

按照《固定污染源排气中颗粒物测定与气态污染物采样方法》（GB/T 16157）和《固定源废气监测技术规范》（HJ/T 397）中的相关规定，手工监测小时均值是指“1 小时内等时间间隔采样 3～4 个样品监测结果的算数平均值”。

4．C

解　析　《火电行业排污许可证申请与核发技术规范》（环水体〔2016〕189 号）

六达标排放判定方法

（一）废气

2．特殊情况

NO_x 的稳定运行达标判定期为机组启动后出力达到额定的 50%开始到机组解列前出力降到额定的 50%为止。

5．C

解　析　《中华人民共和国大气污染防治法》（2018 年 10 月 26 日第十三届全国人民代表大会常务委员会第六次会议《关于修改〈中华人民共和国野生动物保护法〉等十五部法律的决定》第二次修正）

第一百二十三条　违反本法规定，企业事业单位和其他生产经营者有下列行为之一，受到罚款处罚，被责令改正，拒不改正的，依法作出处罚决定的行政机关可以自责令改正之日的次日起，按照原处罚数额按日连续处罚：

（一）未依法取得排污许可证排放大气污染物的；

（二）超过大气污染物排放标准或者超过重点大气污染物排放总量控制指标排放大气污染物的；

（三）通过逃避监管的方式排放大气污染物的。

6．B

解　析　《中华人民共和国大气污染防治法》（2018 年 10 月

26日第十三届全国人民代表大会常务委员会第六次会议《关于修改〈中华人民共和国野生动物保护法〉等十五部法律的决定》第二次修正）

第一百二十二条 违反本法规定，造成大气污染事故的，由县级以上人民政府生态环境主管部门依照本条第二款的规定处以罚款；对直接负责的主管人员和其他直接责任人员可以处上一年度从本企业事业单位取得收入百分之五十以下的罚款。

7. C

解 析 《中华人民共和国大气污染防治法》（2018年10月26日第十三届全国人民代表大会常务委员会第六次会议《关于修改〈中华人民共和国野生动物保护法〉等十五部法律的决定》第二次修正）

第一百二十二条 违反本法规定，造成大气污染事故的，由县级以上人民政府生态环境主管部门依照本条第二款的规定处以罚款；对直接负责的主管人员和其他直接责任人员可以处上一年度从本企业事业单位取得收入百分之五十以下的罚款。对造成一般或者较大大气污染事故的，按照污染事故造成直接损失的一倍以上三倍以下计算罚款；对造成重大或者特大大气污染事故的，按照污染事故造成的直接损失的三倍以上五倍以下计算罚款。

8. A

解 析 《环境保护主管部门实施按日连续处罚办法》（环境保护部令第28号）

第八条 环境保护主管部门可以当场认定违法排放污染物的，应当在现场调查时向排污者送达责令改正违法行为决定书，责令立即停止违法排放污染物行为。

9. B

解 析 《环境保护主管部门实施限制生产、停产整治办法》

（环境保护部令第 30 号）

第十五条　限制生产一般不超过三个月；情况复杂的，经本级环境保护主管部门负责人批准，可以延长，但延长期限不得超过三个月。

10．B

解　析　《环境保护主管部门实施限制生产、停产整治办法》（环境保护部令第 30 号）

第十七条　排污者完成整改任务的，应当在十五个工作日内将整改任务完成情况和整改信息社会公开情况，报作出限制生产、停产整治决定的环境保护主管部门备案，并提交监测报告以及整改期间生产用电量、用水量、主要产品产量与整改前的对比情况等材料。限制生产、停产整治决定自排污者报环境保护主管部门备案之日起解除。

11．C

解　析　《环境保护主管部门实施限制生产、停产整治办法》（环境保护部令第 30 号）

第二十条　排污者解除限制生产、停产整治后，环境保护主管部门应当在解除之日起三十日内对排污者进行跟踪检查。

12．B

解　析　《火电厂烟气脱硝技术导则》（DL/T 296—2011）

4.4　脱硝装置使用寿命及检修维护周期应与锅炉主机一致。

13．B

解　析　《锅炉大气污染物排放标准》（GB 13271—2014）

4.5　新建锅炉房的烟囱周围半径 200m 距离内有建筑物时，其烟囱应高出最高建筑物 3m 以上。

14．C

解　析　《火电厂烟气脱硝技术导则》（DL/T 296—2011）

7.1.2 液氨、氨水的反应温度宜为 871～1038℃，尿素的反应温度宜为 927～1039℃。

15．B

解 析 《火电厂烟气脱硝技术导则》(DL/T 296—2011)

7.2.3 还原剂喷入炉膛前，尿素浓度应控制在 10%（质量浓度）之内，液氨、氨水（以 NH_3 计）浓度应控制在 5%（体积浓度）之内。

16．B

解 析 《燃煤电厂超低排放烟气治理工程技术规范》(HJ 2053—2018)

3.1 在基准氧含量 6%条件下，燃煤电厂标态干烟气中颗粒物、SO_2、NO_x 排放质量浓度分别不高于 $10mg/m^3$、$35mg/m^3$、$50mg/m^3$，简称超低排放。

17．A

解 析 《火电厂烟气治理设施运行管理技术规范》(HJ 2040—2014)

5.1.3 火电厂应建立健全烟气治理设施的事故预防和应急预案，至少应包括突发事件总体应急预案、环境污染事故专项预案，并定期演练和记录备案。

18．D

解 析 《火电厂烟气脱硫装置验收技术规范》(DL/T 1150—2012)

5.1 脱硫工艺性能指标：主要有脱硫效率、二氧化硫排放质量浓度、水量消耗、电能消耗、吸收剂消耗、系统压力降、除雾器出口烟气中携带的液滴质量浓度、石膏品质、废水品质、蒸汽消耗和压缩空气消耗。

19．B

解 析 《石灰石/石灰—石膏湿法烟气脱硫工程通用技术规

范》（HJ 179—2018）

5.1.1　新建项目的烟气脱硫工程应和主体工程同时设计，同时施工，同时投产使用。

20．C

解　析　《石灰石/石灰—石膏湿法烟气脱硫工程通用技术规范》（HJ 179—2018）

6.5.8　脱硫吸收塔除雾器除雾性能应能确保烟气中液滴全含量不大于 50mg/m^3（干基折算）。

21．C

解　析　《火电厂烟气脱硫工程技术规范　海水法》（HJ 2046—2014）

5.1.4　海水法烟气脱硫装置的入口烟气含尘浓度应不大于 30mg/m^3。

22．B

解　析　《石灰石/石灰—石膏湿法烟气脱硫工程通用技术规范》（HJ 179—2018）

6.3.6　脱硫吸收塔入口烟道可能接触浆液的区域，以及脱硫吸收塔出口至烟囱入口之间的净烟道应采用防腐措施。

23．C

解　析　《电除尘器》（DL/T 514—2017）

5.2　性能参数为：

a）电除尘器效率（%）；b）烟气流速（m/s）；c）设计压力（kPa）；d）本体压力降（Pa）；e）本体漏风率（%）；f）噪声［dB（A）］。

24．B

解　析　《火电厂除尘工程技术规范》（HJ 2039—2014）

12.4.1　滤料使用温度的上限要高于除尘系统入口气体温

度；除尘系统入口气体温度要高于体酸露点温度 10℃以上；系统阻力保持在正常范围内。

25．C

解 析 《燃煤电厂超低排放烟气治理工程技术规范》（HJ 2053—2018）

6.3.1.6 脱硝系统有关工艺参数宜满足表 4 要求。SCR 脱硝的运行温度一般在 300～420℃。

26．B

解 析 《电除尘器》（DL/T 514—2017）

10.2 产品整机性能试验

产品整机性能试验宜在正常投运三个月后至六个月进行；测试单位的选定按合同规定执行，无规定时可由用户和制造厂协商确定。测试方法执行 GB/T 13931。

27．B

解 析 《中华人民共和国大气污染防治法》（2018 年 10 月 26 日第十三届全国人民代表大会常务委员会第六次会议修订）

第六十九条 暂时不能开工的建设用地，建设单位应当对裸露地面进行覆盖；超过三个月的，应当进行绿化、铺装或者遮盖。

28．A

解 析 《中华人民共和国大气污染防治法》（2018 年 10 月 26 日第十三届全国人民代表大会常务委员会第六次会议修订）

第六十九条 施工单位应当在施工工地设置硬质围挡，并采取覆盖、分段作业、择时施工、洒水抑尘、冲洗地面和车辆等有效防尘降尘措施。

29．D

解 析 《中华人民共和国大气污染防治法》（2018 年 10 月

26日第十三届全国人民代表大会常务委员会第六次会议修订）

第七十二条　贮存煤炭、煤矸石、煤渣、煤灰、水泥、石灰、石膏、砂土等易产生扬尘的物料应当密闭；不能密闭的，应当设置不低于堆放物高度的严密围挡，并采取有效覆盖措施防治扬尘污染。

30．A

解　析　《火电厂污染防治可行技术指南》（HJ 2301—2017）

5.4.1.1　锅炉低氮燃烧技术应作为火电厂 NO_x 控制的首选技术，与烟气脱硝技术配合使用实现 NO_x 达标排放或超低排放。

第二节　多　选　题

1．ABCD

解　析　《中华人民共和国大气污染防治法》（2018年10月26日第二次修正）

第二条　防治大气污染，应当加强对燃煤、工业、机动车船、扬尘、农业等大气污染的综合防治，推行区域大气污染联合防治，对颗粒物、二氧化硫、氮氧化物、挥发性有机物、氨等大气污染物和温室气体实施协同控制。

2．ABCD

解　析　《环境保护主管部门实施按日连续处罚办法》（环境保护部令第28号）

第十三条　排污者具有下列情形之一的，认定为拒不改正：

（一）责令改正违法行为决定书送达后，环境保护主管部门复查发现仍在继续违法排放污染物的；

（二）拒绝、阻挠环境保护主管部门实施复查的。

3．ABCD

解　析　《环境保护主管部门实施按日连续处罚办法》（环境保护部令第28号）

第五条　排污者有下列行为之一，受到罚款处罚，被责令改正，拒不改正的，依法作出罚款处罚决定的环境保护主管部门可以实施按日连续处罚：

（一）超过国家或者地方规定的污染物排放标准，或者超过重点污染物排放总量控制指标排放污染物的；

（二）通过暗管、渗井、渗坑、灌注或者篡改、伪造监测数据，或者不正常运行防治污染设施等逃避监管的方式排放污染物的；

（三）排放法律、法规规定禁止排放的污染物的；

（四）违法倾倒危险废物的；

（五）其他违法排放污染物行为。

4. ABD

解　析　《环境保护主管部门实施按日连续处罚办法》（环境保护部令第28号）

第二十条　环境保护主管部门针对违法排放污染物行为实施按日连续处罚的，可以同时适用责令排污者限制生产、停产整治或者查封、扣押等措施；因采取上述措施使排污者停止违法排污行为的，不再实施按日连续处罚。

5. ABCD

解　析　《环境保护主管部门实施限制生产、停产整治办法》（环境保护部令第30号）

第六条　排污者有下列情形之一的，环境保护主管部门可以责令其采取停产整治措施：

（一）通过暗管、渗井、渗坑、灌注或者篡改、伪造监测数据，或者不正常运行防治污染设施等逃避监管的方式排放污染物，超过污染物排放标准的；

（二）非法排放含重金属、持久性有机污染物等严重危害环境、损害人体健康的污染物超过污染物排放标准三倍以上的；

（三）超过重点污染物排放总量年度控制指标排放污染物的；

（四）被责令限制生产后仍然超过污染物排放标准排放污染物的；

（五）因突发事件造成污染物排放超过排放标准或者重点污染物排放总量控制指标的；

（六）法律、法规规定的其他情形。

6．ABC

解　析　《环境保护主管部门实施限制生产、停产整治办法》（环境保护部令第 30 号）

第八条　排污者有下列情形之一的，由环境保护主管部门报经有批准权的人民政府责令停业、关闭：

（一）两年内因排放含重金属、持久性有机污染物等有毒物质超过污染物排放标准受过两次以上行政处罚，又实施前列行为的；

（二）被责令停产整治后拒不停产或者擅自恢复生产的；

（三）停产整治决定解除后，跟踪检查发现又实施同一违法行为的；

（四）法律法规规定的其他严重环境违法情节的。

7．ACD

解　析　《火电厂烟气脱硝技术导则》（DL/T 296—2011）

6.3.1　可供选择的还原剂有液氨（NH_3）、尿素［$CO(NH_2)_2$］、氨水（$NH_3 \cdot H_2O$ 或 $NH_4 \cdot OH$）

8．ABCD

解　析　《火电厂烟气脱硝技术导则》（DL/T 296—2011）

4.3　烟气脱硝的系统布置应符合国家相关规定和要求，并满足环境保护、安全防火、防爆、防毒及职业安全卫生要求。

9．ACD

解 析 《火电厂烟气脱硝技术导则》（DL/T 296—2011）

6.1.3 应对空气预热器等下游设备采取防腐、吹灰及冲洗等措施。

10．ABC

解 析 《火电厂烟气脱硝技术导则》（DL/T 296—2011）

1.3.4 促使还原剂选择性地与烟气中的氮氧化物在一定温度下发生化学反应的物质，催化剂形式有蜂窝状、板状和波纹式。

11．ABC

解 析 《火电厂烟气脱硝技术导则》（DL/T 296—2011）

10.1 脱硝系统性能考核指标主要包括脱硝效率和氮氧化物排放质量浓度、氨逃逸浓度、SO_2/SO_3 转化率、系统压力降、电能消耗、还原剂消耗等。

12．ABD

解 析 《燃煤电厂超低排放烟气治理工程技术规范》（HJ 2053—2018）

5.1.3 新建、改建、扩建超低排放工程应和主体工程同时设计、同时施工、同时投产使用，能够满足主体工程的生产需要。

13．ABCD

解 析 《火电厂污染防治可行技术指南》（HJ 2301—2017）

5.1.1 烟气污染防治主要采用烟气除尘、脱硫、低氮燃烧与烟气脱硝、汞污染防治等技术。

14．ABCD

解 析 《火电厂烟气治理设施运行管理技术规范》（HJ 2040—2014）

5.3.2.1　基础理论培训内容主要包括脱硝、除尘、脱硫和检测设施的工艺、原理、设计规范和设备规范，大气污染物治理相关的法律、法规和标准等。

15．ABCD

解　析　《石灰石/石灰—石膏湿法烟气脱硫工程通用技术规范》（HJ 179—2018）

6.5.3　脱硫吸收塔宜采用一体化结构，一体化吸收塔应同时具有副产物氧化、浆液储存、烟气 SO_2 吸收和除雾的功能。

16．ABCD

解　析　《火电厂污染防治可行技术指南》（HJ 2301—2017）

5.3　烟气脱硫技术

5.3.2　石灰石-石膏湿法脱硫技术

5.3.3　烟气循环流化床脱硫技术

5.3.4　氨法脱硫技术

5.3.5　海水脱硫技术

5.3.6　脱硫新技术

17．ABC

解　析　《中华人民共和国大气污染防治法》（2018 年 10 月 26 日第十三届全国人民代表大会常务委员会第六次会议修订）

第七十二条　贮存煤炭、煤矸石、煤渣、煤灰、水泥、石灰、石膏、砂土等易产生扬尘的物料应当密闭；不能密闭的，应当设置不低于堆放物高度的严密围挡，并采取有效覆盖措施防治扬尘污染。

18．ABCD

解　析　《中华人民共和国大气污染防治法》（2018 年 10 月 26 日第十三届全国人民代表大会常务委员会第六次会议修订）

第六十九条　施工单位应当在施工工地设置硬质围挡，并采取覆盖、分段作业、择时施工、洒水抑尘、冲洗地面和车辆等有效防尘降尘措施。

19．ABC

解　析　《中华人民共和国大气污染防治法》（2018 年 10 月 26 日第十三届全国人民代表大会常务委员会第六次会议修订）

第一百一十六条　违反本法规定，运输煤炭、垃圾、渣土、砂石、土方、灰浆等散装、流体物料的车辆，未采取密闭或者其他措施防止物料遗撒的，由县级以上地方人民政府确定的监督管理部门责令改正，处二千元以上二万元以下的罚款；拒不改正的，车辆不得上道路行驶。

第一百一十七条　违反本法规定，有下列行为之一的，由县级以上人民政府环境保护等主管部门按照职责责令改正，处一万元以上十万元以下的罚款；拒不改正的，责令停工整治或者停业整治：

（一）未密闭煤炭、煤矸石、煤渣、煤灰、水泥、石灰、石膏、砂土等易产生扬尘的物料的；（二）对不能密闭的易产生扬尘的物料，未设置不低于堆放物高度的严密围挡，或者未采取有效覆盖措施防治扬尘污染的；（三）装卸物料未采取密闭或者喷淋等方式控制扬尘排放的；（四）存放煤炭、煤矸石、煤渣、煤灰等物料，未采取防燃措施的；（五）码头、矿山、填埋场和消纳场未采取有效措施防治扬尘污染的。

20．ABCD

解　析　《国务院关于印发打赢蓝天保卫战三年行动计划的通知》（国发〔2018〕22 号）

（二十）加强扬尘综合治理。严格施工扬尘监管。2018 年底前，各地建立施工工地管理清单。因地制宜稳步发展装配式建筑。将施工工地扬尘污染防治纳入文明施工管理范畴，建立扬尘控制责任制度，扬尘治理费用列入工程造价。重点区域建筑施工工地要做到工地周边围挡、物料堆放覆盖、土方开挖湿法作业、路面硬化、出入车辆清洗、渣土车辆密闭运输“六个百分之百”。

21．ABC

解　析　《中华人民共和国大气污染防治法》（2018 年 10 月 26 日第十三届全国人民代表大会常务委员会第六次会议修订）

第六十九条　暂时不能开工的建设用地，建设单位应当对裸露地面进行覆盖；超过三个月的，应当进行绿化、铺装或者遮盖。

第三节　填　空　题

1．排放标准

解　析　《中华人民共和国大气污染防治法》（2018 年 10 月 26 日第二次修正）

第十八条　企业事业单位和其他生产经营者建设对大气环境有影响的项目，应当依法进行环境影响评价、公开环境影响评价文件；向大气排放污染物的，应当符合大气污染物排放标准，遵守重点大气污染物排放总量控制要求。

2．4

解　析　《火电行业排污许可证申请与核发技术规范》（环水体〔2016〕189 号）

六、达标排放判定方法

（一）废气

2．特殊情况　NO_x 的稳定运行达标判定期为机组启动后出力达到额定的 50%开始到机组解列前出力降到额定的 50%为止。在此期间外的启动和停机时段内的排放数据可不作为火电机组 NO_x 达标判定依据。其中，启动时间原则上并网后不得超过 4 小时，如企业可提供一年以上在线监测数据等证明实际启动时间超过 4 小时的，可适当延长，最高可延长至

8 小时。

3．1

解　析　《火电行业排污许可证申请与核发技术规范》(环水体〔2016〕189 号）

六、达标排放判定方法

（一）废气

2．特殊情况 NO_x 的稳定运行达标判定期为机组启动后出力达到额定的 50%开始到机组解列前出力降到额定的 50%为止。在此期间外的启动和停机时段内的排放数据可不作为火电机组 NO_x 达标判定依据。其中，启动时间原则上并网后不得超过 4 小时，如企业可提供一年以上在线监测数据等证明实际启动时间超过 4 小时的，可适当延长，最高可延长至 8 小时；停机时间为 1 小时。对于电量不上网的自备电厂，冷启动不得超过 4～5 小时，热启动不得超过 3～4 小时，停机时间为 1 小时。

4．脱硝效率

解　析　《火电厂烟气治理设施运行管理技术规范》(HJ 2040—2014）

表 1 烟气治理设施运行管理的考核指标

脱硝设施的考核指标包括：脱硝效率、系统投运率、NO_x 排放达标状况及总量控制情况、还原剂消耗量、电耗、氨逃逸。

5．海水恢复系统

解　析　《火电厂烟气脱硫工程技术规范　海水法》(HJ 2046—2014）

6.1.1　海水法烟气脱硫装置应由海水供应系统、烟气系统、二氧化硫吸收系统和海水恢复系统等组成。

6．湿磨制浆

解　析　《石灰石/石灰-石膏湿法烟气脱硫工程通用技术规

范》（HJ 179—2018）

6.4.2　脱硫吸收剂制备可采用磨制系统制浆或来粉制浆，其中磨制系统制浆分为干磨制浆和湿磨制浆。

7．电气

解　析　《电除尘器》（DL/T 514—2017）

4　结构

4.1　电除尘器主要有机械本体和电气两大部分组成。

8．无组织排放

解　析　《火电厂除尘工程技术规范》（HJ 2039—2014）

4.1.1　火电厂的烟（粉）尘主要包括火电厂锅炉燃烧过程产生的烟尘以及无组织排放的粉尘。

9．连续监测系统/CEMS

解　析　《火电厂除尘工程技术规范》（HJ 2039—2014）

火电厂烟气排放应设置连续监测系统进行监测，并与当地环保部门联网。烟气除尘进、出口应设置人工采样孔及操作平台。

10．电袋复合除尘器

解　析　《火电厂除尘工程技术规范》（HJ 2039—2014）

6.4.2　能够满足火电厂烟尘排放标准要求的除尘器主要包括电除尘器、袋式除尘器和电袋复合除尘器。鼓励采用各种经验证较为有效的除尘新技术组合。

11．回转脉冲

解　析　《火电厂除尘工程技术规范》（HJ 2039—2014）

6.6.1.8　袋式除尘器清灰方式应根据烟尘的物理性质确定，燃煤锅炉烟气宜采用行喷吹袋式除尘器或回转脉冲喷吹袋式除尘器。

12．90

解 析 《燃煤电厂超低排放烟气治理工程技术规范》（HJ 2053—2018）

6.4.1.3 采用低低温电除尘技术时，灰硫比宜大于 100，计算方法见附录 F。低低温电除尘器入口烟气温度应低于烟气酸露点，一般为 90±5℃，最低温度应不小于 85℃。

13．半干法

解 析 《火电厂污染防治可行技术指南》（HJ 2301—2017）

5.3.1.1 按照脱硫工艺是否加水和脱硫产物的干湿形态，烟气脱硫技术分为湿法、干法和半干法三种工艺。

14．喷淋

解 析 《火电厂污染防治可行技术指南》（HJ 2301—2017）

4.1.2 燃煤电厂煤炭的装卸应当采取封闭、喷淋等方式防治扬尘污染。水路来煤时，专用卸煤码头的设计应符合 JTJ 211 和 GB 50192 的环保要求，卸船机械宜采用桥式抓斗绳索牵引式卸船机、封闭式螺旋卸船机。汽车来煤时，受煤站宜采用缝式煤槽卸煤装置，除汽车进、出端外应采取封闭措施。铁路来煤时，卸煤设施除火车进、出端外应采取封闭措施。

15．封闭式

解 析 《火电厂污染防治可行技术指南》（HJ 2301—2017）

4.1.4 厂内煤炭贮存宜采取封闭式煤场。封闭式煤场可以采用条形封闭煤场、圆形封闭煤场、筒仓式煤场等。煤场内应设喷水装置，防止煤堆自燃。

16．密闭

解 析 《中华人民共和国大气污染防治法》（2018 年 10 月 26 日第十三届全国人民代表大会常务委员会第六次会议修订）

第七十条 装卸物料应当采取密闭或者喷淋等方式防治扬尘

污染。

17. 不低于

解　析　《中华人民共和国大气污染防治法》（2018 年 10 月 26 日第十三届全国人民代表大会常务委员会第六次会议修订）

第七十二条　贮存煤炭、煤矸石、煤渣、煤灰、水泥、石灰、石膏、砂土等易产生扬尘的物料应当密闭；不能密闭的，应当设置不低于堆放物高度的严密围挡，并采取有效覆盖措施防治扬尘污染。

第四节　判　断　题

1. 错误

解　析　《中华人民共和国大气污染防治法》（2018 年 10 月 26 日第十三届全国人民代表大会常务委员会第六次会议）

第十八条　企业事业单位和其他生产经营者建设对大气环境有影响的项目，应当依法进行环境影响评价、公开环境影响评价文件；向大气排放污染物的，应当符合大气污染物排放标准，遵守重点大气污染物排放总量控制要求。

2. 正确

解　析　《中华人民共和国大气污染防治法》（2018 年 10 月 26 日第十三届全国人民代表大会常务委员会第六次会议）

第一条　为保护和改善环境，防治大气污染，保障公众健康，推进生态文明建设，促进经济社会可持续发展，制定本法。

3. 正确

解　析　《火电行业排污许可证申请与核发技术规范》（环水体〔2016〕189 号）

六、达标排放判定方法

（一）废气

2．特殊情况 NO_x 的稳定运行达标判定期为机组启动后出力达到额定的50%开始到机组解列前出力降到额定的50%为止。在此期间外的启动和停机时段内的排放数据可不作为火电机组 NO_x 达标判定依据。其中，启动时间原则上并网后不得超过4小时，如企业可提供一年以上在线监测数据等证明实际启动时间超过4小时的，可适当延长，最高可延长至8小时；停机时间为1小时。对于电量不上网的自备电厂，冷启动不得超过4～5小时，热启动不得超过3～4小时，停机时间为1小时。

4．正确

解 析 《中华人民共和国大气污染防治法》（2018年10月26日第十三届全国人民代表大会常务委员会第六次会议）

第二十条 禁止通过偷排、篡改或者伪造监测数据、以逃避现场检查为目的的临时停产、非紧急情况下开启应急排放通道、不正常运行大气污染防治设施等逃避监管的方式排放大气污染物。

5．正确

解 析 《中华人民共和国大气污染防治法》（2018年10月26日第十三届全国人民代表大会常务委员会第六次会议）

第一百二十三条 违反本法规定，企业事业单位和其他生产经营者有下列行为之一，受到罚款处罚，被责令改正，拒不改正的，依法作出处罚决定的行政机关可以自责令改正之日的次日起，按照原处罚数额按日连续处罚：

（一）未依法取得排污许可证排放大气污染物的；

（二）超过大气污染物排放标准或者超过重点大气污染物排

放总量控制指标排放大气污染物的；

（三）通过逃避监管的方式排放大气污染物的。

6．错误

解　析　《中华人民共和国大气污染防治法》（2018年10月26日第十三届全国人民代表大会常务委员会第六次会议）

第一百零五条　违反本法规定，单位燃用不符合质量标准的煤炭、石油焦的，由县级以上人民政府生态环境主管部门责令改正，处货值金额一倍以上三倍以下的罚款。

7．正确

解　析　《环境保护主管部门实施按日连续处罚办法》（环境保护部令　第28号）

第十条　环境保护主管部门应当在送达责令改正违法行为决定书之日起三十日内，以暗查方式组织对排污者违法排放污染物行为的改正情况实施复查。

8．正确

解　析　《环境保护主管部门实施按日连续处罚办法》（环境保护部令第28号）

第十一条　排污者在环境保护主管部门实施复查前，可以向作出责令改正违法行为决定书的环境保护主管部门报告改正情况，并附具相关证明材料。

9．正确

解　析　《环境保护主管部门实施限制生产、停产整治办法》（环境保护部令第30号）

第二条　县级以上环境保护主管部门对超过污染物排放标准或者超过重点污染物排放总量控制指标排放污染物的企业事业单位和其他生产经营者（以下称排污者），责令采取限制生产、停产整治措施的，适用本办法。

10．错误

解 析 《火电厂污染防治可行技术指南》（HJ 2301—2017）

5.1.4 锅炉启动点火时应采用等离子或清洁燃料进行点火，一旦开始投入煤粉进行燃烧，除干法烟气脱硫和SCR烟气脱硝以外的所有烟气治理设备必须运行。

11．错误

解 析 《火电厂烟气治理设施运行管理技术规范》（HJ 2040—2014）

4.6 烟气治理设施可由火电厂自主运行，也可委托具有运营资质的单位运行。

12．正确

解 析 《中华人民共和国大气污染防治法》（2018年10月26日第十三届全国人民代表大会常务委员会第六次会议修订）

第一百一十五条 违反本法规定，施工单位有下列行为之一的，由县级以上人民政府住房和城乡建设等主管部门按照职责责令改正，处一万元以上十万元以下的罚款；拒不改正的，责令停工整治：（一）施工工地未设置硬质密闭围挡，或者未采取覆盖、分段作业、择时施工、洒水抑尘、冲洗地面和车辆等有效防尘降尘措施的，

13．正确

解 析 《中华人民共和国大气污染防治法》（2018年10月26日第十三届全国人民代表大会常务委员会第六次会议修订）

第六十九条 建设单位应当将防治扬尘污染的费用列入工程造价，并在施工承包合同中明确施工单位扬尘污染防治责任。施工单位应当制定具体的施工扬尘污染防治实施方案。

14．正确

解 析 《中华人民共和国大气污染防治法》（2018年10月

26日第十三届全国人民代表大会常务委员会第六次会议修订）

第六十九条 施工单位应当在施工工地公示扬尘污染防治措施、负责人、扬尘监督管理主管部门等信息。

15. 错误

解 析 《中华人民共和国大气污染防治法》（2018年10月26日第十三届全国人民代表大会常务委员会第六次会议修订）

第六十九条 暂时不能开工的建设用地，建设单位应当对裸露地面进行覆盖；超过三个月的，应当进行绿化、铺装或者遮盖。

16. 正确

解 析 《中华人民共和国大气污染防治法》（2018年10月26日第十三届全国人民代表大会常务委员会第六次会议修订）

第七十条 装卸物料应当采取密闭或者喷淋等方式防治扬尘污染。

17. 错误

解 析 《中华人民共和国大气污染防治法》（2018年10月26日第十三届全国人民代表大会常务委员会第六次会议修订）

第七十二条 贮存煤炭、煤矸石、煤渣、煤灰、水泥、石灰、石膏、砂土等易产生扬尘的物料应当密闭；不能密闭的，应当设置不低于堆放物高度的严密围挡，并采取有效覆盖措施防治扬尘污染。

18. 错误

解 析 《中华人民共和国大气污染防治法》（2018年10月26日第十三届全国人民代表大会常务委员会第六次会议修订）

第六十九条 暂时不能开工的建设用地，建设单位应当对裸露地面进行覆盖；超过三个月的，应当进行绿化、铺装或者遮盖。

19．错误

解　析　《一般工业固体废物贮存和填埋污染控制标准》（GB 18599—2020）

10.5.3　企业周边应安装总悬浮颗粒物（TSP）浓度监测设施，并保存 1 年以上数据记录。

第五节　问　答　题

1．答：①超过国家或者地方规定的污染物排放标准，或者超过重点污染物排放总量控制指标排放污染物的；②通过暗管、渗井、渗坑、灌注或者篡改、伪造监测数据，或者不正常运行防治污染设施等逃避监管的方式排放污染物的；③排放法律、法规规定禁止排放的污染物的；④违法倾倒危险废物的；⑤其他违法排放污染物行为。

解　析　依据《环境保护主管部门实施按日连续处罚办法》（环境保护部令第 28 号），排污者有下列行为之一，受到罚款处罚，被责令改正，拒不改正的，依法作出罚款处罚决定的环境保护主管部门可以实施按日连续处罚：

1）超过国家或者地方规定的污染物排放标准，或者超过重点污染物排放总量控制指标排放污染物的；

2）通过暗管、渗井、渗坑、灌注或者篡改、伪造监测数据，或者不正常运行防治污染设施等逃避监管的方式排放污染物的；

3）排放法律、法规规定禁止排放的污染物的；

4）违法倾倒危险废物的；

5）其他违法排放污染物行为。

2．答：①工地周边围挡百分之百；②物料堆放覆盖百分之百；③土方开挖湿法作业百分之百；④路面硬化百分之百；⑤出入车辆清洗百分之百；⑥土车辆密闭运输百分之百。

解　析　《打赢蓝天保卫战三年行动计划》（国发〔2018〕22号）

第（二十）条　加强扬尘综合治理。

严格施工扬尘监管。

重点区域建筑施工工地要做到工地周边围挡、物料堆放覆盖、土方开挖湿法作业、路面硬化、出入车辆清洗、渣土车辆密闭运输“六个百分之百”。

第二章 水污染防治

第一节 单 选 题

1. 依据《节水型企业 火力发电行业》（GB/T 26925—2011），节水型企业全厂废水回用率应不低于（ ）。

A. 80% B. 85% C. 90% D. 95%

2. 依据《节水型企业 火力发电行业》（GB/T 26925—2011），节水型企业循环冷却水排污水回用率应大于（ ）。

A. 60% B. 70% C. 80% D. 90%

3. 依据《电力节能技术监督导则》（DL/T 1052—2016），采用地表水、地下水或海水淡化水作为补充水，循环冷却水的浓缩倍率不小于（ ）。

A. 4.0 B. 4.5 C. 5.0 D. 5.5

4. 依据《电力节能技术监督导则》（DL/T 1052—2016），机械通风冷却塔，循环水量 $1000m^3/h$ 以上的，其飘滴损失水率应不大于（ ）。

A. 0.001% B. 0.005% C. 0.01% D. 0.02%

5. 依据《电力节能技术监督导则》（DL/T 1052—2016），机械通风冷却塔，循环水量 $1000m^3/h$ 及以下的，其飘滴损失水率应不大于（ ）。

A. 0.001% B. 0.005% C. 0.01% D. 0.02%

6. 依据《电力节能技术监督导则》（DL/T 1052—2016），自然通风冷却塔飘滴损失率应不大于（ ）。

A. 0.001% B. 0.005% C. 0.01% D. 0.02%

7. 依据《电力行业（燃煤发电企业）清洁生产评价指标体系》，废水回收利用率Ⅰ级、Ⅱ级、Ⅲ级基准值分别为（ ）。

A. 90%、88%、85% B. 90%、88%、86%

C．95%、90%、85%　　　　D．92%、86%、80%

8．无特殊情况下，连续停止取水满（　　）年的，由原取水审批机关注销取水许可证。

A．1　　B．2　　C．3　　D．4

9．取水许可证有效期届满，需要延续的，取水单位应当在有效期届满（　　）日前向原审批机关提出申请。

A．30　　B．45　　C．60　　D．75

10．依据《火力发电厂能量平衡导则　第5部分：水平衡实验》（DL/T 606.5—2009），水平衡测试宜（　　）进行。

A．分冬、夏季两次　　　　B．分春、秋季两次

C．每季度一次　　　　D．每年一次

11．下列不适用于中华人民共和国水污染防治法的是（　　）。

A．地下水　　　　B．长江

C．京杭大运河　　　　D．海洋

12．水污染防治应当坚持（　　）、防治结合、综合治理的原则。

A．预防为主　　　　B．减量为主

C．工程控制为主　　　　D．开发污染防治技术为主

13．水污染防治优先保护（　　），严格控制工业污染、城镇生活污染，防治农业面源污染，积极推进生态治理工程建设，预防、控制和减少水环境污染和生态破坏。

A．工业用水　　　　B．饮用水水源

C．农业用水　　　　D．生活用水

14．新建、改建、扩建地下水取水工程，应当同时安装（　　）。

A．计量设施　　　　B．过滤设施

C．污染防治设施　　　　D．监测设施

第二节 多 选 题

1．依据《中华人民共和国水法》，国家对水资源依法实行（ ）。

A．取水许可制度　　B．先取后批制度

C．有偿使用制度　　D．无偿使用制度

2．依据《排污许可管理办法（试行）》，下列（ ）许可事项由排污单位申请，经核发环保部门审核后，在排污许可证副本中进行规定。

A．污染物排放方式　　B．污染物排放去向

C．许可排放浓度　　D．许可排放量

3．依据《火力发电厂水务管理导则》（DL/T 1337—2014），循环水排污水宜在（ ）系统综合利用。

A．湿法烟气脱硫系统　　B．输煤栈桥冲洗

C．煤场喷淋　　D．除灰渣系统

4．依据《火力发电厂水务管理导则》（DL/T 1337—2014），应采取（ ）措施加强热力系统节水管理。

A．防止热力系统管道和阀门泄漏

B．减少机组非计划启停次数

C．降低锅炉排污率

D．采取有效的停炉保护措施，降低锅炉启动冲洗用水量

5．依据《火力发电厂水务管理导则》（DL/T 1337—2014），湿法烟气脱硫工艺应减少使用新鲜水或淡水，应采用下列系统的排水（ ）。

A．循环水排污水

B．化学车间反渗透浓水

C．处理合格的厂区生产和生活废水

D．城市再生水

6．依据《火力发电厂水务管理导则》（DL/T 1337—2014），火力发电厂各用水部门和专业应按水务管理计划完成（　　）工作。

A．落实节约用水的技术措施

B．定期对计量仪表进行校验、维护

C．对用水设备进行合理调整及定期维护

D．在水资源充裕的情况下，没有必要节约用水

7．禁止将含有汞、镉、砷、铬、铅、氰化物、黄磷等的可溶性剧毒废渣（　　）。

A．向水体排放　　B．倾倒

C．直接埋入地下　　D．统一处理

8．禁止利用（　　），或者不正常运行水污染防治设施等逃避监管的方式排放水污染物。

A．渗井　　B．渗坑　　C．裂隙　　D．溶洞

9．在取水许可证有效期限内出现下列（　　）情形之一的，取水单位应当重新提出取水申请。

A．取水用途发生改变的

B．取水地点发生改变的

C．退水方式发生改变的

D．退水中所含主要污染物发生变化的

10．依据《中华人民共和国水法》，未经水行政主管部门或者流域管理机构审查同意，禁止擅自在江河、湖泊（　　）排污口。

A．新建　　B．检修　　C．改建　　D．扩大

11．依据《中华人民共和国水法》，禁止（　　）国家明令淘汰的落后的、耗水量高的工艺、设备和产品。

A．生产　　　　　　　　B．销售

C．在生产经营中使用　　D．存放

12．依据《中华人民共和国水法》，拒缴水资源费的，可处以（　　）惩罚。

A．加收滞纳金　　　　　B．罚款

C．拘留　　　　　　　　D．吊销取水许可证

13．依据《取水许可管理办法》，取水单位违反本办法规定，有下列（　　）行为之一的，由取水审批机关责令其限期改正，并可处1000元以下罚款。

A．擅自停止使用节水设施的

B．擅自停止使用取退水计量设施的

C．排放水污染物浓度超标的

D．不按规定提供取水、退水计量资料的

14．依据《火力发电厂水务管理导则》，复用水量等于（　　）相加之和。

A．循环水量　　　　　　B．外排水量

C．串用水量　　　　　　D．回用水量

15．依据《中华人民共和国环境保护税法》，应税水污染物按照下列（　　）方法计算。

A．安装使用符合规定的自动监测设备的，按照自动监测数据计算

B．未安装自动监测设备的，按照符合规范的手工监测数据计算

C．不具备监测条件的，按照排污系数、物料衡算方法计算

D．不能按上述三项方法计算的按地方环境主管部门规定的抽样测算的方法核定计算

16．依据《取水许可和水资源费征收管理条例》，取水是指

利用取水工程或者设施直接从（　　）取用水资源。

A．江河　　B．污水处理厂

C．湖泊　　D．地下水

17．依据《取水许可和水资源费征收管理条例》，实施取水许可必须符合（　　），遵守依照《中华人民共和国水法》规定批准的水量分配方案。

A．水资源综合规划　　B．流域综合规划

C．水中长期供求规划　　D．水功能区划

18．依据《取水许可和水资源费征收管理条例》，取水申请书应当包括（　　）。

A．取水的起始时间及期限

B．取水目的、取水量、年内各月的用水量等

C．退水中所含主要污染物以及污水处理措施

D．取水方式、计量方式和节水措施

19．依据《取水许可和水资源费征收管理条例》，有下列（　　）情形之一的，审批机关不予批准取水许可。

A．在地下水禁采区取用地下水的

B．在取水许可总量已经达到取水许可控制总量的地区增加取水量的

C．取水、退水布局不合理的

D．属于备案项目，未报送备案的

20．取水许可证应当包括下列（　　）内容。

A．取水单位或者个人的名称

B．取水期限

C．取水量和取水用途

D．退水地点及退水方式、退水量

21．依据《地下水管理条例》，有下列（　　）情形之一的，

对取用地下水的取水许可申请不予批准。

A．不符合地下水水位控制要求

B．不符合限制开采区取用水规定

C．不符合行业用水定额和节水规定

D．不符合强制性国家标准

22．依据《电力环境保护技术监督导则》，应对外排废水进行下列（　　）监督。

A．排水量　　B．COD

C．SS　　D．pH 值

23．依据《电力环境保护技术监督导则》，废水处理系统的监督指标除了废水处理设施排放口污染物浓度以外，还包括（　　）。

A．废水处理率　　B．设备投用率

C．废水回用率　　D．处理水量

24．依据《中华人民共和国水污染防治法》，向水体排放（　　）的，可由地方环境保护主管部门处以十万元以上一百万元以下罚款。

A．油类　　B．酸液　　C．碱液　　D．剧毒废液

25．依据《发电厂废水治理设计规范》，含油污水处理系统宜收集下列（　　）污水。

A．油罐区内油罐脱水

B．变压器油坑排水

C．卸油栈台和油泵房的冲洗污水

D．含油场所的雨水

26．依据《火力发电厂节水导则》，含油废水宜采用下列（　　）方式进行处理。

A．隔油　　B．气浮

C．过滤吸附　　　　　　　　D．改性油水分离膜

27．取水单位向原取水审批机关提出延续取水申请时应当提交（　　）。

A．延续取水申请书　　　　　B．原取水申请批准文件

C．取水许可证　　　　　　　D．环评批复文件

28．火力发电厂应当在每年的 12 月 31 日前向取水审批机关报送（　　）。

A．本年度的取水情况总结（表）

B．下一年度的取水计划建议（表）

C．下一年度的发电计划

D．本年度的退水情况总结（表）

29．排水户不得有下列（　　）危及城镇排水设施安全的行为。

A．向城镇排水设施排放烹饪油烟

B．向城镇排水设施内排放污泥

C．擅自拆卸、移动城镇排水设施

D．向城镇排水设施加压排放污水

30．依据《火力发电厂能量平衡导则　第 5 部分：水平衡实验》（DL/T 606.5—2009），下列（　　）条件下，应该进行水平衡实验。

A．新机组投入稳定运行一年内

B．主要用水系统、设备已进行了改造，运行工况发生了较大的变化

C．与同类型机组相比，单位发电量取水量明显偏高

D．在实施节水、废水综合利用或废水零排放工程之前

第三节　填　空　题

1．依据《中华人民共和国环境保护税法》，应税水污染物的

污染当量数，以该污染物的________除以该污染物的污染当量值计算。

2．依据《中华人民共和国水法》，直接从江河取用水资源的单位，应当向水行政主管部门或者流域管理机构申请领取________，并缴纳水资源费，取得取水权。

3．依据《排污口规范化整治技术要求》，企业的废水排放口必须实行规范化整治，按照国家标准《环境保护图形标志》的规定，设置与之相适应的________。

4．依据《地表水质量环境监测技术规范》，当采用船只采样时，采样船只应位于采样点________。

5．依据《节水型企业　火力发电行业》技术考核指标及要求，循环冷却水排污水回用率应大于________。

6．依据《电力节能技术监督导则》，循环冷却水采用再生水作为补充水，浓缩倍率不小于________。

7．依据《中华人民共和国水污染防治法》，国家对重点水污染物排放实施________控制制度。

8．取水单位应当在每年的________前向取水审批机关报送其本年度的取水情况总结（表）和下一年度的取水计划建议（表）。

9．取水单位应当严格按照批准的年度取水计划取水。因扩大生产等特殊原因需要调整年度取水计划的，应当报经________同意。

10．依据《火力发电厂水务管理导则》，若用 K 表示循环水浓缩倍率，Q_{cm} 表示补入循环冷却水系统的水量（m^3/h），Q_{cb} 表示排出循环冷却水系统的水量（m^3/h），则 K=________。

11．依据《火力发电厂水务管理导则》，若用 V_{ui} 表示单位发电量取水量，Q_q 表示全厂总取水量，W 表示在一定计量时间内的全厂发电量，则 V_{ui}=________。

12. 取水单位应当依照国家技术标准安装________，保证其正常运行，并按照规定填报取水统计报表。

13. 依据《电力环境保护技术监督导则》，要定期监测地下水水质，防止各废水池________，发现地下水水质异常时应及时采取必要措施。

第四节 判　断　题

1. 某电厂按照规定对所排放的水污染物开展了自行监测，但是在工作交接中弄丢了原始监测记录，按照《中华人民共和国水污染防治法》规定，由地方环境保护主管部门处以罚款。
（　　）

2. 电厂必须对有毒有害水污染物的排污口进行监测，若排放达标则不用对周边环境进行监测。（　　）

3. 火电厂排放到污水集中处理设施的，可不进行预处理。
（　　）

4. 电厂在按照取水许可证要求取水时，对年度取水情况进行记录存档后可以不用报送年度取水情况。（　　）

5. 依据《取水许可和水资源费征收管理条例》，未安装计量设施的，责令限期安装，并处罚款或按照日最大取水能力计算的取水量和水资源费征收标准计征水资源费。（　　）

6. 经检查，某火电厂水污染物排放自动监测设备应安未安，可由地方环境保护主管部门责令期限整改并处罚款，逾期不改正的，责令停产整治。（　　）

7. 电厂若未保证水污染物排放自动监测设备正常运行，由地方环境保护主管部门责令整改并处以罚款。（　　）

8. 电厂有责任按照规定对有毒有害水污染物的排污口和周

边环境进行监测，但可以不公开有毒有害水污染物的信息。 （ ）

9. 依据《中华人民共和国水污染防治法》，在水体清洗装贮过油类的车辆或容器，应事先向环保部门报备。 （ ）

10. 某电厂利用无防渗漏措施的沟渠输送含有毒污染物的废水，由地方环境保护主管部门处十万元以上一百万元以下的罚款。 （ ）

11. 依据《火力发电厂节水导则》，膜处理设备产生的浓水，可用作湿法脱硫工艺用水补充水。 （ ）

12. 依据《排污口规范化整治技术要求》，一切排污单位的污染物排放口必须设置与之相适应的环境保护图形标志牌。 （ ）

13. 依据《地表水环境质量监测技术规范》，污水采样时应保证采样点位置准确，必要时使用定位仪定位，并做好记录。 （ ）

14. 申请取水并需要设置入河排污口的，申请人在提出取水申请的同时，应当按照有关规定一并提出入河排污口设置申请。 （ ）

15. 申请利用多种水源，且各种水源的取水审批机关不同的，可以向其中任一审批机关提出申请。 （ ）

16. 含盐量很高的化学除盐设备再生废水，经中和处理后，宜作为干灰调湿用水、灰场扬尘用水等。 （ ）

17. 依据《火力发电厂水务管理导则》，对悬浮物含量较高、含盐量较低的预处理设备反洗水，经沉淀澄清处理后不可回收至本系统预处理设备入口。 （ ）

18. 依据《火力发电厂水务管理导则》，含盐量较高的膜处理设备产生的浓水可用作湿法脱硫工艺用水。 （ ）

19．依据《火力发电厂水务管理导则》，生活污水经除油、生物、澄清及杀菌等深度处理后也可作为循环水系统补充水。（ ）

20．火力发电厂可根据厂区情况设立雨水收集和回用系统，经澄清处理后的雨水可作为厂区工业水系统补充水源。（ ）

21．依据《火力发电厂水务管理导则》，火力发电厂澄清设备排泥水、过滤设备反洗排水经污泥浓缩池澄清处理后，可回收至原水预处理系统进口。（ ）

22．依据《节水型企业 火力发电行业》，节水型企业全厂废水回用率应大于 85%。（ ）

23．向水体排放含热废水，应当采取措施，保证水体的水温符合水环境质量标准。（ ）

24．禁止将含有汞、镉、砷、铬、铅等的可溶性剧毒废渣向水体排放、倾倒或者直接埋入地下。（ ）

25．依据《中华人民共和国水污染防治法》，禁止以不正常运行水污染防治设施等逃避监管的方式排放水污染物。（ ）

26．脱硫废水与工业废水混合稀释后，满足排放限值要求的可外排。（ ）

27．依据《火力发电厂节水导则》，热力设备、管道的经常性疏水、疏水扩容器和连续排污扩容器所产生的蒸汽，应回收至热力系统。（ ）

28．依据《火力发电厂节水导则》，设备和管道的启动疏水和事故及检修放水等排水，降温后可作为锅炉补给水处理系统的原水。（ ）

29．依据《火力发电厂节水导则》，水质合格的凝结水应全部回收，对不能回收的凝结水，应充分利用其热能和水资源。（ ）

30．依据《火力发电厂节水导则》，机组投入运行后应加强汽水品质监测，根据汽水品质情况优化排污方式。（ ）

31．某电厂未按照规定对所排放的水污染物自行监测，由环境保护主管部门责令限期改正并处以罚款。（ ）

32．若电厂的外排水超过水污染物排放标准，情节严重的，可报经有批准权的人民政府批准，责令停业、关闭。（ ）

33．依据《中华人民共和国水法》，在饮用水水源保护区内设置排污口的，由县级以上地方人民政府责令限期拆除、恢复原状。（ ）

34．湿除渣系统的补充水在采用含盐量较高的废水前，应根据废水水质和系统过流部件的材质对结垢、腐蚀情况进行评估。（ ）

35．湿除渣系统产生的溢流水，应设置专门的收集处理系统，经处理后在本系统循环回用，不宜外排。（ ）

36．依据《中华人民共和国环境保护税法》，企业事业单位向依法设立的污水集中处理场所排放应税污染物的，应缴纳相应污染物的环境保护税。（ ）

37．依据《中华人民共和国湿地保护法》，如必要可适当排放不符合水污染物排放标准的工业废水及生活污水。（ ）

38．依据《中华人民共和国湿地保护法》，禁止在泥炭沼泽湿地擅自开采地下水。（ ）

39．依据《中华人民共和国湿地保护法》，因填埋、排污等活动导致湿地破坏的，违法行为人应当负责修复。（ ）

40．依据《取水许可和水资源费征收管理条例》，对节约和保护水资源有突出贡献的单位和个人，可由县级以上人民政府给予表彰和奖励。（ ）

41．经审批取得《取水许可证》的取水单位不用缴纳水资

源费。（ ）

42. 利用地下水的单位应当加强地下水取水工程管理，节约、保护地下水，防止地下水污染。（ ）

43. 依据《地下水管理条例》，对取用地下水的单位试点征收水资源税的，继续征收水资源费。（ ）

44. 设置入河排污口的单位，应当在向环境保护行政主管部门报送建设项目环境影响报告书（表）之后，向有管辖权水行政主管部门提出入河排污口设置申请。（ ）

45. 设置入河排污口应当提交入河排污口设置论证报告和建设项目依据文件。（ ）

46. 若排水水质合格，则可在饮用水水源保护区内设置入河排污口。（ ）

47. 火电厂开展水平衡实验时，运行机组的发电负荷应占全厂总装机容量的80%以上，以保证实验结果能够反映真实的用水水平。（ ）

48. 从城市供水工程所获得的水不纳入企业取水量计算。

（ ）

49. 调节灰厂内灰水 pH 值可采取增大灰水的曝气面积的方法。（ ）

50. 排放水污染物不得超过水污染物排放标准和重点水污染物排放总量控制指标。（ ）

51. 新建间接向水体排放污染物的建设项目应当依法进行环境影响评价。（ ）

参　考　答　案

第一节　单　选　题

1．B

解　析　《节水型企业　火力发电行业》(GB/T 26925—2011)

4.4　表3：全厂废水回用率不低于85%。

2．D

解　析　《节水型企业　火力发电行业》(GB/T 26925—2011)

4.4　表3：循环冷却水排污水回用率应大于90%。

3．C

解　析　《电力节能技术监督导则》(DL/T 1052—2016)

6.2.6.4：循环冷却水浓缩倍率应符合下列要求：采用地表水、地下水或海水淡化水作为补充水，浓缩倍率不小于5.0。

4．B

解　析　《电力节能技术监督导则》(DL/T 1052—2016)

6.2.6.8　冷却水塔飘滴损失水率。机械通风冷却塔，循环水量1000m^3/h以上的，其飘滴损失水率应不大于0.005%。

5．C

解　析　《电力节能技术监督导则》(DL/T 1052—2016)

6.2.6.8　冷却水塔飘滴损失水率。机械通风冷却塔，循环水量1000m^3/h及以下的，其飘滴损失水率应不大于0.01%。

6．C

解　析　《电力节能技术监督导则》(DL/T 1052—2016)

6.2.6.8　冷却水塔飘滴损失水率。自然通风冷却塔飘滴损失水率应不大于0.01%。

7．A

解 析 《电力行业（燃煤发电企业）清洁生产评价指标体系》（中华人民共和国国家发展和改革委员会、中华人民共和国环境保护部、中华人民共和国工业和信息化部公告〔2015 年〕第 9 号）

第 4.3 条 指标体系

表 1：废水回收利用率Ⅰ级、Ⅱ级、Ⅲ级基准值分别为 90%、88%、85%。

8．B

解 析 《取水许可管理办法》（水利部令第 34 号）

第二十九条 连续停止取水满 2 年的，由原取水审批机关注销取水许可证。由于不可抗力或者进行重大技术改造等原因造成停止取水满 2 年且取水许可证有效期尚未届满的，经原取水审批机关同意，可以保留取水许可证。

9．B

解 析 《取水许可和水资源费征收管理条例》（国务院令第 460 号）

第二十五条 取水许可证有效期限一般为 5 年，最长不超过 10 年。有效期届满，需要延续的，取水单位或者个人应当在有效期届满 45 日前向原审批机关提出申请，原审批机关应当在有效期届满前，作出是否延续的决定。

10．A

解 析 《火力发电厂能量平衡导则 第 5 部分：水平衡实验》（DL/T 606.5—2009）

5.1.4 水平衡测试宜在冬季、夏季工况分别进行。

11．D

解 析 《中华人民共和国水污染防治法》（根据 2017 年 6

月27日第十二届全国人民代表大会常务委员会第二十八次会议《关于修改〈中华人民共和国水污染防治法〉的决定》第二次修正）

第二条　本法适用于中华人民共和国领域内的江河、湖泊、运河、渠道、水库等地表水体以及地下水体的污染防治。海洋污染防治适用《中华人民共和国海洋环境保护法》。

12．A

解　析　《中华人民共和国水污染防治法》（根据2017年6月27日第十二届全国人民代表大会常务委员会第二十八次会议《关于修改〈中华人民共和国水污染防治法〉的决定》第二次修正）

第三条　水污染防治应当坚持预防为主、防治结合、综合治理的原则，优先保护饮用水水源，严格控制工业污染、城镇生活污染，防治农业面源污染，积极推进生态治理工程建设，预防、控制和减少水环境污染和生态破坏。

13．B

解　析　《中华人民共和国水污染防治法》（根据2017年6月27日第十二届全国人民代表大会常务委员会第二十八次会议《关于修改〈中华人民共和国水污染防治法〉的决定》第二次修正）

第三条　水污染防治应当坚持预防为主、防治结合、综合治理的原则，优先保护饮用水水源，严格控制工业污染、城镇生活污染，防治农业面源污染，积极推进生态治理工程建设，预防、控制和减少水环境污染和生态破坏。

14．A

解　析　《地下水管理条例》（中华人民共和国国务院令第748号）

第二十二条　新建、改建、扩建地下水取水工程，应当同时安装计量设施。已有地下水取水工程未安装计量设施的，应当按照县级以上地方人民政府水行政主管部门规定的期限安装。

第二节　多　选　题

1．AC

解　析　《中华人民共和国水法》（2016 年 7 月 2 日第十二届全国人民代表大会常务委员会第二十一次会议第二次修正）

第七条　国家对水资源依法实行取水许可制度和有偿使用制度。

2．ABCD

解　析　《排污许可管理办法（试行）》（环境保护部令第 48 号）

第十五条　下列许可事项由排污单位申请，经核发环保部门审核后，在排污许可证副本中进行规定：

（一）排放口位置和数量、污染物排放方式和排放去向等，大气污染物无组织排放源的位置和数量；

（二）排放口和无组织排放源排放污染物的种类、许可排放浓度、许可排放量；

（三）取得排污许可证后应当遵守的环境管理要求；

（四）法律法规规定的其他许可事项。

3．ABCD

解　析　《火力发电厂水务管理导则》（DL/T 1337—2014）

5.3　循环水排污水宜在下列系统综合利用：

a）湿法烟气脱硫系统、除灰渣系统。

b）输煤栈桥冲洗和煤场喷淋。

c）循环水排污水进行脱盐深度处理后，淡水可作为锅炉补给水系统和循环水系统的补充水源。

4．ABCD

解　析　《火力发电厂水务管理导则》（DL/T 1337—2014）

5.4　应采取下列措施加强热力系统节水管理：

a）应防止热力系统管道和阀门泄漏。

b）应减少机组非计划启停次数。

c）应降低锅炉排污率。

d）应采取有效的停炉保护措施，加强检修后水汽系统内部清理，降低锅炉启动冲洗用水量。

e）应及时回收合格的疏水，对锅炉排污水和启停排水等采取回收措施。

5．ABCD

解　析　《火力发电厂水务管理导则》（DL/T 1337—2014）

5.5　湿法烟气脱硫工艺应减少使用新鲜水或淡水，应采用下列系统的排水：

a）循环水排污水。

b）化学车间反渗透浓水。

c）处理合格的厂区生产和生活废水以及城市再生水。

6．ABC

解　析　《火力发电厂水务管理导则》（DL/T 1337—2014）

4.4　火力发电厂各用水部门和专业应按水务管理计划完成下列工作：

a）应落实节约用水的技术措施。

b）定期对水量计量仪表、水质测定仪表进行校验、维护保养和记录。

c）应对用水设备的运行状况进行合理调整及定期维护，消除不合理用水现象。

7．ABC

解　析　《中华人民共和国水污染防治法》（2017 年 6 月 27 日第十二届全国人民代表大会常务委员会第二十八次会议修正）

第三十七条　禁止将含有汞、镉、砷、铬、铅、氰化物、黄磷等的可溶性剧毒废渣向水体排放、倾倒或者直接埋入地下。

8．ABCD

解　析　《中华人民共和国水污染防治法》（2017 年 6 月 27 日第十二届全国人民代表大会常务委员会第二十八次会议修正）

第三十九条　禁止利用渗井、渗坑、裂隙、溶洞，私设暗管，篡改、伪造监测数据，或者不正常运行水污染防治设施等逃避监管的方式排放水污染物。

9．ABCD

解　析　《取水许可管理办法》（水利部令第 34 号）

第二十八条　在取水许可证有效期限内出现下列情形之一的，取水单位或者个人应当重新提出取水申请：

（一）取水量或者取水用途发生改变的（因取水权转让引起的取水量改变的情形除外）；

（二）取水水源或者取水地点发生改变的；

（三）退水地点、退水量或者退水方式发生改变的；

（四）退水中所含主要污染物及污水处理措施发生变化的。

10．ACD

解　析　《中华人民共和国水法》（2016 年 7 月 2 日第十二届全国人民代表大会常务委员会第二十一次会议第二次修正）

第六十七条　未经水行政主管部门或者流域管理机构审查同意，擅自在江河、湖泊新建、改建或者扩大排污口的，由县级以上人民政府水行政主管部门或者流域管理机构依据职权，责令停止违法行为，限期恢复原状，处五万元以上十万元以下的罚款。

11．ABC

解　析　《中华人民共和国水法》（2016 年 7 月 2 日第十二

届全国人民代表大会常务委员会第二十一次会议第二次修正）

第六十八条　生产、销售或者在生产经营中使用国家明令淘汰的落后的、耗水量高的工艺、设备和产品的，由县级以上地方人民政府经济综合主管部门责令停止生产、销售或者使用，处二万元以上十万元以下的罚款。

12．AB

解　析　《中华人民共和国水法》（2016 年 7 月 2 日第十二届全国人民代表大会常务委员会第二十一次会议第二次修正）

第七十条　拒不缴纳、拖延缴纳或者拖欠水资源费的，由县级以上人民政府水行政主管部门或者流域管理机构依据职权，责令限期缴纳；逾期不缴纳的，从滞纳之日起按日加收滞纳部分千分之二的滞纳金，并处应缴或者补缴水资源费一倍以上五倍以下的罚款。

13．ABD

解　析　《取水许可管理办法》（水利部令第 34 号）

第四十九条　取水单位或者个人违反本办法规定，有下列行为之一的，由取水审批机关责令其限期改正，并可处 1000 元以下罚款：

（一）擅自停止使用节水设施的；

（二）擅自停止使用取退水计量设施的；

（三）不按规定提供取水、退水计量资料的。

14．ACD

解　析　《火力发电厂水务管理导则》（DL/T 1337—2014）

7.5　复用水量应按公式（5）计算

$$Q_f = Q_{xh} + Q_{ey} + Q_{hy}$$

式中：Q_f——复用水量；Q_{xh}——循环水量；Q_{ey}——串用水量；Q_{hy}——回用水量。

15．ABCD

解 析 《中华人民共和国环境保护税法》[中华人民共和国主席令（第六十一号）]

第十条 应税大气污染物、水污染物、固体废物的排放量和噪声的分贝数，按照下列方法和顺序计算：

（一）纳税人安装使用符合国家规定和监测规范的污染物自动监测设备的，按照污染物自动监测数据计算；

（二）纳税人未安装使用污染物自动监测设备的，按照监测机构出具的符合国家有关规定和监测规范的监测数据计算；

（三）因排放污染物种类多等原因不具备监测条件的，按照国务院生态环境主管部门规定的排污系数、物料衡算方法计算；

（四）不能按照本条第一项至第三项规定的方法计算的，按照省、自治区、直辖市人民政府生态环境主管部门规定的抽样测算的方法核定计算。

16．ACD

解 析 《取水许可和水资源费征收管理条例》(国务院令第460号)

第二条 本条例所称取水，是指利用取水工程或者设施直接从江河、湖泊或者地下取用水资源。

17．ABCD

解 析 《取水许可和水资源费征收管理条例》(国务院令第460号)

第六条 实施取水许可必须符合水资源综合规划、流域综合规划、水中长期供求规划和水功能区划，遵守依照《中华人民共和国水法》规定批准的水量分配方案；尚未制定水量分配方案的，应当遵守有关地方人民政府间签订的协议。

18. ABCD

解　析 《取水许可和水资源费征收管理条例》（国务院令第460号）

第十二条　申请书应当包括下列事项：

（一）申请人的名称（姓名）、地址；

（二）申请理由；

（三）取水的起始时间及期限；

（四）取水目的、取水量、年内各月的用水量等；

（五）水源及取水地点；

（六）取水方式、计量方式和节水措施；

（七）退水地点和退水中所含主要污染物以及污水处理措施；

（八）国务院水行政主管部门规定的其他事项。

19. ABCD

解　析 《取水许可和水资源费征收管理条例》（国务院令第460号）

第二十条　有下列情形之一的，审批机关不予批准，并在作出不批准的决定时，书面告知申请人不批准的理由和依据：

（一）在地下水禁采区取用地下水的；

（二）在取水许可总量已经达到取水许可控制总量的地区增加取水量的；

（三）可能对水功能区水域使用功能造成重大损害的；

（四）取水、退水布局不合理的；

（五）城市公共供水管网能够满足用水需要时，建设项目自备取水设施取用地下水的；

（六）可能对第三者或者社会公共利益产生重大损害的；

（七）属于备案项目，未报送备案的；

（八）法律、行政法规规定的其他情形。

20．ABCD

解 析 《取水许可和水资源费征收管理条例》（国务院令第460号）

第二十四条 取水许可证应当包括下列内容：

（一）取水单位或者个人的名称（姓名）；

（二）取水期限；

（三）取水量和取水用途；

（四）水源类型；

（五）取水、退水地点及退水方式、退水量。

21．ABCD

解 析 《地下水管理条例》（国令第748号）

第二十五条 有下列情形之一的，对取用地下水的取水许可申请不予批准：

（一）不符合地下水取水总量控制、地下水水位控制要求；

（二）不符合限制开采区取用水规定；

（三）不符合行业用水定额和节水规定；

（四）不符合强制性国家标准。

22．ABCD

解 析 《电力环境保护技术监督导则》（DL/T 1050—2016）

6.2.3.4 应对外排废水进行下列监督：监测项目：排水量、化学需氧量（COD）、5天生物需氧量（BOD）、悬浮物（SS）、pH值、石油类。排放口应按环境保护要求设置在线监测仪表，并按规定进行检定。

23．ABCD

解 析 《电力环境保护技术监督导则》（DL/T 1050—2016）

5.2.3.5 应对废水处理设施进行下列技术监督：

a）监督指标：废水处理设施排放口污染物浓度、废水处理率、设备投用率、废水回用率、处理水量。

24．ABCD

解　析　《中华人民共和国水污染防治法》（2017 年 6 月 27 日第十二届全国人民代表大会常务委员会第二十八次会议修正）

第八十五条　有下列行为之一的，由县级以上地方人民政府环境保护主管部门责令停止违法行为，限期采取治理措施，消除污染，处以罚款；逾期不采取治理措施的，环境保护主管部门可以指定有治理能力的单位代为治理，所需费用由违法者承担：

（一）向水体排放油类、酸液、碱液的；

（二）向水体排放剧毒废液，或者将含有汞、镉、砷、铬、铅、氰化物、黄磷等的可溶性剧毒废渣向水体排放、倾倒或者直接埋入地下的。

有前款第三项、第四项、第六项、第七项、第八项行为之一的，处二万元以上二十万元以下的罚款。有前款第一项、第二项、第五项、第九项行为之一的，处十万元以上一百万元以下的罚款；情节严重的，报经有批准权的人民政府批准，责令停业、关闭。

25．ABCD

解　析　《发电厂废水治理设计规范》（DL/T 5046—2018）

8.2.1　含油污水处理系统宜收集下列污水：

1　油罐区内油罐脱水；

2　变压器油坑排水；

3　卸油栈台和油泵房等含油场所的冲洗污水；

4　油罐区防火堤内、整体道床卸油线和卸油栈台的地面等含油场所的雨水。

26．ABCD

解　析　《火力发电厂节水导则》（DL/T 783—2018）

5.8.2：含油废水宜采用隔油、气浮、过滤吸附或改性油水分离膜等方式进行处理。

27．ABC

解 析 《取水许可管理办法》（水利部令第 34 号）

第二十七条 按照《取水条例》第二十五条规定，取水单位或者个人向原取水审批机关提出延续取水申请时应当提交下列材料：

（一）延续取水申请书；

（二）原取水申请批准文件和取水许可证。

28．AB

解 析 《取水许可管理办法》（水利部令第 34 号）

第三十四条 取水单位或者个人应当在每年的 12 月 31 日前向取水审批机关报送其本年度的取水情况总结（表）和下一年度的取水计划建议（表）。

29．ABCD

解 析 《城镇污水排入排水管网许可管理办法》（住房和城乡建设部令第 21 号）

第十三条 排水户不得有下列危及城镇排水设施安全的行为：

（一）向城镇排水设施排放、倾倒剧毒、易燃易爆物质、腐蚀性废液和废渣、有害气体和烹饪油烟等；

（二）堵塞城镇排水设施或者向城镇排水设施内排放、倾倒垃圾、渣土、施工泥浆、油脂、污泥等易堵塞物；

（三）擅自拆卸、移动和穿凿城镇排水设施；

（四）擅自向城镇排水设施加压排放污水。

30．ABCD

解 析 《火力发电厂能量平衡导则 第 5 部分：水平衡实验》（DL/T 606.5—2009）

4.3　在下列任何一种条件下，都应该进行水平衡实验：

a）新机组投入稳定运行一年内

b）主要用水系统、设备已进行了改造，运行工况发生了较大的变化

c）与同类型机组相比，单位发电量取水量明显偏高，或偏离设计水耗较大

d）在实施节水、废水综合利用或废水零排放工程之前

第三节　填　空　题

1．排放量

解　析　《中华人民共和国环境保护税法》（主席令第六十一号）

第八条　应税大气污染物、水污染物的污染当量数，以该污染物的排放量除以该污染物的污染当量值计算。每种应税大气污染物、水污染物的具体污染当量值，依照本法所附《应税污染物和当量值表》执行。

2．取水许可证

解　析　《中华人民共和国水法》（2016 年 7 月 2 日第十二届全国人民代表大会常务委员会第二十一次会议第二次修正）

第四十八条　直接从江河、湖泊或者地下取用水资源的单位和个人，应当按照国家取水许可制度和水资源有偿使用制度的规定，向水行政主管部门或者流域管理机构申请领取取水许可证，并缴纳水资源费，取得取水权。但是，家庭生活和零星散养、圈养畜禽饮用等少量取水的除外。

3．环境保护图形标志牌

解　析　《排污口规范化整治技术要求》（国家环保局环监〔1996〕470 号）

4.1.1　一切排污单位的污染物排放口（源）和固体废物贮存、处置场，必须实行规范化整治，按照国家标准《环境保护图形标志》（GB 15562.1—1995）的规定，设置与之相适应的环境保护图形标志牌。

4．下游

解　析　《地表水质量环境监测技术规范》（HJ 91.2—2022）

4.2.4.2　采样方式和技术要求

a）船只采样：按采样时间及风浪等级选择适当吨位的船只；采样船应位于采样点下游，逆流采集水样，避免搅动底部沉积物造成水样污染。

5．90%

解　析　《节水型企业　火力发电行业》（GB/T 26925—2011）

4.4　表3：循环冷却水排污水回用率应大于90%。

6．3.0

解　析　《电力节能技术监督导则》（DL/T 1052—2016）

6.2.6.4　循环冷却水浓缩倍率应符合下列要求：采用再生水作为补充水，浓缩倍率不小于3.0。

7．总量

解　析　《中华人民共和国水污染防治法》（2017年6月27日第十二届全国人民代表大会常务委员会第二十八次会议修正）

第二十条　国家对重点水污染物排放实施总量控制制度。

8．12月31日

解　析　《取水许可管理办法》（水利部令第34号）

第三十四条　取水单位或者个人应当在每年的12月31日前向取水审批机关报送其本年度的取水情况总结（表）和下一年度的取水计划建议（表）。

9．原取水审批机关

解 析 《取水许可管理办法》（水利部令第 34 号）

第三十七条 取水单位或者个人应当严格按照批准的年度取水计划取水。因扩大生产等特殊原因需要调整年度取水计划的，应当报经原取水审批机关同意。

10．$Q_{cm}/Q_{cb}\times100\%$

解 析 《火力发电厂水务管理导则》（DL/T 1337—2014）

7.4 循环水浓缩倍率应按公式（4）计算：

$$K=Q_{cm}/Q_{cb}\times100\%$$

11．$V_{ui}=Q_q/W$

解 析 《火力发电厂水务管理导则》（DL/T 1337—2014）

7.2 单位发电量取水量应按公式计算：

$$V_{ui}=Q_q/W$$

12．计量设施

解 析 《取水许可和水资源费征收管理条例》（国务院令第 460 号）

第四十三条 取水单位或者个人应当依照国家技术标准安装计量设施，保证计量设施正常运行，并按照规定填报取水统计报表。

13．渗漏

解 析 《电力环境保护技术监督导则》（DL/T 1050—2016）

5.2.3.5 应对废水处理设施进行下列技术监督：

c）定期监测地下水水质，防止各废水池渗漏，发现地下水水质异常时应及时采取必要措施，地下水水质按 GB/T 14848 的规定评定。

第四节 判 断 题

1．正确

解 析 《中华人民共和国水污染防治法》（2017 年 6 月 27

日第十二届全国人民代表大会常务委员会第二十八次会议修正）

第八十二条　违反本法规定，有下列行为之一的，由县级以上人民政府环境保护主管部门责令限期改正，处二万元以上二十万元以下的罚款；逾期不改正的，责令停产整治：

（一）未按照规定对所排放的水污染物自行监测，或者未保存原始监测记录的。

2．错误

解　析　《中华人民共和国水污染防治法》（2017年6月27日第十二届全国人民代表大会常务委员会第二十八次会议修正）

第三十二条　排放前款规定名录中所列有毒有害水污染物的企业事业单位和其他生产经营者，应当对排污口和周边环境进行监测，评估环境风险，排查环境安全隐患，并公开有毒有害水污染物信息，采取有效措施防范环境风险。

第八十二条　违反本法规定，有下列行为之一的，由县级以上人民政府环境保护主管部门责令限期改正，处二万元以上二十万元以下的罚款；逾期不改正的，责令停产整治：（三）未按照规定对有毒有害水污染物的排污口和周边环境进行监测，或者未公开有毒有害水污染物信息的。

3．错误

解　析　《中华人民共和国水污染防治法》（2017年6月27日第十二届全国人民代表大会常务委员会第二十八次会议修正）

第八十三条　违反本法规定，有下列行为之一的，由县级以上人民政府环境保护主管部门责令改正或者责令限制生产、停产整治，并处十万元以上一百万元以下的罚款；情节严重的，报经有批准权的人民政府批准，责令停业、关闭：

（四）未按照规定进行预处理，向污水集中处理设施排放不符合处理工艺要求的工业废水的。

4．错误

解　析　《取水许可和水资源费征收管理条例》(国务院令第460号)

第五十二条　有下列行为之一的，责令停止违法行为，限期改正，处5000元以上2万元以下罚款；情节严重的，吊销取水许可证：

（一）不按照规定报送年度取水情况的；

（二）拒绝接受监督检查或者弄虚作假的；

（三）退水水质达不到规定要求的。

5．错误

解　析　《取水许可和水资源费征收管理条例》(国务院令第460号)

第五十三条　未安装计量设施的，责令限期安装，并按照日最大取水能力计算的取水量和水资源费征收标准计征水资源费，处5000元以上2万元以下罚款；情节严重的，吊销取水许可证。

6．正确

解　析　《中华人民共和国水污染防治法》(2017年6月27日第十二届全国人民代表大会常务委员会第二十八次会议修正)

第八十二条　违反本法规定，有下列行为之一的，由县级以上人民政府环境保护主管部门责令限期改正，处二万元以上二十万元以下的罚款；逾期不改正的，责令停产整治：

（二）未按照规定安装水污染物排放自动监测设备，未按照规定与环境保护主管部门的监控设备联网，或者未保证监测设备正常运行的。

7．正确

解　析　《中华人民共和国水污染防治法》(2017年6月27日第十二届全国人民代表大会常务委员会第二十八次会议修正)

第八十二条　违反本法规定，有下列行为之一的，由县级以上人民政府环境保护主管部门责令限期改正，处二万元以上二十万元以下的罚款；逾期不改正的，责令停产整治：

（二）未按照规定安装水污染物排放自动监测设备，未按照规定与环境保护主管部门的监控设备联网，或者未保证监测设备正常运行的。

8. 错误

解　析　《中华人民共和国水污染防治法》（2017年6月27日第十二届全国人民代表大会常务委员会第二十八次会议修正）

第八十二条　违反本法规定，有下列行为之一的，由县级以上人民政府环境保护主管部门责令限期改正，处二万元以上二十万元以下的罚款；逾期不改正的，责令停产整治：

（三）未按照规定对有毒有害水污染物的排污口和周边环境进行监测，或者未公开有毒有害水污染物信息的。

9. 错误

解　析　《中华人民共和国水污染防治法》（2017年6月27日第十二届全国人民代表大会常务委员会第二十八次会议修正）

第八十五条　有下列行为之一的，由县级以上地方人民政府环境保护主管部门责令停止违法行为，限期采取治理措施，消除污染，处以罚款；逾期不采取治理措施的，环境保护主管部门可以指定有治理能力的单位代为治理，所需费用由违法者承担：

（三）在水体清洗装贮过油类、有毒污染物的车辆或者容器的；

有前款第三项、第四项、第六项、第七项、第八项行为之一的，处二万元以上二十万元以下的罚款。有前款第一项、第二项、第五项、第九项行为之一的，处十万元以上一百万元以下的罚款；情节严重的，报经有批准权的人民政府批准，责令停业、关闭。

10．正确

解　析　《中华人民共和国水污染防治法》（2017 年 6 月 27 日第十二届全国人民代表大会常务委员会第二十八次会议修正）

第八十五条　有下列行为之一的，由县级以上地方人民政府环境保护主管部门责令停止违法行为，限期采取治理措施，消除污染，处以罚款；逾期不采取治理措施的，环境保护主管部门可以指定有治理能力的单位代为治理，所需费用由违法者承担：

（九）未按照规定采取防护性措施，或者利用无防渗漏措施的沟渠、坑塘等输送或者存贮含有毒污染物的废水、含病原体的污水或者其他废弃物的。

有前款第三项、第四项、第六项、第七项、第八项行为之一的，处二万元以上二十万元以下的罚款。有前款第一项、第二项、第五项、第九项行为之一的，处十万元以上一百万元以下的罚款；情节严重的，报经有批准权的人民政府批准，责令停业、关闭。

11．正确

解　析　《火力发电厂节水导则》（DL/T 783—2018）

5.4.3　膜处理设备产生的浓水，可用作湿法脱硫工艺用水、输煤系统、湿除渣系统补充水等。

12．正确

解　析　《排污口规范化整治技术要求》（国家环保局环监〔1996〕470 号）

4.1.1　一切排污单位的污染物排放口（源）和固体废物贮存、处置场，必须实行规范化整治，按照国家标准《环境保护图形标志》（GB 15562.1—1995）的规定，设置与之相适应的环境保护图形标志牌。

13．正确

解　析　《地表水环境质量监测技术规范》（HJ 91.2—2022）

4.2.4.1 采样时应保证采样点位置准确，必要时使用定位仪定位，并拍摄水体现场情况，做好记录。不能抵达指定采样位置时，应记录现场情况和调整后的实际采样位置。

14．正确

解 析 《取水许可管理办法》（水利部令第 34 号）

第六条 申请取水并需要设置入河排污口的，申请人在提出取水申请的同时，应当按照《入河排污口监督管理办法》的有关规定一并提出入河排污口设置申请。

15．错误

解 析 《取水许可管理办法》（水利部令第 34 号）

第十一条 申请利用多种水源，且各种水源的取水审批机关不同的，应当向其中最高一级审批机关提出申请。

16．正确

解 析 《火力发电厂水务管理导则》（DL/T 1337—2014）

5.2 含盐量很高的化学除盐设备再生废水，经中和处理后，宜作为干灰调湿用水、灰场扬尘用水等。

17．错误

解 析 《火力发电厂水务管理导则》（DL/T 1337—2014）

5.2 对悬浮物含量较高，含盐量较低的预处理设备及除盐设备反洗水，经沉淀澄清处理后可回收至本系统预处理设备入口，也可作为循环水系统补充水。

18．正确

解 析 《火力发电厂水务管理导则》（DL/T 1337—2014）

5.2 对含盐量较高的膜处理设备产生的浓水，可用作湿法脱硫工艺用水、输煤系统和湿除渣系统补充水。

19．正确

解 析 《火力发电厂水务管理导则》（DL/T 1337—2014）

5.9　生活污水处理合格后可作为绿化用水；经除油、生物、澄清及杀菌等深度处理后也可作为循环水系统、湿法烟气脱硫系统的补充水。

20．正确

解　析　《火力发电厂水务管理导则》（DL/T 1337—2014）

5.12　滨海电厂、缺水地区火力发电厂可根据厂区情况设立雨水收集和回用系统，经澄清处理后的雨水可作为电厂循环冷却水系统、厂区工业水系统补充水源等。

21．正确

解　析　《火力发电厂水务管理导则》（DL/T 1337—2014）

5.1　火力发电厂原水（包括中水）预处理系统应采用技术可靠、自用水率低的处理工艺，澄清设备排泥水、过滤设备反洗排水经污泥浓缩池澄清处理后，可回收至预处理系统进口。

22．正确

解　析　《节水型企业　火力发电行业》（GB/T 26925—2011）

4.4　表 3：全厂废水回用率大于 85%。

23．正确

解　析　《中华人民共和国水污染防治法》（2017 年 6 月 27 日第十二届全国人民代表大会常务委员会第二十八次会议修正）

第三十五条　向水体排放含热废水，应当采取措施，保证水体的水温符合水环境质量标准。

24．正确

解　析　《中华人民共和国水污染防治法》（2017 年 6 月 27 日第十二届全国人民代表大会常务委员会第二十八次会议修正）

第三十七条　禁止将含有汞、镉、砷、铬、铅、氰化物、黄磷等的可溶性剧毒废渣向水体排放、倾倒或者直接埋入地下。

25．正确

解 析 《中华人民共和国水污染防治法》（2017年6月27日第十二届全国人民代表大会常务委员会第二十八次会议修正）

第三十九条 禁止利用渗井、渗坑、裂隙、溶洞，私设暗管，篡改、伪造监测数据，或者不正常运行水污染防治设施等逃避监管的方式排放水污染物。

26．错误

解 析 《中华人民共和国水污染防治法》（2017年6月27日第十二届全国人民代表大会常务委员会第二十八次会议修正）

第四十五条 排放工业废水的企业应当采取有效措施，收集和处理产生的全部废水，防止污染环境。含有毒有害水污染物的工业废水应当分类收集和处理，不得稀释排放。

27．正确

解 析 《火力发电厂节水导则》（DL/T 783—2018）

5.5.1 热力设备、管道的经常性疏水、疏水扩容器和连续排污扩容器所产生的蒸汽，应回收至热力系统。

28．正确

解 析 《火力发电厂节水导则》（DL/T 783—2018）

5.5.1 设备和管道的启动疏水、事故及检修放水和锅炉排污水等排水，经处理后可作为热网水的补充水，或降温后作为锅炉补给水处理系统的原水、循环水系统补充水或其他工业用水。

29．正确

解 析 《火力发电厂节水导则》（DL/T 783—2018）

5.5.3 水质合格的凝结水应全部回收，对不能回收的凝结水，应充分利用其热能和水资源。

30．正确

解 析 《火力发电厂节水导则》（DL/T 783—2018）

5.5.5 机组投入运行后应加强汽水品质监测，根据汽水品质情况优化排污方式。

31．正确

解　析　《中华人民共和国水污染防治法》（2017年6月27日第十二届全国人民代表大会常务委员会第二十八次会议修正）

第八十二条　违反本法规定，有下列行为之一的，由县级以上人民政府环境保护主管部门责令限期改正，处二万元以上二十万元以下的罚款；逾期不改正的，责令停产整治：

（一）未按照规定对所排放的水污染物自行监测，或者未保存原始监测记录的。

32．正确

解　析　《中华人民共和国水污染防治法》（2017年6月27日第十二届全国人民代表大会常务委员会第二十八次会议修正）

第八十三条　违反本法规定，有下列行为之一的，由县级以上人民政府环境保护主管部门责令改正或者责令限制生产、停产整治，并处十万元以上一百万元以下的罚款；情节严重的，报经有批准权的人民政府批准，责令停业、关闭：

（二）超过水污染物排放标准或者超过重点水污染物排放总量控制指标排放水污染物的。

33．正确

解　析　《中华人民共和国水法》（2016年7月2日第十二届全国人民代表大会常务委员会第二十一次会议第二次修正）

第六十七条　在饮用水水源保护区内设置排污口的，由县级以上地方人民政府责令限期拆除、恢复原状；逾期不拆除、不恢复原状的，强行拆除、恢复原状，并处五万元以上十万元以下的罚款。

34．正确

解 析 《火力发电厂水务管理导则》（DL/T 1337—2014）

5.7 湿除渣系统的补充水可采用循环水排污水、工业废水等含盐量较高的废水，使用前应进行下列评估及处理：

a 应根据废水水质和系统过流部件的材质对结垢、腐蚀情况进行评估。

b 湿除渣系统产生的溢流水，应设置专门的收集处理系统，经处理后在本系统循环回用，不宜外排。

35．正确

解 析 《火力发电厂水务管理导则》（DL/T 1337—2014）

5.7 湿除渣系统的补充水可采用循环水排污水、工业废水等含盐量较高的废水，使用前应进行下列评估及处理：

a 应根据废水水质和系统过流部件的材质对结垢、腐蚀情况进行评估。

b 湿除渣系统产生的溢流水，应设置专门的收集处理系统，经处理后在本系统循环回用，不宜外排。

36．错误

解 析 《中华人民共和国环境保护税法》（主席令第六十一号）

第四条 有下列情形之一的，不属于直接向环境排放污染物，不缴纳相应污染物的环境保护税：

（一）企业事业单位和其他生产经营者向依法设立的污水集中处理、生活垃圾集中处理场所排放应税污染物的；

（二）企业事业单位和其他生产经营者在符合国家和地方环境保护标准的设施、场所贮存或者处置固体废物的。

37．错误

解 析 《中华人民共和国湿地保护法》（主席令第一〇二号）

第二十八条　禁止下列破坏湿地及其生态功能的行为：

（三）排放不符合水污染物排放标准的工业废水、生活污水及其他污染湿地的废水、污水，倾倒、堆放、丢弃、遗撒固体废物。

38．正确

解　析　《中华人民共和国湿地保护法》（主席令第一〇二号）

第三十五条　泥炭沼泽湿地所在地县级以上地方人民政府应当制定泥炭沼泽湿地保护专项规划，采取有效措施保护泥炭沼泽湿地。

符合重要湿地标准的泥炭沼泽湿地，应当列入重要湿地名录。

禁止在泥炭沼泽湿地开采泥炭或者擅自开采地下水；禁止将泥炭沼泽湿地蓄水向外排放，因防灾减灾需要的除外。

39．正确

解　析　《中华人民共和国湿地保护法》（主席令第一〇二号）

第四十四条　因违法占用、开采、开垦、填埋、排污等活动，导致湿地破坏的，违法行为人应当负责修复。违法行为人变更的，由承继其债权、债务的主体负责修复。

40．正确

解　析　《取水许可和水资源费征收管理条例》（国务院令第460号）

第九条　任何单位和个人都有节约和保护水资源的义务。对节约和保护水资源有突出贡献的单位和个人，由县级以上人民政府给予表彰和奖励。

41．错误

解　析　《取水许可和水资源费征收管理条例》（国务院令第460号）

第二十八条 取水单位或者个人应当缴纳水资源费。

42. 正确

解 析 《地下水管理条例》（国务院令第748号）

第六条 利用地下水的单位和个人应当加强地下水取水工程管理，节约、保护地下水，防止地下水污染。

43. 错误

解 析 《地下水管理条例》（国务院令第748号）

第二十四条 国务院根据国民经济和社会发展需要，对取用地下水的单位和个人试点征收水资源税。地下水水资源税根据当地地下水资源状况、取用水类型和经济发展等情况实行差别税率，合理提高征收标准。征收水资源税的，停止征收水资源费。

44. 错误

解 析 《入河排污口监督管理办法》（水利部令第22号）

第六条 设置入河排污口的单位（下称排污单位），应当在向环境保护行政主管部门报送建设项目环境影响报告书（表）之前，向有管辖权的县级以上地方人民政府水行政主管部门或者流域管理机构提出入河排污口设置申请。

45. 正确

解 析 《入河排污口监督管理办法》（水利部令第22号）

第七条 设置入河排污口应当提交以下材料：

（一）入河排污口设置申请书；

（二）建设项目依据文件；

（三）入河排污口设置论证报告；

（四）其他应当提交的有关文件。

46. 错误

解 析 《入河排污口监督管理办法》（水利部令第22号）

第十四条　有下列情形之一的，不予同意设置入河排污口：

（一）在饮用水水源保护区内设置入河排污口的；

（二）在省级以上人民政府要求削减排污总量的水域设置入河排污口的；

（三）入河排污口设置可能使水域水质达不到水功能区要求的；

（四）入河排污口设置直接影响合法取水户用水安全的；

（五）入河排污口设置不符合防洪要求的；

（六）不符合法律、法规和国家产业政策规定的；

（七）其他不符合国务院水行政主管部门规定条件的。

47．正确

解　析　《火力发电厂能量平衡导则　第5部分：水平衡实验》（DL/T 606.5—2009）

5.1.1　应选择在常规工况下进行水平衡实验，且运行机组的发电负荷应占全厂总装机容量的80%以上，保证实验结果能够反映真实的用水水平。

48．错误

解　析　《取水定额　第1部分：火力发电》（DL/T 18916.1—2012）

4.1.1　取水量范围是指企业从各种常规水资源提取的水量，包括取自地表水（以净水厂供水计量）、地下水、城镇供水工程，以及企业从市场购得的其他水或水的产品（如蒸汽、热水、地热水等）的水量。

49．正确

解　析　《发电厂废水治理设计规范》（DL/T 5046—2018）

7.2.2.2　调节灰水pH值时可采用以下方法：增大灰场内灰水的曝气面积。

50．正确

解析 《中华人民共和国水污染防治法》（2017年6月27日第十二届全国人民代表大会常务委员会第二十八次会议修正）

第十条 排放水污染物，不得超过国家或者地方规定的水污染物排放标准和重点水污染物排放总量控制指标。

51．正确

解析 《中华人民共和国水污染防治法》（2017年6月27日第十二届全国人民代表大会常务委员会第二十八次会议修正）

第十九条 新建、改建、扩建直接或者间接向水体排放污染物的建设项目和其他水上设施，应当依法进行环境影响评价。

第三章
噪声污染防治

第一节　单　选　题

1. 建设项目可能产生环境噪声污染的，建设单位应当进行（　　）。

A. 环境影响评价　　B. 环境警示

C. 警示教育　　D. 停止施工作业

2. 国家对环境噪声污染严重的落后设备实行（　　）制度。

A. 淘汰　　B. 回收　　C. 报废　　D. 改造

3. 依据《建设项目竣工环境保护验收技术规范　火力发电厂》，燃煤火电厂验收监测厂界噪声监测时间为不少于连续（　　）天。

A. 1　　B. 2　　C. 3　　D. 4

4.（　　）噪声排放标准应当报国务院生态环境主管部门备案。

A. 市级　　B. 县级　　C. 地方　　D. 国家

5. 建设单位在施工合同中明确（　　）的噪声污染防治责任。

A. 施工单位　　B. 建设单位

C. 环保单位　　D. 工地

6. 依据《建筑施工场界环境噪声排放标准》，建筑施工过程中场界环境噪声夜间不得超过（　　）dB（A）。

A. 45　　B. 50　　C. 55　　D. 60

7. 依据《建筑施工场界环境噪声排放标准》，建筑施工过程中场界环境噪声昼间不得超过（　　）dB（A）。

A. 45　　B. 50　　C. 55　　D. 70

8. 依据《声环境质量标准》，2 类声环境功能区昼间最大限值为（　　）dB（A）。

A．40　　B．50　　C．60　　D．70

9．依据《声环境质量标准》，各类声环境功能区夜间突发噪声，其最大声级超过环境噪声限值的幅度不得高于（　　）dB（A）。

A．10　　B．15　　C．20　　D．25

10．依据《声环境质量标准》，位于交通干线两侧一定距离内的噪声敏感建筑物执行（　　）类声环境功能区要求。

A．1　　B．2　　C．3　　D．4

11．噪声测量仪器和校准仪器在每次测量前、后必须测量现场进行声学校准，其前、后校准示值偏差不得大于（　　）dB（A），否则测量结果无效。

A．0.5　　B．1　　C．1.5　　D．2

12．一般情况，测量企业厂界噪声时，测点应选在企业厂界外（　　）m，高度（　　）m 以上，距任一反射面距离不小于 1m 的位置。

A．1，1　　B．1，1.2

C．1.2，1　　D．2，1

13．某企业环境影响报告书批复中要求企业厂界噪声排放满足《工业企业厂界环境噪声排放标准》中 2 类标准，企业厂界噪声的排放限值为（　　）dB（A）。

A．昼间：50，夜间：40　　B．昼间：65，夜间：55

C．昼间：60，夜间：50　　D．昼间：55，夜间：45

14．某火电企业配套建设铁路专用线，铁路专用线于 2012 年 3 月 5 日取得环境影响评价文件的批复，其铁路边界噪声昼间、夜间执行的排放限值应为（　　）dB（A）。

A．70，70　　B．70，50

C．60，50　　D．70，60

15．依据《声环境质量标准》，以工业生产、仓储物流为主要功能，需要防止工业噪声对周围产生严重影响的区域属于（　　）类声环境功能区。

A．1　　B．2　　C．3　　D．4

16．某电力企业周边存在噪声敏感点，依据《声环境质量标准》，当在该噪声敏感建筑物户外测量噪声时，监测点应距墙壁或窗户 1m 处，距地面高度（　　）以上。

A．1.5　　B．1　　C．1.2　　D．0.5

17．某电力企业周边存在噪声敏感点，依据《声环境质量标准》，当在该噪声敏感建筑物室内测量噪声时，监测点应距墙壁和其他反射面至少 1m，距窗约（　　）m 处，距地面 1.2～1.5m 高。

A．1.5　　B．1　　C．1.2　　D．0.5

18．依据《声环境质量标准》，噪声测量时应在（　　）、无雷电天气进行，测量时风速应在 5m/s 以下时进行。

A．无雨雪　　B．无雾霾

C．无烈日　　D．无风

19．依据《环境噪声自动监测系统技术要求》，噪声采集分析单元的测量下限不高于（　　）dB（A），测量上限不低于 130dB（A）。

A．30　　B．35　　C．100　　D．130

20．依据《环境噪声自动监测系统技术要求》，噪声自动监测系统应至少（　　）自动进行一次原始数据完全备份，每周自动进行一次增量备份。

A．每周　　B．每月　　C．每半年　　D．每季度

21．依据《中华人民共和国环境保护税法》，厂界噪声超标 10dB（A），每月缴纳环境保护税（　　）元。

A．350　　B．700　　C．1400　　D．2800

22．在噪声敏感建筑物集中区域，（　　）新建排放噪声的工业企业。

A．禁止　　B．允许　　C．鼓励　　D．奖励

23．依据《中华人民共和国噪声污染防治法》，下列能制定噪声重点排污单位名录的部门是（　　）。

A．县生态环境部门　　B．某乡生态环境部门

C．某区的生态环境部门　　D．某直辖市生态环境部门

第二节　多　选　题

1．建设项目的环境噪声污染防治设施必须与主体工程同时（　　）。

A．设计　　B．施工　　C．改造　　D．投产使用

2．下列属于噪声敏感区域的是（　　）。

A．学校　　B．机关　　C．工厂　　D．民宅

3．依据《声环境质量标准》，下列属于噪声测量时应记录事项的是（　　）。

A．测点示意图　　B．声源及运行工况说明

C．使用仪器型号　　D．测定时间内的气象条件

4．依据《环境噪声自动监测系统技术要求》，下列属于环境噪声自动监测系统噪声监测子站的是（　　）。

A．全天候户外传声器　　B．噪声采集分析单元

C．通信单元　　D．电源控制单元

5．依据《环境噪声自动监测系统技术要求》，下列属于噪声监控系统应具备的功能的是（　　）。

A．数据收集　　B．数据存储

C．统计及报表自动生成　　D．数据查询

6. 依据《铁路边界噪声限值及其测量方法》，下列属于铁路专用线边界噪声监测报告应包括内容的是（　　）。

A. 测量环境　　B. 车辆密度

C. 背景噪声声级　　D. 1h 的等效声级

7. 下列（　　）活动产生的噪声属于《中华人民共和国噪声污染防治法》中所称的噪声。

A. 工业生产　　B. 建筑施工

C. 交通运输　　D. 动物叫声

8.《中华人民共和国噪声污染防治法》中明确的噪声污染防治的原则是（　　）。

A. 统筹规划　　B. 源头防控

C. 分类管理　　D. 损害担责

9. 依据《环境噪声自动监测系统技术要求》，下列属于环境噪声自动监测系统中采集分析单元应具有功能的是（　　）。

A. 应具有远程自检功能

B. 应具有自动校时功能

C. 应具有自动重启功能

D. 应具有可扩展其他相关参数采集功能

10. 依据《声环境质量标准》，下列场所属于 1 类声环境功能区是（　　）。

A. 住宅小区　　B. 学校

C. 医院　　D. 农贸市场

第三节　填　空　题

1. 实行排污许可管理的单位，不得无________排放工业噪声，应当按照相关要求进行噪声污染防治。

2. 在________生产活动中使用固定的设备时产生的干扰周围生活环境的声音指的是工业噪声。

3. 排放工业噪声的企业事业单位应当依法取得________或者填报排污登记表。

4. 建设项目的噪声污染防治设施应当与主体工程同时设计、同时施工、同时________。

5. 建筑施工过程中场界环境噪声不得超过排放限值：昼间70分贝，夜间________分贝。

6. 依据《声环境质量标准》，噪声测量时应在无雨雪、无雷电天气进行，测量时风速应在________m/s以下时进行。

7. 依据《环境噪声自动监测系统技术要求》，传声器风罩在风速________m/s时应不损坏。

8. 依据《环境噪声自动监测系统技术要求》，噪声采集分析单元应具有远程自检功能并可任意设定自检频次，示值偏差大于________dB时自动提示。

9. 依据《环境噪声自动监测系统技术要求》，噪声自动监测的原始数据应至少保存________年并自动备份。

10. 某燃煤电厂配套建设了铁路专用线，在进行噪声检测时，铁路专用线未运行时的背景噪声监测值为62.6dB（A），铁路专用线正常运行状态下的噪声监测值为65.6dB（A），修正后的噪声监测值应为________dB（A）。

11. 某火电企业厂界噪声执行《工业企业厂界环境噪声排放标准》中3类限值，即昼间65dB（A），夜间55dB（A），该企业晚上进行锅炉吹管产生的偶发噪声厂界处不得高于________dB（A）。

12. 依据《中华人民共和国噪声污染防治法》，排放噪声的单位应当建立噪声污染防治________制度，明确负责人和相关人员的责任。

13. 建设项目在投入生产或者使用之前，建设单位应当依照有关法律法规的规定，对配套建设的噪声污染防治设施进行________。

14. 排放噪声造成严重污染，被责令改正拒不改正的，生态环境主管部门或者其他负有噪声污染防治监督管理职责的部门，可以________、扣押排放噪声的场所、设施、设备、工具和物品。

15. 实行排污许可管理的单位，并应当按照________的要求进行噪声污染防治。

16. 实行排污许可管理的单位应当按照规定，对工业噪声开展自行监测，保存________，向社会公开监测结果监测数据的真实性和准确性负责。

17. 噪声重点排污单位应当按照国家规定，安装、使用、维护噪声________，与生态环境主管部门的监控设备联网。

18. 依据《铁路边界噪声限值及其测量方法》，铁路边界噪声测点原则上选在距铁路外侧轨道中心线________m 处。

第四节 判 断 题

1. 在噪声敏感建筑物集中区域，禁止新建排放噪声的工业企业，改建、扩建工业企业的，应当采取有效措施防止工业噪声污染。（ ）

2. 排放工业噪声的企业应当依法取得排污许可或者填报排污登记表。（ ）

3. 建筑施工噪声，是指在建筑施工过程中产生的干扰周围生活环境的声音。（ ）

4. 在城市市区噪声敏感建筑物集中区域内夜间作业，无须

公告附近居民。（　　）

5．依据《工业企业厂界环境噪声排放标准》，夜间频发噪声的最大声级超过限值的幅度不得高于 15dB（A）。（　　）

6．依据《中华人民共和国噪声污染防治法》，可能产生噪声污染的建设单位应当进行环境影响评价。（　　）

7．某火电企业 2015 年的环评批复要求厂界噪声执行《工业企业厂界环境噪声排放标准》中 2 类标准限值要求，2020 年该区域声环境功能区调整为 3 类，排污许可变更申领时厂界噪声限值应按照环评批复要求执行。（　　）

8．测量噪声源时宜在背景噪声较低、较稳定时测量，尽可能避开其他噪声源干扰。（　　）

9．依据《环境噪声监测技术规范　噪声测量值修正》，噪声测量值与背景噪声值的差值大于 10dB 时，应对噪声测量值进行修正。（　　）

10．某燃煤电厂配套建设了铁路专用线，在进行噪声检测时，铁路专用线未运行时的背景噪声监测值为 65.4dB（A），铁路专用线正常运行状态下的噪声监测值为 77.4dB（A），该噪声监测值不需要修正。（　　）

11．依据《中华人民共和国环境保护税法》，企业夜间频繁突发和夜间偶然突发厂界超标噪声，按等效声级和峰值噪声两种指标平均值计算应缴纳税额。（　　）

12．铁路线路选线设计应当尽量避开噪声敏感建筑物集中区域。（　　）

13．国务院生态环境主管部门制定国家声环境质量标准。（　　）

14．国家鼓励、支持低噪声工艺和设备的研究开发和推广应用，实行噪声污染严重的落后工艺和设备定期维修制度。（　　）

15. 任何单位和个人都有权向生态环境主管部门或者其他负有噪声污染防治监督管理职责的部门举报造成噪声污染行为。（　　）

16. 依据《中华人民共和国环境噪声法》“昼间”是指 6:00 到 20:00 之间的时段，夜间是指 20:00 到次日的 6:00 之间的时间段。（　　）

17. 工业噪声是指在工业生产活动中使用固定的设备时产生的干扰周围生活环境的声音。（　　）

参 考 答 案

第一节 单 选 题

1. A

解 析 《中华人民共和国噪声污染防治法》(中华人民共和国第十三届全国人民代表大会常务委员会第三十二次会议于2021年12月24日通过)

第二十四条 新建、改建、扩建可能产生噪声污染的建设项目，应当依法进行环境影响评价。

2. A

解 析 《中华人民共和国噪声污染防治法》(中华人民共和国第十三届全国人民代表大会常务委员会第三十二次会议于2021年12月24日通过)

第二十七条 国家鼓励、支持低噪声工艺和设备的研究开发和推广应用，实行噪声污染严重的落后工艺和设备淘汰制度。

3. B

解 析 《建设项目竣工环境保护验收技术规范 火力发电厂》(HJ/T 255—2006)

燃煤火电厂验收监测厂界噪声监测频次为不少于连续2天，昼夜各2次。

4. C

解 析 《中华人民共和国噪声污染防治法》(中华人民共和国第十三届全国人民代表大会常务委员会第三十二次会议于2021年12月24日通过)

第十五条 地方噪声排放标准应当报国务院生态环境主管部

门备案。

5. A

解 析 《中华人民共和国噪声污染防治法》(中华人民共和国第十三届全国人民代表大会常务委员会第三十二次会议于2021年12月24日通过)

第四十条 建设单位应当按照规定将噪声污染防治费用列入工程造价，在施工合同中明确施工单位的噪声污染防治责任。

6. C

解 析 《建筑施工场界环境噪声排放标准》(GB 12523—2011)

建筑施工过程中场界环境噪声不得超过排放限值：昼间70dB（A），夜间55dB（A）。

7. D

解 析 《建筑施工场界环境噪声排放标准》(GB 12523—2011)

建筑施工过程中场界环境噪声不得超过排放限值：昼间70dB（A），夜间55dB（A）。

8. C

解 析 《声环境质量标准》(GB 3096—2008)

2类声环境功能区昼间最大限值为60dB（A）。

9. B

解 析 《声环境质量标准》(GB 3096—2008)

5.4 各类声环境功能区夜间突发噪声，其最大声级超过环境噪声限值的幅度不得高于15dB（A）。

10. D

解 析 《声环境质量标准》(GB 3096—2008)

7.2 位于交通干线两侧一定距离内的噪声敏感建筑物执行4

类声环境功能区要求。

11．A

解　析　《工业企业厂界环境噪声排放标准》（GB 12348—2008）

5.1.2　测量仪器和校准仪器应定期检定合格，并在有效使用期限内使用；每次测量前、后必须在测量现场进行声学校准，其前、后校准示值偏差不得大于 0.5dB（A），否则测量结果无效。

12．B

解　析　《工业企业厂界环境噪声排放标准》（GB 12348—2008）

5.3.2　测点位置一般规定　一般情况下，测点选在工业企业厂界外 1m、高度 1.2m 以上、距任一反射面距离不小于 1m 的位置。

13．C

解　析　《工业企业厂界环境噪声排放标准》（GB 12348—2008）

厂界外声环境功能区类别为 2 类时，工业企业厂界环境噪声排放限值为昼间 60dB（A），夜间 50dB（A）。

14．A

解　析　《铁路边界噪声限值及其测量方法》（GB 12525—90）

铁路边界噪声限值为昼间 70dB（A），夜间 70dB（A）。

15．C

解　析　《声环境质量标准》（GB 3096—2008）

3 类声环境功能区：指以工业生产、仓储物流为主要功能，需要防止工业噪声对周围环境产生严重影响的区域。

16. C

解 析 《声环境质量标准》（GB 3096—2008）

噪声敏感建筑物户外在噪声敏感建筑物外，距墙壁或窗户 1m 处，距地面高度 1.2m 以上。

17. A

解 析 《声环境质量标准》（GB 3096—2008）

噪声敏感建筑物室内距离墙面和其他反射面至少 1m，距窗约 1.5m 处，距地面 1.2～1.5m 高。

18. A

解 析 《声环境质量标准》（GB 3096—2008）

气象条件测量应在无雨雪、无雷电天气，风速 5m/s 以下时进行。

19. A

解 析 《环境噪声自动监测系统技术要求》（HJ 907—2017）

4.1.4 噪声采集分析单元 噪声采集分析单元的测量下限不高于 30dB，测量上限不低于 130dB。

20. D

解 析 《环境噪声自动监测系统技术要求》（HJ 907—2017）

应至少每季度自动进行一次原始数据完全备份，每周自动进行一次增量备份。

21. D

解 析 《中华人民共和国环境保护税法》（2016 年 12 月 25 日第十二届全国人民代表大会常务委员会第二十五次会议通过）

附表 1 环境保护税税目税额表 工业噪声超标 10～12dB，税额为 2800 元/月。

22. A

解 析 《中华人民共和国噪声污染防治法》（中华人民共和

国第十三届全国人民代表大会常务委员会第三十二次会议于2021年12月24日通过）

第三十五条　工业企业选址应当符合国土空间规划以及相关规划要求，县级以上地方人民政府应当按照规划要求优化工业布局，防止工业噪声污染。

在噪声敏感建筑物集中区域，禁止新建排放噪声的工业企业，改建、扩建工业企业的，应当采取有效措施防止工业噪声污染。

23．D

解　析　《中华人民共和国噪声污染防治法》（中华人民共和国第十三届全国人民代表大会常务委员会第三十二次会议于2021年12月24日通过）

第三十七条　设区的市级以上地方人民政府生态环境主管部门应当按照国务院生态环境主管部门的规定，根据噪声排放、声质量改善要求等情况，制定本行政区域噪声重点排污单位名录，向社会公开并适时更新。

第二节　多　选　题

1．ABD

解　析　《中华人民共和国噪声污染防治法》（中华人民共和国第十三届全国人民代表大会常务委员会第三十二次会议于2021年12月24日通过）

第二十五条　建设项目的噪声污染防治设施应当与主体工程同时设计、同时施工、同时投产使用。

2．ABD

解　析　《工业企业厂界环境噪声排放标准》（GB 12348—2008）

3.5 噪声敏感建筑物指医院、学校、机关、科研单位、住宅等需要保持安静的建筑物。

3. ABCD

解析 《声环境质量标准》（GB 3096—2008）

6.5 测量记录应包括以下事项：

a）日期、时间、地点及测定人员；

b）使用仪器型号、编号及其校准记录；

c）测定时间内的气象条件（风向、风速、雨雪等天气状况）；

d）测量项目及测定结果；

e）测量依据的标准；

f）测点示意图；

g）声源及运行工况说明（如交通噪声测量的交通流量等）；

h）其他应记录的事项。

4. ABCD

解析 《环境噪声自动监测系统技术要求》（HJ 907—2017）

3.2 噪声监测子站包括全天候户外传声器、噪声采集分析单元、通信单元、电源控制单元以及机箱等配套安全防护单元。

5. ABCD

解析 《环境噪声自动监测系统技术要求》（HJ 907 2017）

4.2.1 噪声监控系统主要功能噪声监控系统应具有噪声监测子站运行状态监控、数据收集、数据存储、审核、查询、统计及报表生成等功能。

6. ABCD

解析 《铁路边界噪声限值及其测量方法（GB 12525—1990）修改方案》（GB 12525—1990）

第6条 铁路专用线边界噪声监测报告应包括：

a　测量仪器；

b　测量环境（测点距轨面相对高度 m，几股线路，测点与轨道之间的地面状况，如土地、草地等）；

c　车流密度（每小时通过机车车辆数）；

d　背景噪声等级；

e　1h 等效声级。

7．ABC

解　析　《中华人民共和国噪声污染防治法》（中华人民共和国第十三届全国人民代表大会常务委员会第三十二次会议于 2021 年 12 月 24 日通过）

第二条　本法所称噪声，是指在工业生产、建筑施工、交通运输和社会生活中产生的干扰周围生活环境的声音。

8．ABCD

解　析　《中华人民共和国噪声污染防治法》（中华人民共和国第十三届全国人民代表大会常务委员会第三十二次会议于 2021 年 12 月 24 日通过）

第四条　噪声污染防治应当坚持统筹规划、源头防控、分类管理、社会共治、损害担责的原则。

9．ABCD

解　析　《环境噪声自动监测系统技术要求》（HJ 907—2017）

4.1.4　噪声采集分析单元

（1）应具有 A、C、Z 频率计权方式。

（2）应具有远程自检功能并可任意设定自检频次。

（3）应具有自动校时功能。

（4）应在子站死机后有自动重启功能。

（5）应可扩展其他相关参数采集功能，如视频、风速、风向、气温、相对湿度、大气压、降雨量、经纬度、道路交通车流量等。

（6）应在通信发生临时故障时不影响数据采集及存储，故障恢复后自动补传延误数据。

10．ABC

解 析 《声环境质量标准》（GB 3096—2008）

第 4 条 声环境功能区分类

1 类声环境功能区：指以居民住宅、医疗卫生、文化教育、科研设计、行政办公为主要功能，需要保持安静的区域。

第三节 填 空 题

1．排污许可证

解 析 《中华人民共和国噪声污染防治法》（中华人民共和国第十三届全国人民代表大会常务委员会第三十二次会议于 2021 年 12 月 24 日通过）

第三十六条 实行排污许可管理的单位，不得无排污许可证排放工业噪声，并应当按照排污许可证的要求进行噪声污染防治。

2．工业

解 析 《中华人民共和国噪声污染防治法》（中华人民共和国第十三届全国人民代表大会常务委员会第三十二次会议于 2021 年 12 月 24 日通过）

第三十四条 本法所称工业噪声，是指在工业生产活动中产生的干扰周围生活环境的声音。

3．排污许可证

解 析 《中华人民共和国噪声污染防治法》（中华人民共和国第十三届全国人民代表大会常务委员会第三十二次会议于 2021 年 12 月 24 日通过）

第三十六条 排放工业噪声的企业事业单位和其他生产经营

者，应当采取有效措施，减少振动、降低噪声，依法取得排污许可证或者填报排污登记表。

4．投产使用

解　析　《中华人民共和国噪声污染防治法》(中华人民共和国第十三届全国人民代表大会常务委员会第三十二次会议于2021年12月24日通过)

第二十五条　建设项目的噪声污染防治设施应当与主体工程同时设计、同时施工、同时投产使用。

5．55

解　析　《建筑施工场界环境噪声排放标准》(GB 12523—2011)

4　环境噪声排放限值

4.1　建筑施工过程中场界环境噪声不得超过表1规定的排放限值。建筑施工过程中场界环境噪声不得超过排放限值：昼间70分贝，夜间55分贝。

6．5

解　析　《声环境质量标准》(GB 3096—2008)

6.3　气象条件测量应在无雨雪、无雷电天气，风速5m/s以下时进行。

7．30

解　析　《环境噪声自动监测系统技术要求》(HJ 907—2017)

4.1.3.1　传声器风罩在风速30m/s时应不损坏。

8．0.5

解　析　《环境噪声自动监测系统技术要求》(HJ 907—2017)

4.1.4.9　噪声采集分析单元应具有远程自检功能并可任意设定自检频次，示值偏差大于0.5dB时自动提示。

9．5

解　析　《环境噪声自动监测系统技术要求》(HJ 907—2017)

4.2.3.2　原始数据应至少保存 5 年并自动备份。

10．62.6

解　析　《铁路边界噪声限值及其测量方法》(GB 12525—1990)

5.4　背景噪声应比铁路噪声低 10dB（A）以上，若两者声级差值在 10dB（A）以内，按表 2 进行修正。差值在 3dB（A）时，修正值为－3dB（A）。

11．70

解　析　《工业企业厂界环境噪声排放标准》(GB 12348—2008)

4.1.3　夜间偶发噪声的最大声级超过限值的幅度不得高于 15dB（A）。

12．责任

解　析　《中华人民共和国噪声污染防治法》(中华人民共和国第十三届全国人民代表大会常务委员会第三十二次会议于 2021 年 12 月 24 日通过)

第二十二条　排放噪声、产生振动，应当符合噪声排放标准以及相关的环境振动控制标准和有关法律、法规、规章的要求。

排放噪声的单位和公共场所管理者，应当建立噪声污染防治责任制度，明确负责人和相关人员的责任。

13．验收

解　析　《中华人民共和国噪声污染防治法》(中华人民共和国第十三届全国人民代表大会常务委员会第三十二次会议于 2021 年 12 月 24 日通过)

第二十五条　建设项目的噪声污染防治设施应当与主体工程

同时设计、同时施工、同时投产使用。

建设项目在投入生产或者使用之前，建设单位应当依照有关法律法规的规定，对配套建设的噪声污染防治设施进行验收，编验收报告，并向社会公开。未经验收或者验收不合格的，该建设项目不得投入生产或者使用。

14．查封

解 析 《中华人民共和国噪声污染防治法》(中华人民共和国第十三届全国人民代表大会常务委员会第三十二次会议于2021年12月24日通过)

第三十条 排放噪声造成严重污染，被责令改正拒不改正的，生态环境主管部门或者其他负有噪声污染防治监督管理职责的门，可以查封、扣押排放噪声的场所、设施、设备、工具和物品。

15．排污许可证

解 析 《中华人民共和国噪声污染防治法》(中华人民共和国第十三届全国人民代表大会常务委员会第三十二次会议于2021年12月24日通过)

第三十六条 排放工业噪声的企业事业单位和其他生产经营者，应当采取有效措施，减少振动、降低噪声，依法取得排污许或者填报排污登记表。

实行排污许可管理的单位，不得无排污许可证排放工业噪声，并应当按照排污许可证的要求进行噪声污染防治。

16．原始监测记录

解 析 《中华人民共和国噪声污染防治法》(中华人民共和国第十三届全国人民代表大会常务委员会第三十二次会议于2021年12月24日通过)

第三十八条 实行排污许可管理的单位应当按照规定，对工业噪声开展自行监测，保存原始监测记录，向社会公开监测结果监测数据的真实性和准确性负责。

17．自动监测设备

解 析 《中华人民共和国噪声污染防治法》（中华人民共和国第十三届全国人民代表大会常务委员会第三十二次会议于2021年12月24日通过）

第三十八条 实行排污许可管理的单位应当按照规定，对工业噪声开展自行监测，保存原始监测记录，向社会公开监测结果监测数据的真实性和准确性负责。

噪声重点排污单位应当按照国家规定，安装、使用、维护噪声自动监测设备，与生态环境主管部门的监控设备联网。

18．30

解 析 《铁路边界噪声限值及其测量方法》（GB 125250—1990）

3.2 铁路边界系指距铁路外侧轨道中心线30m处。

第四节 判 断 题

1．正确

解 析 《中华人民共和国噪声污染防治法》（中华人民共和国第十三届全国人民代表大会常务委员会第三十二次会议于2021年12月24日通过）

第三十五条 在噪声敏感建筑物集中区域，禁止新建排放噪声的工业企业，改建、扩建工业企业的，应当采取有效措施防止工业噪声污染。

2．正确

解 析 《中华人民共和国噪声污染防治法》（中华人民共和国第十三届全国人民代表大会常务委员会第三十二次会议于

2021 年 12 月 24 日通过）

第三十六条　排放工业噪声的企业事业单位和其他生产经营者，应当采取有效措施，减少振动、降低噪声，依法取得排污许可或者填报排污登记表。

3．正确

解　析　《中华人民共和国噪声污染防治法》（中华人民共和国第十三届全国人民代表大会常务委员会第三十二次会议于2021 年 12 月 24 日通过）

第三十九条　本法所称建筑施工噪声，是指在建筑施工过程中产生的干扰周围生活环境的声音。

4．错误

解　析　《中华人民共和国噪声污染防治法》（中华人民共和国第十三届全国人民代表大会常务委员会第三十二次会议于2021 年 12 月 24 日通过）

第四十三条　在噪声敏感建筑物集中区域，禁止夜间进行产生噪声的建筑施工作业，但抢修、抢险施工作业，因生产工艺或者其他特殊需要必须连续施工作业的除外。因特殊需要必须连续施工作业的，应当取得地方人民政府住房和城乡建设、生态环境主管部门或者地方人民政府指定的部门证明，并在施工现场显著位置公示或者以其他方式公告附近居民。

5．错误

解　析　《工业企业厂界环境噪声排放标准》（GB 12348—2008）

4.1.2　夜间频发噪声的最大声级超过限值的幅度不得高于10dB（A）

6．正确

解　析　《中华人民共和国噪声污染防治法》（中华人民共和国第十三届全国人民代表大会常务委员会第三十二次会议于

2021年12月24日通过）

第二十四条　新建、改建、扩建可能产生噪声污染的建设项目，应当依法进行环境影响评价。

7．错误

解　析　《工业企业厂界噪声排放标准》（GB 12348—2008）

4.1.1　工业企业厂界环境噪声不得超过表1规定的排放限值（表1中工业企业厂界环境噪声排放限值根据厂界外声环境功能区类别和噪声排放时段确定）。

8．正确

解　析　《环境噪声监测技术规范　噪声测量值修正》（HJ 706—2014）

4.2　测量噪声源时宜在背景噪声较低、较稳定时测量，尽可能避开其他噪声源干扰。

9．错误

解　析　《环境噪声监测技术规范　噪声测量值修正》（HJ 706—2014）

5.2　噪声测量值与背景噪声值的差值大于10dB时，噪声测量值不做修正。

10．正确

解　析　《环境噪声监测技术规范　噪声测量值修正》（HJ 706—2014）

5.2　噪声测量值与背景噪声值的差值大于10dB时，噪声测量值不做修正。

11．正确

解　析　《中华人民共和国环境保护税法》（2016年12月25日第十二届全国人民代表大会常务委员会第二十五次会议通过　2018年10月26日修正）

环境保护税税目税额表工业噪声备注第5条规定，夜间频繁突发和夜间偶然突发厂界超标噪声，按等效声级和峰值噪声两种指标中超标分贝值高的一项计算应缴纳税额。

12. 正确

解　析　《中华人民共和国噪声污染防治法》(中华人民共和国第十三届全国人民代表大会常务委员会第三十二次会议于2021年12月24日通过)

第四十五条　新建公路、铁路线路选线设计，应当尽量避开噪声敏感建筑物集中区域。

13. 正确

解　析　《中华人民共和国噪声污染防治法》(中华人民共和国第十三届全国人民代表大会常务委员会第三十二次会议于2021年12月24日通过)

第十四条　国务院生态环境主管部门制定国家声环境质量标准。

14. 错误

解　析　《中华人民共和国噪声污染防治法》(中华人民共和国第十三届全国人民代表大会常务委员会第三十二次会议于2021年12月24日通过)

第二十七条　国家鼓励、支持低噪声工艺和设备的研究开发和推广应用，实行噪声污染严重的落后工艺和设备淘汰制度。

15. 正确

解　析　《中华人民共和国噪声污染防治法》(中华人民共和国第十三届全国人民代表大会常务委员会第三十二次会议于2021年12月24日通过)

第三十一条　任何单位和个人都有权向生态环境主管部门或者其他负有噪声污染防治监督管理职责的部门举报造成噪声污

染行为。

16. 错误

解 析 《工业企业厂界噪声排放标准》(GB 12348—2008)

3.6 依据《中华人民共和国环境噪声污染防治法》,“昼间”是指6:00到22:00之间的时段;“夜间”是指22:00到次日的6:00之间的时间段。

17. 正确

解 析 《中华人民共和国噪声污染防治法》(中华人民共和国第十三届全国人民代表大会常务委员会第三十二次会议于2021年12月24日通过)

第三十四条 本法所称工业噪声,是指在工业生产活动中产生的干扰周围生活环境的声音。

第四章
固体废物污染防治

第一节 单 选 题

1. 依据《中华人民共和国固体废物污染环境防治法》，产生工业固体废物的单位应当取得（　　）。

A. 经营许可证　　B. 收集许可证

C. 贮存许可证　　D. 排污许可证

2. 依据《危险废物产生单位管理计划制定指南》，鼓励产废单位采用（　　）手段建立危险废物台账。

A. 信息化　　B. 人工化　　C. 班组化　　D. 企业化

3. 依据《中华人民共和国固体废物污染环境防治法》，对危险废物的容器和包装物必须设置（　　）。

A. 器皿标识　　B. 消防标识

C. 危险废物识别标志　　D. 企业标识

4. 依据《危险废物转移管理办法》，危险废物电子转移联单数据应当在信息系统中至少保存（　　）。

A. 一年　　B. 三年　　C. 五年　　D. 十年

5. 依据《中华人民共和国固体废物污染环境防治法》，固体废物污染环境防治坚持减量化、资源化和（　　）的原则。

A. 能源化　　B. 无害化　　C. 有序化　　D. 减排化

6. 火电企业灰场应设置（　　）环境保护图形标志牌。

A. 提示性　　B. 警告性　　C. 危险性　　D. 禁止性

7. 危险废物贮存场应设置（　　）环境保护图形标志牌。

A. 提示性　　B. 警告性　　C. 危险性　　D. 禁止性

8. 依据《中华人民共和国环境保护税法》规定，应税固体废物的应纳税额为固体废物（　　）乘以具体适用税额。

A. 排放量　　B. 产生量　　C. 消耗量　　D. 贮存量

9．危险废物产生者未按规定处置其产生的危险废物，被处罚后拒不改正，又不承担依法应当承担的代为处置费用的，可处代为处置费用（　　）倍以上（　　）倍以下的罚款。

A．1，3　　B．2，3　　C．1，2　　D．3，5

10．依据《中华人民共和国固体废物污染环境防治法》，固体废物污染环境防治坚持（　　）原则。

A．回收收集　　B．节能减排

C．污染担责　　D．分类处理

11．依据《中华人民共和国固体废物污染环境防治法》，造成一般或者较大固体废物污染环境事故的，按照事故造成的直接经济损失的（　　）倍以上，（　　）倍以下计算罚款。

A．1，2　　B．1，3　　C．1，4　　D．1，5

12．依据《中华人民共和国固体废物污染环境防治法》，造成重大或者特大固体废物污染环境事故的，按照事故造成的直接经济损失的（　　）倍以上，（　　）倍以下计算罚款。

A．1，2　　B．2，3　　C．3，4　　D．3，5

13．依据《中华人民共和国固体废物污染环境防治法》，造成重大或者特大固体废物污染环境事故的，除罚款外，还需对法定代表人等处上一年度从本单位取得的收入百分之（　　）以下罚款。

A．二十　　B．三十　　C．四十　　D．五十

14．产生工业固体废物的单位终止的，应当在（　　）对工业固体废物的贮存、处置的设施、场所采取污染防治措施。

A．终止前　　B．终止后

C．终止时　　D．以上都是

15．火电厂一般工业固体废物不包括（　　）。

A．灰渣　　B．脱硫石膏

C．除尘器布袋　　　　　　　　D．废旧脱硝催化剂

16．灰坝超过（　　）m 时坝坡宜设置马道。

A．5　　　B．10　　　C．15　　　D．20

17．灰坝马道内侧宜设置具有（　　）底坡的排水沟。

A．纵向　　　B．平行　　　C．横向　　　D．交叉

18．山谷灰场灰坝（　　）应设置上坝人行道。

A．上游坡面　　　　　　　　B．中游坡面

C．坡顶　　　　　　　　　　D．下游坡面

19．依据《一般工业固体废物贮存和填埋污染控制标准》，一般工业固体废物地上回填作业结束后应立即实施（　　）。

A．土地复垦　　　　　　　　B．环境监测

C．环保宣传　　　　　　　　D．毒性化验

20．依据《一般工业固体废物贮存和填埋污染控制标准》，贮存场的防洪标准应按重现期不小于（　　）年一遇的洪水位设计。

A．50　　　B．30　　　C．100　　　D．40

21．某企业计划新建一座贮灰场，该灰场类型属于Ⅱ类场，采用单人工复合衬层作为防渗衬层，其黏土衬层厚度设计应不小于（　　）mm。

A．200　　　B．300　　　C．500　　　D．750

22．某企业灰场进行了封场，封场后应继续开展渗滤液相关监测，直到连续（　　）年内没有渗滤液产生或产生的渗滤液未经处理即可稳定达标排放，方可停止。

A．1　　　B．2　　　C．3　　　D．5

23．某企业对灰场产生的渗滤液进行监测，根据《一般工业固体废物贮存和填埋污染控制标准》要求，至少（　　）。

A．每月 1 次　　　　　　　　B．每季度 1 次

C．每年 1 次　　　　　　D．每周 1 次

24．某企业粉煤灰贮存场在运行期间，根据《一般工业固体废物贮存和填埋污染控制标准》要求，地下水监测频次至少（　　），且每两次监测之间间隔不少于（　　）。

A．每季度 1 次，1 个月　　　　B．每月 1 次，1 个月

C．每周 1 次，2 个月　　　　D．每半年 1 次，2 个月

25．某企业粉煤灰贮存场封场后，地下水监测系统应继续正常运行，监测频次至少（　　），直到地下水水质连续（　　）不超出地下水本底水平。

A．每季度 1 次，1 年　　　　B．每半年 1 次，2 年

C．每年 1 次，3 年　　　　D．每年 1 次，2 年

26．某企业粉煤灰贮存场在运行期间，根据《一般工业固体废物贮存和填埋污染控制标准》要求，大气无组织气体排放监测频次应至少每（　　）1 次。

A．月　　　B．季度　　　C．半年　　　D．年

27．装载液体危险废物的容器内须留有足够的空间，容器顶部与液体表面之间保留（　　）mm 以上的空间。

A．100　　　B．500　　　C．200　　　D．300

28．擅自倾倒、堆放、丢弃、遗撒工业固体废物，或者未采取相应防范措施，造成工业固体废物扬散、流失、渗漏或者其他环境污染的将受到处所需处置费用的一倍以上（　　）倍以下的罚款。

A．3　　　B．5　　　C．1　　　D．2

29．下列说法不正确的是（　　）。

A．禁止将危险废物与旅客在同一运输工具上载运

B．处置固体废物的单位应建立固体废物台账并如实记录

C．委托有资质的第三方处置危废，产废单位无需编制危废

应急预案

D．处置固体废物的单位依法及时公开固体废物污染环境防治信息

第二节　多　选　题

1．依据《中华人民共和国固体废物污染环境防治法》，国家鼓励、支持固体废物污染环境防治的（　　），加强固体废物污染环境防治科技支撑。

A．科学研究　　B．技术开发

C．先进技术推广　　D．科学普及

2．依据《中华人民共和国固体废物污染环境防治法》，建设（　　）固体废物的项目，应当依法进行环境影响评价。

A．产生　　B．贮存　　C．利用　　D．处置

3．依据《中华人民共和国固体废物污染环境防治法》，建设项目的环境影响评价文件确定需要配套建设的固体废物污染环境防治设施，应当与主体工程（　　）。

A．同时设计　　B．同时施工

C．同时验收　　D．同时投入使用

4．依据《中华人民共和国固体废物污染环境防治法》，产生危险废物的单位，应当按照国家有关规定和环境保护标准要求（　　）危险废物。

A．贮存　　B．遗弃　　C．处置　　D．利用

5．依据《中华人民共和国固体废物污染环境防治法》，国家对废弃电器电子产品等实行的处理制度有（　　）。

A．多渠道回收　　B．集中处理

C．企业或个人拆解　　D．打包销毁

6．依据《中华人民共和国固体废物污染环境防治法》，产生危险废物的单位向所在地环境保护主管部门申报的危险废物资料有（　　）。

A．危险废物的种类　　B．危险废物的产生量

C．危险废物的流向　　D．危险废物的处置

7．固体废物贮存、处置场图形符号有（　　）。

A．提示图形符号　　B．警告图形符号

C．危险图形符号　　D．剧毒图形符号

8．依据《排污单位自行监测技术指南　火力发电及锅炉》，企业应记录一般工业固体废弃物的（　　）。

A．产生量　　B．综合利用量

C．处置量　　D．贮存量

9．依据《中华人民共和国固体废物污染环境防治法》，产生工业固体废物的单位应当根据（　　）条件对工业固体废物加以利用。

A．经济　　B．无害

C．技术　　D．节能

10．产生、收集、贮存、运输、利用、处置固体废物的单位，对于防止污染环境应当采取的措施有（　　）。

A．防扬散　　B．防流失

C．防渗漏　　D．防盗

11．依据《中华人民共和国固体废物污染环境防治法》，产生危险废物的单位，应当制定意外事故的（　　）。

A．防范措施　　B．问题汇总

C．应急预案　　D．责任保险方案

12．下列属于固体废物的是（　　）。

A．粉煤灰　　B．炉渣

C．脱硫石膏　　D．脱硫污泥

13．依据《固体废物鉴别标准　通则》，固体废物按照下列（　　）方法利用或处置时，仍作为固体废物管理。

A．作为筑路材料　　B．用于生产燃料

C．倾倒　　D．堆置

14．以下废物中属于火电厂危险废物的有（　　）。

A．废烟气脱硝催化剂（钒钛系）

B．废铅酸电池

C．废油漆桶

D．废矿物油

15．依据《固体废物鉴别标准　通则》规定，下列不作为固废管理的物质是（　　）。

A．不需要修复和加工即可用于其原始用途的物质

B．不堆积可直接返回到原生产过程的物质

C．修复后作为土壤用途使用的污染土壤

D．供实验室化验分析用的固体废物样品

16．依据《粉煤灰综合利用管理办法》，粉煤灰（包括炉底渣）综合利用包括（　　）等。

A．用于建材生产　　B．用于筑路

C．用于改良土壤　　D．用于回填

17．依据《一般工业固体废物贮存和填埋污染控制标准》，贮存场和填埋场一般应包括（　　）等单元。

A．防渗系统　　B．雨污分流系统

C．环境监测系统　　D．公用工程

18．依据《一般工业固体废物贮存和填埋污染控制标准》，Ⅱ类场的封场结构应包括（　　）。

A．阻隔层　　B．雨水导排层

C．覆盖土层　　　　　　　　D．过滤层

19．某企业计划新建一座贮灰场，该灰场类型属于Ⅰ类，若该企业采用天然基础层作为防渗衬层，其天然基础层应具备以下（　　）条件。

A．饱和渗透系数不大于 1.0×10^{-5}cm/s

B．厚度不小于 0.75m

C．饱和渗透系数不小于 1.0×10^{-5}cm/s

D．厚度不大于 0.75m

20．某企业新建一座贮灰场，下列（　　）资料应作为档案进行永久保存。

A．环评及验收资料

B．环境监测资料

C．灰场设计图纸

D．污染防治设施检查维护资料

21．某企业新建一座贮灰场，设置有地下水导排系统，下列（　　）区域应布置地下水监测井。

A．地下水流场上游　　　　　B．地下水主管出口处

C．地下水流场下游　　　　　D．渗滤液收集池出口

22．依据《一般工业固体废物贮存和填埋污染控制标准》，下列属于常规地下水监测项目的是（　　）。

A．浑浊度　　　　　　　　　B．pH

C．溶解性总固体　　　　　　D．硝酸盐

23．依据《危险废物转移管理办法》，下列属于移出人应当履行的义务的是（　　）。

A．对承运人或者接受人的主体资格和技术能力进行核实

B．制定危险废物管理计划

C．填写、运行危险废物转移联单

D．将运输的危险废物运抵接受人地址，交付给危险废物转移联单上指定的接受人

24．依据《危险废物转移管理办法》，下列属于移出人申请跨省转移危险废物，应当提交的材料的是（　　）。

A．接受人的危险废物经营许可证复印件

B．接受人提供的贮存、利用或者处置危险废物方式的说明

C．移出人与接受人签订的委托协议、意向或者合同

D．危险废物移出地的地方性法规规定的其他材料

25．依据《危险废物转移管理办法》，发生下列（　　）情形之一的，移出人应当重新提出危险废物跨省转移申请。

A．计划转移的危险废物的种类发生变化

B．计划转移的危险废物的重量超过原批准重量

C．计划转移的危险废物的利用方式发生变化

D．接受人发生变更

26．某企业计划新建一座危险废物贮存间，用于贮存产生废矿物油、废油漆桶，下列属于危险废物贮存间配置的有（　　）。

A．安全照明设施　　B．观察窗口

C．泄漏液体收集装置　　D．地面硬化及防渗处理

27．固体废物具备下列（　　）属性即可判定为危险废物。

A．腐蚀性　　B．毒性

C．易燃性　　D．反应性

28．危险废物收集和转运作业人员应根据工作需要配备必要的个人防护装置，下列属于个人防护装置的是（　　）。

A．手套　　B．防护镜

C．防护服　　D．防毒面具

29．关于危险废物包装要求，描述正确的是（　　）。

A．包装材质要与危险废物相容

B．性质不相容的危险废物混合包装时，应确保容器密闭

C．包装好的危险废物应设置相应的标签，标签信息应填写完整

D．危险废物包装物应能达到防渗、防漏要求

30．下列危险废物的收集作业满足要求的是（　　）。

A．收集作业区域设置作业界限标志和警示牌

B．作业区域设置危险废物收集专用通道

C．收集结束后清理和恢复收集作业区域

D．收集过危险废物的容器进行消除污染处理

31．《中华人民共和国固体废物污染环境防治法》适用于（　　）的污染防治。

A．工业固体废物　　B．生活垃圾

C．建筑垃圾　　D．核废料

32．危险废物的收集计划应包括（　　）等。

A．收集任务概述　　B．危险废物收集量估算

C．安全生产与个人防护　　D．危险废物特性评估

第三节　填　空　题

1.《关于发布危险废物产生单位管理计划制定指南的公告》规定，鼓励产废单位采用________手段建立危险废物台账。

2.《危险废物转移管理办法》规定，危险废物电子转移联单数据应当在信息系统中至少保存________年。

3．对危险废物的容器和包装物应当按照规定设置________。

4.《关于发布危险废物产生单位管理计划制定指南的公告》规定，产废单位结合自身的实际情况，与生产记录相衔接，如实

建立________。

5.《中华人民共和国环境保护税法》规定，应税固体废物的应纳税额为固体废物________乘以具体适用税额。

6. 依据《一般工业废物贮存和填埋污染控制标准》，企业贮灰场运行期间，土壤监测点的自行监测频次一般每________年1次。

7. 某企业危险废物贮存间设置了多个堆间用于存放不同的危险废物，每个堆间应留有________。

8. 贮存废弃剧毒化学品还应充分考虑防盗要求，采用________封闭式管理，且有专人24h看管。

9. 产生、收集、贮存固体废物的单位，应当依法及时________固体废物污染环境防治信息，主动接受社会监督。

10. 仓库式危险废物贮存设施应分开存放不相容危险废物，按危险废物的种类和特性进行________。

11. 依据《危险废物产生单位管理计划制定指南》，原则上管理计划按年度制定，并存档________年以上。

12. 依据《一般工业固体废物贮存和填埋污染控制标准》，当填埋场服务期满应在________年内启动封场作业。

13. 从事收集、贮存、利用、处置危险废物经营活动的单位，贮存危险废物不得超过________；确需延长期限的，应当报经颁发许可证的生态环境主管部门批准。

14. 产生固体废物的单位应当采取防扬散、防流失、________等措施，不得擅自倾倒、堆放、丢弃、遗撒固体废物。

第四节　判　断　题

1. 产生工业固体废物的单位应当建立、健全污染环境防治

责任制度，采取防治工业固体废物污染环境的措施。（　　）

2．产生危险废物的单位，应当按照国家有关规定制定危险废物管理计划，但不需要向所在地生态环境主管部门备案。（　　）

3．危险废物管理计划不包括危险废物贮存、利用、处置措施。（　　）

4．依据《危险废物产生单位管理计划制定指南》，原则上管理计划按年度制定，并存档 3 年以上。（　　）

5．工业固体废物、危险废物产生单位应当每年向地方或国家有关部门报送产废数据。（　　）

6．产废单位应建立危险废物台账，保存期限至少为 5 年。（　　）

7．产生危险废物单位的危险废物管理台账，只需记录危险废物的种类及产生量。（　　）

8．依据《中华人民共和国固体废物污染环境防治法》，未按照国家有关规定建立危险废物管理台账并如实记录的，由生态环境主管部门处十万元以上一百万元以下的罚款。（　　）

9．企业应当按照危险废物特性进行分类收集贮存。（　　）

10．少量废铅蓄电池在确保未破损无泄漏的情况下，可混入废旧钢材中堆存。（　　）

11．产生危险废物的单位，应当按照国家相关规定和环境保护标准要求贮存、利用、处置危险废物，不得擅自倾倒、堆放。（　　）

12．根据《中华人民共和国固体废物污染环境防治法》要求，位于天津市的某火电企业将产生的废钒钛催化剂转移至江苏省处置，该企业应向江苏省生态环境厅申请批准。（　　）

13．擅自倾倒、堆放危险废物的由生态环境主管部门处所需处置费用三倍以上五倍以下的罚款，所需处置费用不足二十万元

的，按二十万元计算。（　　）

14．将危险废物提供或者委托给无许可证的单位处置，由生态环境主管部门处所需处置费用三倍以上五倍以下的罚款，所需处置费用不足二十万元的，按二十万元计算。（　　）

15．未按照国家有关规定填写、运行危险废物转移联单的由生态环境主管部门处十万元以上一百万元以下的罚款。（　　）

16．产生危险废物的单位在运输过程中沿途丢弃、遗撒危险废物的由生态环境主管部门处所需处置费用三倍以上五倍以下的罚款，所需处置费用不足二十万元的，按二十万元计算。（　　）

17．非法排放、倾倒、处置危险废物三吨以上的应当认定为“严重污染环境”。（　　）

18．火电企业产生的脱硫废水污泥可直接按照一般工业固体废物处置。（　　）

19．对危险废物的容器和包装物应当按照规定设置危险废物识别标志。（　　）

20．收集、贮存危险废物，应当按照危险废物特性分类进行。（　　）

21．某企业贮存危险废物超过一年，可继续贮存，无需办理相关手续。（　　）

22．依据《中华人民共和国固体废物污染环境防治法》，未按照规定设置危险废物识别标志的由生态环境主管部门责令改正，并处以罚款。（　　）

23．具有不相容性质的危险废物未经安全性处置，不得混合收集、贮存、运输。（　　）

24．产生危险废物的单位，地方环保部门未明确要求时不需要制定危险废物意外事故应急预案。（　　）

25．产生危险废物的单位，应按照预案要求每年组织应急演练。（　　）

26．对于危险废物年产生量 10t（含）以上的企业，应制定详细的演练计划，有演练的图片、文字或视频记录，有演练后的总结材料。（　　）

27．企业贮存固体废物不符合国家和地方环境保护标准的，应当缴纳环境保护税。（　　）

28．环境保护税法规定应税固体废物应按照固体废物的产生量确定。（　　）

29．依据《一般工业固体废物贮存和填埋污染控制标准》，不相容的一般工业固体废物应设置不同的分区进行贮存和填埋作业。（　　）

30．灰场渗滤液可直接就地排放。（　　）

31．贮存场、填埋场封场时应控制封场坡度，防止雨水侵蚀。（　　）

32．建设产生、贮存、利用、处置固体废物的项目，应当依法进行环境影响评价。（　　）

33．封场后如需对一般工业固体废物进行开采再利用，应进行环境影响评价。（　　）

34．第Ⅰ类一般工业固体废物是指按照规定方法获得的浸出液中任何一种特征污染物浓度均未超过《污水综合排放标准》最高允许排放浓度，且 pH 值在 6～9 范围之内的一般工业固体废物。（　　）

35．按照《固体废物浸出毒性浸出方法水平振荡法》规定方法获得的浸出液 pH 值在 6～9 范围之外的一般工业固体废物属于第Ⅱ类一般工业固体废物。（　　）

36．贮存场、填埋场不得选在生态保护红线区域、永久基本

农田集中区域和其他需要特别保护的区域内。（　　）

37．危险废物和生活垃圾不得进入一般工业固体废物贮存场及填埋场。（　　）

38．粉煤灰贮存场投入运行之前，企业应制定突发环境事件应急预案或在突发事件应急预案中制定环境应急预案专章，说明各种可能发生的突发环境事件情景及应急处置措施。（　　）

39．贮灰场投入使用之前，企业应监测土壤本底水平。（　　）

40．危险废物贮存设施在施工前应做环境影响评价。（　　）

41．凡是未列入国家危险废物名录的固体废物均不属于危险废物。（　　）

42．具有毒性的危险废物与其他物质混合，导致危险特性扩散到其他物质中，混合后的固体废物属于危险废物。（　　）

43．仅具有腐蚀性、易燃性、反应性中一种或一种以上危险特性的危险废物与其他物质混合，混合后的固体废物经鉴别不再具有危险特性的，不属于危险废物。（　　）

44．具有毒性危险特性的危险废物利用过程产生的固体废物，经鉴别不再具有危险特性的，不属于危险废物。（　　）

45．承担危险废物运输的单位应获得交通运输部门颁发的危险货物运输资质。（　　）

46．从事收集、贮存、利用、处置危险废物经营活动的单位，需贮存危险废物一年以上的，应事先报颁发危险废物经营许可证的生态环境主管部门批准。（　　）

47．排污单位委托他人处置危险废物的，应对受托方的主体资格和技术能力进行核实，依法签订书面合同明确污染防治要求。（　　）

第五节 问 答 题

依据《危险废物转移管理办法》，危险废物移出人应履行哪些义务？

参　考　答　案

第一节　单　选　题

1．D

解　析　《中华人民共和国固体废物污染环境防治法》（2020年4月29日第十三届全国人民代表大会常务委员会第十七次会议第二次修订）

第三十九条　产生工业固体废物的单位应当取得排污许可证。

2．A

解　析　《危险废物产生单位管理计划制定指南》（环境保护部公告2016年第9号）

产废单位结合自身的实际情况，与生产记录相衔接，建立危险废物台账，如实记载产生危险废物的种类、数量、流向、贮存、利用处置等信息。鼓励产废单位采用信息化手段建立危险废物台账。

3．C

解　析　《中华人民共和国固体废物污染环境防治法》（2020年4月29日第十三届全国人民代表大会常务委员会第十七次会议第二次修订）

第五十二条　对危险废物的容器和包装物以及收集、贮存、运输、处置危险废物的设施、场所，必须设置危险废物识别标志。

4．D

解　析　《危险废物转移管理办法》（生态环境部、公安部、交通运输部令第23号）

第二十条　危险废物电子转移联单数据应当在信息系统中至少保存十年。

5．B

解　析　《中华人民共和国固体废物污染环境防治法》(2020年4月29日第十三届全国人民代表大会常务委员会第十七次会议第二次修订)

第四条　固体废物污染环境防治坚持减量化、资源化和无害化的原则。

6．A

解　析　《排污口规范化整治技术要求（试行）》(原国家环境保护总局环监〔1996〕470号)

4.1.5　一般性污染物排放口（源）或固体废物贮存、处置场，设置提示性环境保护图形标志牌。

7．B

解　析　《排污口规范化整治技术要求（试行）》(环境保护总局环监〔1996〕470号)

4.1.5　排放剧毒、致癌物及对人体有严重危害物质的排放口（源）或危险废物贮存、处置场，设置警告性环境保护图形标志牌。

8．A

解　析　《中华人民共和国环境保护税法》(中华人民共和国主席令第61号)

第十一条　环境保护税应纳税额按照下列方法计算：

（一）应税大气污染物的应纳税额为污染当量数乘以具体适用税额；

（二）应税水污染物的应纳税额为污染当量数乘以具体适用税额；

（三）应税固体废物的应纳税额为固体废物排放量乘以具体适用税额；

（四）应税噪声的应纳税额为超过国家规定标准的分贝数对应的具体适用税额。

9．A

解　析　《中华人民共和国固体废物污染环境防治法》（2020年4月29日第十三届全国人民代表大会常务委员会第十七次会议第二次修订）

第一百一十三条　违反本法规定，危险废物产生者未按照规定处置其产生的危险废物被责令改正后拒不改正的，由生态环境主管部门组织代为处置，处置费用由危险废物产生者承担；拒不承担代为处置费用的，处代为处置费用一倍以上三倍以下的罚款。

10．C

解　析　《中华人民共和国固体废物污染环境防治法》（2020年4月29日第十三届全国人民代表大会常务委员会第十七次会议第二次修订）

第五条　固体废物污染环境防治坚持污染担责的原则。

11．B

解　析　《中华人民共和国固体废物污染环境防治法》（2020年4月29日第十三届全国人民代表大会常务委员会第十七次会议第二次修订）

第一百一十八条　造成一般或者较大固体废物污染环境事故的，按照事故造成的直接经济损失的一倍以上三倍以下计算罚款。

12．D

解　析　《中华人民共和国固体废物污染环境防治法》（2020

年4月29日第十三届全国人民代表大会常务委员会第十七次会议第二次修订）

第一百一十八条　造成重大或者特大固体废物污染环境事故的，按照事故造成的直接经济损失的三倍以上五倍以下计算罚款，并对法定代表人、主要负责人、直接负责的主管人员和其他责任人员处上一年度从本单位取得的收入百分之五十以下的罚款。

13．D

解　析　《中华人民共和国固体废物污染环境防治法》（2020年4月29日第十三届全国人民代表大会常务委员会第十七次会议第二次修订）

第一百一十八条　造成重大或者特大固体废物污染环境事故的，按照事故造成的直接经济损失的三倍以上五倍以下计算罚款，并对法定代表人、主要负责人、直接负责的主管人员和其他责任人员处上一年度从本单位取得的收入百分之五十以下的罚款。

14．A

解　析　《中华人民共和国固体废物污染环境防治法》（2020年4月29日第十三届全国人民代表大会常务委员会第十七次会议第二次修订）

第四十一条　产生工业固体废物的单位终止的，应当在终止前对工业固体废物的贮存、处置的设施、场所采取污染防治措施，并对未处置的工业固体废物作出妥善处置，防止污染环境。

15．D

解　析　《排污单位自行监测技术指南　火力发电及锅炉》（HJ 820—2017）

6.1.3　一般工业固体废物包括灰渣、脱硫石膏、袋式（电袋）除尘器产生的破旧布袋等。

16. B

解 析 《火电厂水工设计规范（灰场部分）》（DL/T 5339—2018）

17.2.6 坝体结构

3. 灰坝超过 10m 时，坝坡宜设置马道。

17. A

解 析 《火电厂水工设计规范（灰场部分）》（DL/T 5339—2018）

17.2.6 坝体结构

3. 灰坝高度超过 10m 时，坝坡宜设置马道。马道内侧宜设置具有纵向底坡的排水沟。

18. D

解 析 《火电厂水工设计规范（灰场部分）》（DL/T 5339—2018）

17.2.6 坝体结构

4. 山谷灰场灰坝下游坡面应设置上坝人行道。上游坡面可根据需要设置。

19. A

解 析 《一般工业固体废物贮存和填埋污染控制标准》（GB 18599—2020）

8.4 一般工业固体废物回填作业结束后应立即实施土地复垦（回填地下的除外），土地复垦应符合本标准 9.9 条的规定。

20. A

解 析 《一般工业固体废物贮存和填埋污染控制标准》（GB 18599—2020）

5.1.2 贮存场、填埋场的防洪标准应按重现期不小于 50 年一遇的洪水位设计，国家已有标准提出更高要求的除外。

21. D

解　析　《一般工业固体废物贮存和填埋污染控制标准》（GB 18599—2020）

5.3.1　Ⅱ类场应采用单人工复合衬层作为防渗衬层，并符合以下技术要求：

b）黏土衬层厚度应不小于 0.75m。

22. B

解　析　《一般工业固体废物贮存和填埋污染控制标准》（GB 18599—2020）

9.7　封场后渗滤液处理系统、废水排放监测系统应继续正常运行，直到连续 2 年内没有渗滤液产生或产生的渗滤液未经处理即可稳定达标排放。

23. A

解　析　《一般工业固体废物贮存和填埋污染控制标准》（GB 18599—2020）

10.2.2　渗滤液及其处理后排放废水污染物的监测频次，应根据废物特性、覆盖层和降水等条件加以确定，至少每月 1 次。

24. A

解　析　《一般工业固体废物贮存和填埋污染控制标准》（GB 18599—2020）

10.3.3　贮存场、填埋场地下水监测频次应符合以下要求：

a）运行期间，企业自行监测频次至少每季度 1 次，每两次监测之间间隔不少于 1 个月，国家另有规定的除外；如周边有环境敏感区应增加监测频次，具体监测点位和频次依据环境影响评价结论确定。

25. B

解　析　《一般工业固体废物贮存和填埋污染控制标准》

（GB 18599—2020）

10.3.3 贮存场、填埋场地下水监测频次应符合以下要求：

b）封场后，地下水监测系统应继续正常运行，监测频次至少每半年 1 次，直到地下水水质连续 2 年不超出地下水本底水平。

26．B

解 析 《一般工业固体废物贮存和填埋污染控制标准》（GB 18599—2020）

10.5 大气监测要求

10.5.2 运行期间，企业自行监测频次至少每季度 1 次。

27．A

解 析 《危险废物贮存污染控制标准》（GB 18597—2001）

4.7 装载液体危险废物的容器内须留有足够的空间，容器顶部与液体表面之间保留 100mm 以上的空间。

28．A

解 析 《中华人民共和国固体废物污染环境防治法》（2020年4月29日第十三届全国人民代表大会常务委员会第十七次会议第二次修订）

第一百零二条 违反本法规定，有下列行为之一，由生态环境主管部门责令改正，处以罚款，没收违法所得；情节严重的，报经有批准权的人民政府批准，可以责令停业或者关闭：

（七）擅自倾倒、堆放、丢弃、遗撒工业固体废物，或者未采取相应防范措施，造成工业固体废物扬散、流失、渗漏或者其他环境污染的；

有前款第七项行为，处所需处置费用一倍以上三倍以下的罚款，所需处置费用不足十万元的，按十万元计算。

29．C

解 析 《中华人民共和国固体废物污染环境防治法》（2020

年4月29日第十三届全国人民代表大会常务委员会第十七次会议第二次修订）

第一百一十二条　违反本法规定，有下列行为之一，由生态环境主管部门责令改正，处以罚款，没收违法所得；情节严重的报经有批准权的人民政府批准，可以责令停业或者关闭：

（十一）在运输过程中沿途丢弃、遗撒危险废物的；

（十二）未制定危险废物意外事故防范措施和应急预案的；

（十三）未按照国家有关规定建立危险废物管理台账并如实记录的。

第二节　多　选　题

1．ABCD

解　析　《中华人民共和国固体废物污染环境防治法》（2020年4月29日第十三届全国人民代表大会常务委员会第十七次会议第二次修订）

第十条　国家鼓励、支持固体废物污染环境防治的科学研究、技术开发、先进技术推广和科学普及，加强固体废物污染环境防治科技支撑。

2．ABCD

解　析　《中华人民共和国固体废物污染环境防治法》（2020年4月29日第十三届全国人民代表大会常务委员会第十七次会议第二次修订）

第十七条　建设产生、贮存、利用、处置固体废物的项目，应当依法进行环境影响评价，并遵守国家有关建设项目环境保护管理的规定。

3．ABD

解　析　《中华人民共和国固体废物污染环境防治法》（2020

年4月29日第十三届全国人民代表大会常务委员会第十七次会议第二次修订）

第十八条　建设项目的环境影响评价文件确定需要配套建设的固体废物污染环境防治设施，应当与主体工程同时设计、同时施工、同时投入使用。

4．ACD

解　析　《中华人民共和国固体废物污染环境防治法》（2020年4月29日第十三届全国人民代表大会常务委员会第十七次会议第二次修订）

第七十九条　产生危险废物的单位，应当按照国家有关规定和环境保护标准要求贮存、利用、处置危险废物，不得擅自倾倒、堆放。

5．AB

解　析　《中华人民共和国固体废物污染环境防治法》（2020年4月29日第十三届全国人民代表大会常务委员会第十七次会议第二次修订）

第六十七条　国家对废弃电器电子产品等实行多渠道回收和集中处理制度。

6．ABCD

解　析　《中华人民共和国固体废物污染环境防治法》（2020年4月29日第十三届全国人民代表大会常务委员会第十七次会议第二次修订）

第七十八条　产生危险废物的单位，应当按照国家有关规定制定危险废物管理计划；建立危险废物管理台账，如实记录有关信息，并通过国家危险废物信息管理系统向所在地生态环境主管部门申报危险废物的种类、产生量、流向、贮存、处置等有关资料。

7．AB

解 析 《环境保护图形标志-固体废物贮存（处置）场》（GB 15562.2—1995）

4.1 固体废物贮存、处置场图形符号分为提示图形符号和警告图形符号两种。

8．ABCD

解 析 《排污单位自行监测技术指南 火力发电及锅炉》（HJ 820—2017）

6.1.3 企业应记录一般工业固体废弃物的产生量、综合利用量、处置量、贮存量，一般工业固体废物包括灰渣、脱硫石膏、袋式（电袋）除尘器产生的破旧布袋等。

9．AC

解 析 《中华人民共和国固体废物污染环境防治法》（2020年4月29日第十三届全国人民代表大会常务委员会第十七次会议第二次修订）

第四十条 产生工业固体废物的单位应当根据经济、技术条件对工业固体废物加以利用；对暂时不利用或者不能利用的，应当按照国务院生态环境等主管部门的规定建设贮存设施、场所，安全分类存放，或者采取无害化处置措施。贮存工业固体废物应当采取符合国家环境保护标准的防护措施。

10．ABC

解 析 《中华人民共和国固体废物污染环境防治法》（2020年4月29日第十三届全国人民代表大会常务委员会第十七次会议第二次修订）

第二十条 产生、收集、贮存、运输、利用、处置固体废物的单位和其他生产经营者，应当采取防扬散、防流失、防渗漏或者其他防止污染环境的措施。

11．AC

解　析　《中华人民共和国固体废物污染环境防治法》（2020年4月29日第十三届全国人民代表大会常务委员会第十七次会议第二次修订）

第六十二条　产生、收集、贮存、运输、利用、处置危险废物的单位，应当制定意外事故的防范措施和应急预案，并向所在地县级以上地方人民政府环境保护行政主管部门备案；环境保护行政主管部门应当进行检查。

12．ABCD

解　析　《一般工业固体废物管理台账制定指南（试行）》（公告2021年第82号）

附表8　一般工业固体废物分类表。

13．ABCD

解　析　《固体废物鉴别标准　通则》（GB 34330—2017）

5.1　在任何条件下，固体废物按照以下固体废物按照以上任何一种方式利用或处置时，仍作为固体废物管理：

a）从土壤改良、地块改造、地块修复和其他土地利用方式直接施用于土地的物质（包括堆肥）以及生产筑路材料；

b）焚烧处置，或利用于生产燃料，或包含于燃料中；

c）填埋处置；

d）倾倒，堆置；

e）国务院环境保护行政主管部门认定的其他处置方式。

14．ABCD

解　析　《排污单位自行监测技术指南　火力发电及锅炉》（HJ 820—2018）

6.1.4　一般工业固体废物包括灰渣、脱硫石膏、袋式（电袋）除尘器产生的破旧布袋等。危险废物包括催化还原脱硝工艺产生的废烟气脱硝催化剂（钒钛系），其他工艺可能产生的危险废物按照《国家危险废物名录》或国家规定的危险废物鉴别标准和鉴别方法认定。如 HW31 含铅废物中 900-052-31 的废铅酸蓄电池、HW12 染料涂料废物中 900-251-12 的使用油漆产生的废物、HW08 废矿物油与含矿物油废物等。

15．ABCD

解　析　《固体废物鉴别标准　通则》（GB 34330—2017）

6.1　以下物质不作为固体废物管理：

1．不需要修复和加工即可用于其原始用途的物质，或在产生点经过修复和加工后满足国家、地方制定或行业通行的产品质量标准并且用于其原始用途的物质；

2．不经过贮存或堆积过程，而在现场直接返回到原生产过程或返回其产生过程的物质；

3．修复后作为土壤用途使用的污染土壤；

4．供实验室化验分析用或科学研究用固体废物样品。

16．ABCD

解　析　《粉煤灰综合利用管理办法》（国经贸节〔1994〕14 号）

第三条　粉煤灰综合利用是指：粉煤灰（包括炉底渣）用于建材生产、建筑工程（包括筑坝、筑港、桥梁、地下工程和水下工程等）、筑路、肥料生产、改良土壤、回填（包括建筑回填，填低洼地和荒地，充填矿井、煤矿塌陷区、海涂等）和其他产品制作等，以及从粉煤灰中提取有用物质。

17．ABCD

解　析　《一般工业固体废物贮存和填埋污染控制标准》（GB 18599—2020）

5.1.3　贮存场和填埋场一般应包括以下单元：

a）防渗系统、渗滤液收集和导排系统；

b）雨污分流系统；

c）分析化验与环境监测系统；

d）公用工程和配套设施；

e）地下水倒排系统和废水处理系统（根据具体情况选择设置）。

18．ABC

解　析　《一般工业固体废物贮存和填埋污染控制标准》（GB 18599—2020）

9.4　Ⅱ类场的封场结构应包括阻隔层、雨水导排层、覆盖土层。

19．AB

解　析　《一般工业固体废物贮存和填埋污染控制标准》（GB 18599—2020）

5.2.1　Ⅰ类技术要求当天然基础层饱和渗透系数不大于 1.0×10^{-5}cm/s，且厚度不小于 0.75m 时，可以采用天然基础层作为防渗衬层。

20．ABCD

解　析　《一般工业固体废物贮存和填埋污染控制标准》（GB 18599—2020）

7.3　贮存场、填埋场运行企业应建立档案管理制度，并按照国家档案管理等法律法规进行整理与归档，永久保存。档案资料主要包括但不限于以下内容：

a）场址选择、勘察、征地、设计、施工、环评、验收资料；

b）废物的来源、种类、污染特性、数量、贮存或填埋位置等资料；

c）各种污染防治设施的检查维护资料；

d）渗滤液、工艺水总量以及渗滤液、工艺水处理设备工艺参数及处理效果记录资料；

e）封场及封场后管理资料；

f）环境监测及应急处置资料。

21．ABC

解　析　《一般工业固体废物贮存和填埋污染控制标准》（GB 18599—2020）

10.3.2　地下水监测井的布置应符合以下要求：

a）在地下水流场上游应布置 1 个监测井，在下游至少应布置 1 个监测井，在可能出现污染扩散区域至少应布置 1 个监测井。设置有地下水导排系统的，应在地下水主管出口处至少布置 1 个监测井，用以监测地下水导排系统排水的水质。

22．ABCD

解　析　《一般工业固体废物贮存和填埋污染控制标准》（GB 18599—2020）

10.3.4　地下水监测因子由企业根据贮存及填埋废物的特性提出，必须具有代表性且能表征固体废物特性。常规测定项目应至少包括：浑浊度、pH、溶解性总固体、氯化物、硝酸盐（以 N 计）、亚硝酸盐（以 N 计）。地下水监测因子分析方法按照 GB/T 14848 执行。

23．ABC

解　析　《危险废物转移管理办法》（生态环境部、公安部、交通运输部部令第 23 号）

第十条　移出人应当履行以下义务：

（一）对承运人或者接受人的主体资格和技术能力进行核实，依法签订书面合同；

（二）制定危险废物管理计划，明确拟转移危险废物的种类、重量（数量）和流向等信息；

（三）建立危险废物管理台账，对转移的危险废物进行计量称重，如实记录、妥善保管转移危险废物的种类、重量（数量）和接受人等相关信息；

（四）填写、运行危险废物转移联单；

（五）及时核实接受人贮存、利用或者处置相关危险废物情况；

（六）法律法规规定的其他义务。

移出人应当按照国家有关要求开展危险废物鉴别。禁止将危险废物以副产品等名义提供或者委托给无危险废物经营许可证的单位或者其他生产经营者从事收集、贮存、利用、处置活动。

承运人应当履行以下义务：

（一）核实危险废物转移联单，没有转移联单的，应当拒绝运输；

（二）填写、运行危险废物转移联单，在危险废物转移联单中如实填写承运人名称、运输工具及其营运证件号，以及运输起点和终点等运输相关信息，并与危险货物运单一并随运输工具携带；

（三）按照危险废物污染环境防治和危险货物运输相关规定运输危险废物，记录运输轨迹，防范危险废物丢失、包装破损、泄漏或者发生突发环境事件；

（四）将运输的危险废物运抵接受人地址，交付给危险废物转移联单上指定的接受人，并将运输情况及时告知移出人；

（五）法律法规规定的其他义务。

24．ABCD

解　析　《危险废物转移管理办法》（生态环境部、公安部、交通运输部部令第23号）

第二十二条　申请跨省转移危险废物的，移出人应当填写危险废物跨省转移申请表，并提交下列材料：

（一）接受人的危险废物经营许可证复印件；

（二）接受人提供的贮存、利用或者处置危险废物方式的说明；

（三）移出人与接受人签订的委托协议、意向或者合同；

（四）危险废物移出地的地方性法规规定的其他材料。

25．ABCD

解　析　《危险废物转移管理办法》（生态环境部、公安部、交通运输部部令第 23 号）

第二十八条　发生下列情形之一的，移出人应当重新提出危险废物跨省转移申请：

（一）计划转移的危险废物的种类发生变化或者重量（数量）超过原批准重量（数量）的；

（二）计划转移的危险废物的贮存、利用、处置方式发生变化的；

（三）接受人发生变更或者接受人不再具备拟接受危险废物的贮存、利用或者处置条件的。

26．ABCD

解　析　《危险废物贮存污染控制标准》（GB 18597—2001）

6.2　危险废物贮存设施（仓库式）的设计原则

6.2.1　地面与裙脚要用坚固、防渗的材料建造，建筑材料必须与危险废物相容。

6.2.2　必须有泄漏液体收集装置、气体导出口及气体净化装置。

6.2.3　设施内要有安全照明设施和观察窗口。

6.2.4　用以存放装载液体、半固体危险废物容器的地方，必须有耐腐蚀的硬化地面，且表面无裂隙。

6.2.5　应设计堵截泄漏的裙脚，地面与裙脚所围建的容积不低于堵截最大容器的最大储量或总储量的五分之一。

6.2.6　不相容的危险废物必须分开存放，并设有隔离间隔断。

27．ABCD

解　析　《危险废物鉴别标准　通则》（GB 5085.7—2019）

4.3　未列入《国家危险废物名录》，但不排除具有腐蚀性、毒性、易燃性、反应性的固体废物，依据 GB 5085.1、GB 5085.2、GB 5085.3、GB 5085.4、GB 5085.5 和 GB 5085.6，以及 HJ 298 进行鉴别。凡具有腐蚀性、毒性、易燃性、反应性中一种或一种以上危险特性的固体废物，属于危险废物。

28．ABCD

解　析　《危险废物收集　贮存　运输技术规范》（HJ 2025—2012）

5.4　危险废物收集和转运作业工作人员应根据工作需要配备必要的个人防护装备，如手套、防护镜、防护服、防毒面具或口罩等。

29．ACD

解　析　《危险废物收集　贮存　运输技术规范》（HJ 2025—2012）

5.6　危险废物收集时应根据危险废物的种类、数量、危险特性、物理形态、运输要求等因素确定包装形式，具体包装应符合如下要求：

（1）包装材质要与危险废物相容，可根据废物特性选择钢、铝、塑料等材质；

（2）性质类似的废物可收集到同一容器中，性质不相容的危险废物不应混合包装；

（3）危险废物包装应能有效隔断危险废物迁移扩散途径，并达到防渗、防漏要求；

（4）包装好的危险废物应设置相应的标签，标签信息应填写完整翔实；

（5）盛过危险废物的包装袋或包装容器破损后应按危险废物进行管理处置；

（6）危险废物还应根据 GB 12463 的有关要求进行包装运输。

30．ABCD

解　析　《危险废物收集　贮存　运输技术规范》（HJ 2025—2012）

5.7　危险废物的收集作业应满足如下要求：

（1）应根据收集设备、转运车辆以及现场人员等实际情况确定相应作业区域，同时要设置作业界限标志和警示牌；

（2）作业区域内应设置危险废物收集专用通道和人员避险通道；

（3）收集时应配备必要的收集工具和包装物，以及必要的应急监测设备及应急装备；

（4）危险废物收集应参照本标准附录 A 填写记录表，并将记录表作为危险废物管理的重要档案妥善保存；

（5）收集结束后应清理和恢复收集作业区域，确保作业区域环境整洁安全；

（6）收集过危险废物的容器、设备、设施、场所及其他物品转作他用时，应消除污染，确保其使用安全。

31．ABC

解　析　《中华人民共和国固体废物污染环境防治法》（2020年4月29日第十三届全国人民代表大会常务委员会第十七次会议第二次修订）

第二条　固体废物污染环境的防治适用本法。固体废物污染海洋环境的防治和放射性固体废物污染环境的防治不适用本法。

32．ABCD

解　析　《危险废物收集　贮存　运输技术规范》（HJ 2025—2012）

5.2　危险废物的收集应根据危险废物的工艺特征、排放周期、危险废物特性、废物管理计划等因素制定收集计划。收集计划应包括收集任务概述、收集目标及原则、危险废物特性评估、危险废物收集量估算、收集作业范围和方法、收集设备与包装容器、安全生产与个人防护、工程防护与事故应急、进度安排与组织管理。

第三节　填　空　题

1．信息化

解　析　《危险废物产生单位管理计划制定指南》（环境保护部公告〔2016 年〕第 9 号）

产废单位结合自身的实际情况，与生产记录相衔接，建立危险废物台账，如实记载产生危险废物的种类、数量、流向、贮存、利用处置等信息。鼓励产废单位采用信息化手段建立危险废物台账。

2．十年

解　析　《危险废物转移管理办法》（生态环境部、公安部、交通运输部部令第 23 号）

第二十条　危险废物电子转移联单数据应当在信息系统中至少保存十年。

3．危险废物识别标志

解　析　《中华人民共和国固体废物污染环境防治法》（2020

年4月29日第十三届全国人民代表大会常务委员会第十七次会议第二次修订）

第七十七条　对危险废物的容器和包装物以及收集、贮存、运输、利用、处置危险废物的设施、场所，应当按照规定设置危险废物识别标志。

4．危废台账

解　析　《危险废物产生单位管理计划制定指南》（环境保护部公告2016年第8号）

产废单位结合自身的实际情况，与生产记录相衔接，建立危险废物台账，如实记载产生危险废物的种类、数量、流向、贮存、利用处置等信息。鼓励产废单位采用信息化手段建立危险废物台账。

5．排放量

解　析　《中华人民共和国环境保护税法》（中华人民共和国主席令第十六号）

第十一条　环境保护税应纳税额按照下列方法计算：

（一）应税大气污染物的应纳税额为污染当量数乘以具体适用税额；

（二）应税水污染物的应纳税额为污染当量数乘以具体适用税额；

（三）应税固体废物的应纳税额为固体废物排放量乘以具体适用税额；

（四）应税噪声的应纳税额为超过国家规定标准的分贝数对应的具体适用税额。

6．3

解　析　《一般工业固体废物贮存和填埋污染控制标准》（GB 18599—2020）

10.6　土壤监测要求 10.6.4 运行期间，土壤监测点的自行监测频次一般每 3 年 1 次，采样深度根据可能影响的深度适当调整，以表层土壤为重点采样层。

7. 搬运通道

解　析　《危险废物贮存污染控制标准》（GB 18597—2001）

7　危险废物贮存设施的运行与管理规定，每个堆间应留有搬运通道。

8. 双钥匙

解　析　《危险废物收集　贮存　运输技术规范》（HJ 2025—2012）

6.6　废弃危险化学品贮存应满足 GB 15603、《危险化学品安全管理条例》《废弃危险化学品污染环境防治办法》的要求。贮存废弃剧毒化学品还应充分考虑防盗要求，采用双钥匙封闭式管理，且有专人 24 小时看管。

9. 公开

解　析　《中华人民共和国固体废物污染环境防治法》（2020 年 4 月 29 日第十三届全国人民代表大会常务委员会第十七次会议第二次修订）

第二十九条　产生、收集、贮存、运输、利用、处置固体废物的单位，应当依法及时公开固体废物污染环境防治信息，主动接受社会监督。

10. 分区贮存

解　析　《排污许可证申请与核发技术规范　工业固体废物（试行）》（HJ 1200—2021）

5.2.2　自行贮存设施污染防控技术要求包装容器应达到相应的强度要求并完好无损，禁止混合贮存性质不相容而未经安全性处置的危险废物；仓库式贮存设施应分开存放不相容危险废物，按危险废物的种类和特性进行分区贮存，采用防腐、防渗地面和裙脚，设置防止泄露物质扩散至外环境的拦截、导流、收集设施。

11．5

解　析　《危险废物产生单位管理计划制定指南》（环境保护部公告 2016 年第 9 号）

原则上管理计划按年度制定，并存档 5 年以上。

12．2

解　析　《一般工业固体废物贮存和填埋污染控制标准》（GB 18599—2020）

9.1　当贮存场、填埋场服务期满或不再承担新的贮存、填埋任务时，应在 2 年内启动封场作业，并采取相应的污染防治措施，防止造成环境污染和生态破坏。

13．1 年

解　析　《中华人民共和国固体废物污染环境防治法》（2020 年 4 月 29 日第十三届全国人民代表大会常务委员会第十七次会议第二次修订）

从事收集、贮存、利用、处置危险废物经营活动的单位，贮存危险废物不得超过一年；确需延长期限的，应当报经颁发许可证的生态环境主管部门批准；法律、行政法规另有规定的除外。

14．防渗漏

解　析　《中华人民共和国固体废物污染环境防治法》（2020 年 4 月 29 日第十三届全国人民代表大会常务委员会第十七次会议第二次修订）

第二十条　产生、收集、贮存、运输、利用、处置固体废物的单位和其他生产经营者，应当采取防扬散、防流失、防渗漏或者其他防止污染环境的措施，不得擅自倾倒、堆放、丢弃、遗撒固体废物。

第四节 判 断 题

1．正确

解 析 《中华人民共和国固体废物污染环境防治法》（2020年4月29日第十三届全国人民代表大会常务委员会第十七次会议第二次修订）

第三十条 产生工业固体废物的单位应当建立、健全污染环境防治责任制度，采取防治工业固体废物污染环境的措施。

2．错误

解 析 《中华人民共和国固体废物污染环境防治法》（2020年4月29日第十三届全国人民代表大会常务委员会第十七次会议第二次修订）

第七十八条 产生危险废物的单位，应当按照国家有关规定制定危险废物管理计划；前款所称危险废物管理计划应当包括减少危险废物产生量和降低危险废物危害性的措施以及危险废物贮存、利用、处置措施。危险废物管理计划应当报产生危险废物的单位所在地生态环境主管部门备案。

3．错误

解 析 《中华人民共和国固体废物污染环境防治法》（2020年4月29日第十三届全国人民代表大会常务委员会第十七次会议第二次修订）

第七十八条 产生危险废物的单位，应当按照国家有关规定制定危险废物管理计划；前款所称危险废物管理计划应当包括减少危险废物产生量和降低危险废物危害性的措施以及危险废物贮存、利用、处置措施。危险废物管理计划应当报产生危险废物的单位所在地生态环境主管部门备案。

4．错误

解　析　《危险废物产生单位管理计划制定指南》（环境保护部公告2016年第8号）

第（三）条　原则上管理计划按年度制定，并存档5年以上。

5．正确

解　析　《关于坚决遏制固体废物非法转移和倾倒进一步加强危险废物全过程监管的通知》（环办土壤函〔2018〕266号）

第五条二款　加强固体废物监管能力和信息化建设：危险废物管理计划电子化备案，工业固体废物、危险废物产生单位要每年3月31日之前通过全国固体废物管理信息系统报送产废数据。

6．正确

解　析　《危险废物产生单位管理计划制定指南》（环境保护部公告2016年第8号）

第四部分第（三）条　产废单位结合自身的实际情况，与生产记录相衔接，建立危险废物台账，如实记载产生危险废物的种类、数量、流向、贮存、利用处置等信息。鼓励产废单位采用信息化手段建立危险废物台账。危险废物台账应分类装订成册，由专人管理，防止遗失。危险废物台账保存期限至少为5年。

7．错误

解　析　《中华人民共和国固体废物污染环境防治法》（2020年4月29日第十三届全国人民代表大会常务委员会第十七次会议第二次修订）

第七十八条　产生危险废物的单位，应当按照国家有关规定建立危险废物管理台账，如实记录有关信息，并通过国家危险废物信息管理系统向所在地生态环境主管部门申报危险废物的种类、产生量、流向、贮存、处置等有关资料。

8．正确

解　析　《中华人民共和国固体废物污染环境防治法》（2020年4月29日第十三届全国人民代表大会常务委员会第十七次会议第二次修订）

第一百一十二条　违反本法规定，有下列行为之一，由生态环境主管部门责令改正，处以罚款，没收违法所得；情节严重的，报经有批准权的人民政府批准，可以责令停业或者关闭：（十三）未按照国家有关规定建立危险废物管理台账并如实记录的。有第十三项行为，处十万元以上一百万元以下的罚款。

9．正确

解　析　《中华人民共和国固体废物污染环境防治法》（2020年4月29日第十三届全国人民代表大会常务委员会第十七次会议第二次修订）

第八十一条　收集、贮存危险废物，应当按照危险废物特性分类进行。禁止混合收集、贮存、运输、处置性质不相容而未经安全性处置的危险废物。

10．错误

解　析　《中华人民共和国固体废物污染环境防治法》（2020年4月29日第十三届全国人民代表大会常务委员会第十七次会议第二次修订）

第八十一条　贮存危险废物应当采取符合国家环境保护标准的防护措施。禁止将危险废物混入非危险废物中贮存。

11．正确

解　析　《中华人民共和国固体废物污染环境防治法》（2020年4月29日第十三届全国人民代表大会常务委员会第十七次会议第二次修订）

第七十九条　产生危险废物的单位，应当按照国家有关规定和环境保护标准要求贮存、利用、处置危险废物，不得擅自倾倒、堆放。

12．错误

解　析　《中华人民共和国固体废物污染环境防治法》（2020年4月29日第十三届全国人民代表大会常务委员会第十七次会议第二次修订）

第八十二条　转移危险废物的，应当按照国家有关规定填写、运行危险废物电子或者纸质转移联单。跨省、自治区、直辖市转移危险废物的，应当向危险废物移出地省、自治区、直辖市人民政府生态环境主管部门申请。未经批准的，不得转移。《危险废物管理办法》（部令第23号）第二十五条危险废物接受地省级生态环境主管部门应当自收到移出地省级生态环境主管部门的商请函之日起十个工作日内，出具是否同意接受的意见，并通过信息系统函复移出地省级生态环境主管部门；不同意接受的，应当说明理由。

13．正确

解　析　《中华人民共和国固体废物污染环境防治法》（2020年4月29日第十三届全国人民代表大会常务委员会第十七次会议第二次修订）

第一百一十二条　违反本法规定，有下列行为之一，由生态环境主管部门责令改正，处以罚款，没收违法所得；情节严重的，报经有批准权的人民政府批准，可以责令停业或者关闭：

（三）擅自倾倒、堆放危险废物的；有第三项、第四项、第十一项行为之一，处所需处置费用三倍以上五倍以下的罚款，所需处置费用不足二十万元的，按二十万元计算。

14．正确

解　析　《中华人民共和国固体废物污染环境防治法》（2020

年4月29日第十三届全国人民代表大会常务委员会第十七次会议第二次修订）

第一百一十二条：违反本法规定，有下列行为之一，由生态环境主管部门责令改正，处以罚款，没收违法所得；情节严重的，报经有批准权的人民政府批准，可以责令停业或者关闭：

（四）将危险废物提供或者委托给无许可证的单位或者其他生产经营者从事经营活动的；有第三项、第四项、第十一项行为之一，处所需处置费用三倍以上五倍以下的罚款，所需处置费用不足二十万元的，按二十万元计算。

15．正确

解　析　《中华人民共和国固体废物污染环境防治法》（2020年4月29日第十三届全国人民代表大会常务委员会第十七次会议第二次修订）

第一百一十二条　违反本法规定，有下列行为之一，由生态环境主管部门责令改正，处以罚款，没收违法所得；情节严重的，报经有批准权的人民政府批准，可以责令停业或者关闭：

（五）未按照国家有关规定填写、运行危险废物转移联单或者未经批准擅自转移危险废物的；有第五项行为之一，处十万元以上一百万元以下的罚款。

16．正确

解　析　《中华人民共和国固体废物污染环境防治法》（2020年4月29日第十三届全国人民代表大会常务委员会第十七次会议第二次修订）

第一百一十二条　违反本法规定，有下列行为之一，由生态环境主管部门责令改正，处以罚款，没收违法所得；情节严重的，报经有批准权的人民政府批准，可以责令停业或者关闭：

（十一）在运输过程中沿途丢弃、遗撒危险废物的；有第三项、第四项、第十一项行为之一，处所需处置费用三倍以上五倍以下的罚款，所需处置费用不足二十万元的，按二十万元计算。

17．正确

解 析 《最高人民法院、最高人民检察院关于办理环境污染刑事案件适用法律若干问题的解释》（2016 年 12 月 8 日最高人民检察院第十二届检查委员会第 58 次会议通过，自 2017 年 1 月 1 日起施行）

第一条 实施刑法第三百三十八条规定的行为，具有下列情形之一的，应当认定为“严重污染环境”：

（二）非法排放、倾倒、处置危险废物三吨以上的。

18．错误

解 析 《关于污（废）水处理设施产生污泥危险特性鉴别有关意见的函》（环函〔2010〕129 号）

第二条 专门处理工业废水（或同时处理少量生活污水）的处理设施产生的污泥，可能具有危险特性，应按《国家危险废物名录》、国家环境保护标准《危险废物鉴别技术规范》（HJ/T 298—2007）和危险废物鉴别标准的规定，对污泥进行危险特性鉴别。

19．正确

解 析 《中华人民共和国固体废物污染环境防治法》（2020 年 4 月 29 日第十三届全国人民代表大会常务委员会第十七次会议第二次修订）

第七十七条 对危险废物的容器和包装物以及收集、贮存、运输、利用、处置危险废物的设施、场所，应当按照规定设置危险废物识别标志。

20．正确

解 析 《中华人民共和国固体废物污染环境防治法》（2020

年4月29日第十三届全国人民代表大会常务委员会第十七次会议第二次修订）

第八十一条 收集、贮存危险废物，应当按照危险废物特性分类进行。

21. 错误

解 析 《中华人民共和国固体废物污染环境防治法》(2020年4月29日第十三届全国人民代表大会常务委员会第十七次会议第二次修订）

第八十一条 收集、贮存危险废物，应当按照危险废物特性分类进行。禁止混合收集、贮存、运输、处置性质不相容而未经安全性处置的危险废物。贮存危险废物应当采取符合国家环境保护标准的防护措施。禁止将危险废物混入非危险废物中贮存。从事收集、贮存、利用、处置危险废物经营活动的单位，贮存危险废物不得超过一年；确需延长期限的，应当报经颁发许可证的生态环境主管部门批准；法律、行政法规另有规定的除外。

22. 正确

解 析 《中华人民共和国固体废物污染环境防治法》(2020年4月29日第十三届全国人民代表大会常务委员会第十七次会议第二次修订）

第一百一十二条 违反本法规定，有下列行为之一，由生态环境主管部门责令改正，处以罚款，没收违法所得；情节严重的，报经有批准权的人民政府批准，可以责令停业或者关闭：

（一）未按照规定设置危险废物识别标志的；有第一项、第六项、第七项、第九项行为之一，处十万元以上一百万元以下的罚款。

23. 正确

解 析 《中华人民共和国固体废物污染环境防治法》(2020

年4月29日第十三届全国人民代表大会常务委员会第十七次会议第二次修订）

第八十一条　收集、贮存危险废物，应当按照危险废物特性分类进行。禁止混合收集、贮存、运输、处置性质不相容而未经安全性处置的危险废物。

24．错误

解　析　《中华人民共和国固体废物污染环境防治法》（2020年4月29日第十三届全国人民代表大会常务委员会第十七次会议第二次修订）

第八十五条　产生、收集、贮存、运输、利用、处置危险废物的单位，应当依法制定意外事故的防范措施和应急预案，并向所在地生态环境主管部门和其他负有固体废物污染环境防治监督管理职责的部门备案。

25．正确

解　析　《"十四五"全国危险废物规范化环境管理评估工作方案》（环办固体〔2021〕20号）

表2　危险废物规范化环境管理评估指标

第八类第15条　按照预案要求每年组织应急演练。对于危险废物年产生量10吨（含）以上的企业，应制定详细的演练计划，有演练的图片、文字或视频记录，有演练后的总结材料。

26．正确

解　析　《"十四五"全国危险废物规范化环境管理评估工作方案》（环办固体〔2021〕20号）

表2　危险废物规范化环境管理评估指标

第八类第15条　按照预案要求每年组织应急演练。对于危险废物年产生量10吨（含）以上的企业，应制定详细的演练计划，有演练的图片、文字或视频记录，有演练后的总结材料。

27．正确

解　析　《中华人民共和国环境保护税法》（由中华人民共和国第十二届全国人民代表大会常务委员会第二十五次会议于2016年12月25日通过，自2018年1月1日起施行）

第五条　企业事业单位和其他生产经营者贮存或者处置固体废物不符合国家和地方环境保护标准的，应当缴纳环境保护税。

28．错误

解　析　《中华人民共和国环境保护税法》（由中华人民共和国第十二届全国人民代表大会常务委员会第二十五次会议于2016年12月25日通过，自2018年1月1日起施行）

第五条　应税固体废物的计税依据，按照固体废物的排放量确定。

29．正确

解　析　《一般工业固体废物贮存和填埋污染控制标准》（GB 18599—2020）

6.4　不相容的一般工业固体废物应设置不同的分区进行贮存和填埋作业。

30．错误

解　析　《一般工业固体废物贮存和填埋污染控制标准》（GB 18599—2020）

7.6.1　贮存场、填埋场产生的渗滤液应进行收集处理，达到GB 8978要求后方可排放。已有行业、区域或地方污染物排放标准规定的，应执行相应标准。

31．正确

解　析　《一般工业固体废物贮存和填埋污染控制标准》（GB 18599—2020）

9.2 贮存场、填埋场封场时应控制封场坡度，防止雨水侵蚀。

32．正确

解　析　《中华人民共和国固体废物污染环境防治法》（2020年4月29日第十三届全国人民代表大会常务委员会第十七次会议第二次修订）

第十七条　建设产生、贮存、利用、处置固体废物的项目，应当依法进行环境影响评价，并遵守国家有关建设项目环境保护管理的规定。

33．正确

解　析　《一般工业固体废物贮存和填埋污染控制标准》（GB 18599—2020）

9.8 封场后如需对一般工业固体废物进行开采再利用，应进行环境影响评价。

34．正确

解　析　《一般工业固体废物贮存和填埋污染控制标准》（GB 18599—2020）

第Ⅰ类一般工业固体废物按照 HJ 557 规定方法获得的浸出液中任何一种特征污染物浓度均未超过 GB 8978 最高允许排放浓度（第二类污染物最高允许排放浓度按照一级标准执行），且 pH 值在 6～9 范围之内的一般工业固体废物。

35．正确

解　析　《一般工业固体废物贮存和填埋污染控制标准》（GB 18599—2020）

第Ⅱ类一般工业固体废物按照 HJ 557 规定方法获得的浸出液中有一种或一种以上的特征污染物浓度超过 GB 8978 最高允许排放浓度（第二类污染物最高允许排放浓度按照一级标准执行），或 pH 值在 6～9 范围之外的一般工业固体废物。

36．正确

解　析　《一般工业固体废物贮存和填埋污染控制标准》（GB 18599—2020）

4.3　贮存场、填埋场不得选在生态保护红线区域、永久基本农田集中区域和其他需要特别保护的区域内。

37．正确

解　析　《一般工业固体废物贮存和填埋污染控制标准》（GB 18599—2020）

6.5　危险废物和生活垃圾不得进入一般工业固体废物贮存场及填埋场。

38．正确

解　析　《一般工业固体废物贮存和填埋污染控制标准》（GB 18599—2020）

7.1　贮存场、填埋场投入运行之前，企业应制定突发环境事件应急预案或在突发事件应急预案中制定环境应急预案专章，说明各种可能发生的突发环境事件情景及应急处置措施。

39．正确

解　析　《一般工业固体废物贮存和填埋污染控制标准》（GB 18599—2020）

10.6　土壤监测要求

10.6.1　贮存场、填埋场投入使用之前，企业应监测土壤本底水平。

40．正确

解　析　《危险废物贮存污染控制标准》（GB 18597—2001）

4.10　危险废物贮存设施在施工前应做环境影响评价。

41．错误

解　析　《危险废物鉴别标准　通则》（GB 5085.7—2019）

3.2　危险废物指列入国家危险废物名录或者根据国家规定的危险废物鉴别标准和鉴别方法认定的具有危险特性的固体废物。

42．正确

解　析　《危险废物鉴别标准　通则》（GB 5085.7—2019）

5.1　具有毒性、感染性中一种或两种危险特性的危险废物与其他物质混合，导致危险特性扩散到其他物质中，混合后的固体废物属于危险废物。

43．正确

解　析　《危险废物鉴别标准　通则》（GB 5085.7—2019）

5.2　仅具有腐蚀性、易燃性、反应性中一种或一种以上危险特性的危险废物与其他物质混合，混合后的固体废物经鉴别不再具有危险特性的，不属于危险废物。

44．正确

解　析　《危险废物鉴别标准　通则》（GB 5085.7—2019）

6.2　具有毒性危险特性的危险废物利用过程产生的固体废物，经鉴别不再具有危险特性的，不属于危险废物。除国家有关法规、标准另有规定的外，具有毒性危险特性的危险废物处置后产生的固体废物，仍属于危险废物。

45．正确

解　析　《危险废物收集　贮存　运输技术规范》（HJ 2025—2012）

危险废物运输的单位应获得交通运输部门颁发的危险货物运输资质。

46．正确

解　析　《排污许可证申请与核发技术规范　工业固体废物（试行）》（HJ 1200—2021）

5.2.2　自行贮存设施污染防控技术要求

包装容器应达到相应的强度要求并完好无损，禁止混合贮存性质不相容而未经安全性处置的危险废物；危险废物容器和包装物以及危险废物贮存设施、场所应按规定设置危险废物识别标志；仓库式贮存设施应分开存放不相容危险废物，按危险废物的种类和特性进行分区贮存，采用防腐、防渗地面和裙脚，设置防止泄漏物质扩散至外环境的拦截、导流、收集设施；贮存堆场要防风、防雨、防晒；从事收集、贮存、利用、处置危险废物经营活动的单位，贮存危险废物不得超过一年（报经颁发危险废物经营许可证的生态环境主管部门批准或法律法规另有规定的除外）等。

47．正确

解　析　《排污许可证申请与核发技术规范　工业固体废物（试行）》（HJ 1200—2021）

5.2.1　委托贮存/利用/处置环节污染防控技术要求

排污单位委托他人运输、利用、处置危险废物的，应落实《中华人民共和国固体废物污染环境防治法》等法律法规要求，对受托方的主体资格和技术能力进行核实，依法签订书面合同，在合同中约定污染防治要求；转移危险废物的，应当按照国家有关规定填写、运行危险废物转移联单等。

第五节　问　答　题

1．答：①对不明确是否具有危险特性的固体废物，应开展危废鉴别；②对承运人或者接受人的主体资格和技术能力进行核实，依法签订书面合同，并在合同中约定运输、贮存、利用、处置危险废物的污染防治要求及相关责任；③制定危废管理计划，明确相关信息；④建立危废管理台账；⑤填写、运行危险废物转移联单，明确危废的种类等相关信息以及突发环境事件的防范措施等；

⑥及时核实接受人贮存、利用或者处置相关危险废物情况。

解　析　《危险废物转移管理办法》（生态环境部、公安部、交通运输部令第23号）

第十条　移出人应当履行以下义务：

（一）对承运人或者接受人的主体资格和技术能力进行核实，依法签订书面合同，并在合同中约定运输、贮存、利用、处置危险废物的污染防治要求及相关责任；

（二）制定危险废物管理计划，明确拟转移危险废物的种类、重量（数量）和流向等信息；

（三）建立危险废物管理台账，对转移的危险废物进行计量称重，如实记录、妥善保管转移危险废物的种类、重量（数量）和接受人等相关信息；

（四）填写、运行危险废物转移联单，在危险废物转移联单中如实填写移出人、承运人、接受人信息，转移危险废物的种类、重量（数量）、危险特性等信息，以及突发环境事件的防范措施等；

（五）及时核实接受人贮存、利用或者处置相关危险废物情况；

（六）法律法规规定的其他义务。

移出人应当按照国家有关要求开展危险废物鉴别。禁止将危险废物以副产品等名义提供或者委托给无危险废物经营许可证的单位或者其他生产经营者从事收集、贮存、利用、处置活动。

第五章 合法合规性

第一节　单　选　题

1．环境影响报告表和环境影响登记表的内容和格式，由（　　）制定。

A．国务院生态环境主管部门　B．省级生态环境主管部门

C．市级生态环境主管部门　　D．县级生态环境主管部门

2．（　　）应当对建设项目环境影响报告书、环境影响报告表的内容和结论负责。

A．环评文件审批单位　　　　B．环评文件编制单位

C．环评文件评估单位　　　　D．建设单位

3．除国家规定需要保密的情形外，（　　）应当在报批建设项目环境影响报告书前，举行论证会、听证会，或者采取其他形式，征求有关单位、专家和公众的意见。

A．环评文件审批单位　　　　B．环评文件编制单位

C．环评文件评估单位　　　　D．建设单位

4．下列（　　）类建设项目的环境影响评价文件不是由国务院生态环境主管部门负责审批。

A．核设施、绝密工程等特殊性质的建设项目

B．跨省、自治区、直辖市行政区域的建设项目

C．可能造成重大环境影响的建设项目

D．由国务院审批的或者由国务院授权有关部门审批的建设项目

5．建设项目的环境影响评价文件自批准之日起超过（　　）年，方决定该项目开工建设的，其环境影响评价文件应当报原审批部门重新审核。

A．10　　　B．7　　　C．5　　　D．3

6. 在项目建设、运行过程中产生不符合经审批的环境影响评价文件的情形的，(　　)也可以责成建设单位进行环境影响的后评价，采取改进措施。

A．原环境影响评价文件审批部门

B．省级生态环境主管部门

C．市级生态环境主管部门

D．县级生态环境主管部门

7. 建设单位未依法报批建设项目环境影响报告书、报告表，擅自开工建设的，由（　　）责令停止建设。

A．省级生态环境主管部门

B．市级生态环境主管部门

C．县级生态环境主管部门

D．县级以上生态环境主管部门

8. 建设单位未依法报批建设项目环境影响报告书、报告表，擅自开工建设的，根据违法情节和危害后果，处建设项目总投资额（　　）的罚款。

A．1%　　B．3%

C．5%　　D．1%～5%

9. 建设单位未依法报批建设项目环境影响报告书、报告表，擅自开工建设的，对建设单位直接负责的主管人员和其他直接责任人员，依法给予（　　）。

A．党纪处分　　B．行政处分

C．刑事处罚　　D．行政拘留

10. 组织技术机构对建设项目环境影响报告书、环境影响报告表进行技术评估的相应费用由（　　）承担。

A．环境保护行政主管部门

B．建设单位

C．环境影响评价文件编制单位

D．环境影响评价文件评估单位

11．建设项目的初步设计，应当按照环境保护设计规范的要求，编制环境保护篇章，落实（　　）。

A．防治环境污染和生态破坏的措施

B．环境保护设施投资概算

C．防治环境污染和生态破坏的措施以及环境保护设施投资概算

D．防治环境污染和生态破坏的措施或环境保护设施投资概算

12．2015 年 1 月 1 日（含）后获得批准的建设项目，其环境影响报告书（表）以及审批文件中与污染物排放相关的主要内容（　　）排污许可证。

A．应当纳入　　B．可以纳入

C．无需纳入　　D．可以代替

13．所在区域、流域控制单元环境质量未达到国家或者地方环境质量标准的，建设项目应提出有效的区域削减方案，主要污染物实行区域（　　）削减。

A．等量　　B．1.5 倍　　C．倍量　　D．3 倍

14．（　　）是控制污染物排放的责任主体，应在提交环境影响报告书时明确污染物区域削减方案。

A．建设单位　　B．环评文件审批部门

C．环评文件编制单位　　D．出让减排量的排污单位

15．（　　）对环境影响评价公众参与的真实性和结果负责。

A．建设单位　　B．环评文件审批部门

C．环评文件编制单位　　D．环评文件评估单位

16．依据《建设项目环境影响评价分类管理名录（2021 年

版)》，涉及环境敏感区的总装机容量 5 万 kW 及以上的陆上风力发电，应当编制（　　）。

A．环境影响报告书　　B．环境影响报告表

C．环境影响登记表　　D．环境影响备案表

17．依据《建设项目环境影响评价分类管理名录（2021 年版)》，燃气发电应当编制（　　）。

A．环境影响报告书　　B．环境影响报告表

C．环境影响登记表　　D．环境影响备案表

18．生产建设单位应当在水土保持设施验收通过（　　）内，向审批水土保持方案的水行政主管部门或者水土保持方案审批机关的同级水行政主管部门报备水土保持设施验收材料。

A．10 个工作日　　B．20 个工作日

C．1 个月　　D．3 个月

19．征占地面积在（　　）公顷以上或者挖填土石方总量在（　　）万 m^3 以上的生产建设项目应当编制水土保持方案报告书。

A．1，1　　B．2，2　　C．3，3　　D．5，5

20．以下（　　）项目需要编制水土保持方案报告表。

A．占地 1 公顷，挖填土石方总量 1 万 m^3

B．占地 1 公顷，挖填土石方总量 10 万 m^3

C．占地 10 公顷，挖填土石方总量 1 万 m^3

D．占地 10 公顷，挖填土石方总量 10 万 m^3

21．征占地面积不足（　　）公顷且挖填土石方总量不足（　　）千 m^3 的项目，不再办理水土保持方案审批手续。

A．0.5，0.5　　B．0.5，1

C．1，0.5　　D．1，1

22．实行承诺制管理的项目水土保持方案，由（　　）从省级水行政主管部门水土保持方案专家库中自行选取至少一名专家

签署是否同意意见。

A．审批单位　　B．建设单位

C．编制单位　　D．评估单位

23．征占地面积在（　　）公顷以上或者挖填土石方总量在（　　）万 m^3 以上的项目，应当配备具有水土保持专业监理资格的工程师。

A．1，1　　B．5，5　　C．10，10　　D．20，20

24．纳入排污许可管理的建设项目，可能造成重大环境影响、应当编制环境影响报告书的，原则上实行（　　）。

A．排污许可重点管理　　B．排污许可一般管理

C．排污许可加强管理　　D．排污许可有效管理

25．依据《排污许可管理条例》，排污许可证有效期为（　　）年。

A．1　　B．3　　C．5　　D．10

26．依据《排污许可管理条例》，排污许可证有效期届满，排污单位需要继续排放污染物的，应当于排污许可证有效期届满（　　）日前向审批部门提出申请。

A．10　　B．20　　C．30　　D．60

27．依据《排污许可管理条例》，排污单位变更名称、住所、法定代表人或者主要负责人的，应当自变更之日起（　　）日内，向审批部门申请办理排污许可证变更手续。

A．10　　B．20　　C．30　　D．60

28．“未批先建”违法行为自建设行为终了之日起（　　）年内未被发现的，依法不予行政处罚；涉及公民生命健康安全且有危害后果的，上述期限延长至（　　）年。

A．1，2　　B．2，5　　C．3，5　　D．5，10

29．热电联产机组供热替代量减少（　　）属于重大变动。

A．10%及以上　　B．20%及以上

C．30%及以上　　D．50%及以上

30．（　　）对验收监测（调查）报告结论负责。

A．建设单位　　B．编制单位

C．生态环境主管部门　　D．技术审查单位

31．（　　）对水土保持设施验收鉴定书的真实性负责。

A．生产建设单位　　B．验收报告编制机构

C．水土保持监测机构　　D．水行政主管部门

32．某发电厂建设项目环评文件已经批准，工厂建设过程中因市场需要，拟采用全新的生产工艺，导致排烟高度较原设计高度降低，依据《环境影响评价法》，（　　）。

A．建设单位重新报批建设项目的环境影响评价文件

B．建设单位将生产工艺变动的环境影响向原审批部门提交补充说明

C．建设单位将生产工艺变动事宜书面告知原审批单位

D．建设单位将生产工艺变动的环境影响评价交原审批部门备案

33．下列（　　）行为不属于建设单位违法。

A．未依据环评报批文件，擅自开工建设的

B．建设项目环境影响评价文件批准后已超过3年开工建设的

C．环境影响报告书、报告表未经批准，擅自开工建设

D．发生重大变动后未重新报批环评文件，擅自开工建设

34．生产建设项目水土保持设施验收工作为：①组织竣工验收②公开验收情况③编制验收报告④报备验收材料，一般应当按照（　　）的程序开展。

A．①②③④　　B．②③①④

C．③①②④　　D．①③②④

35．对污染物产生量大、排放量大或者环境危害程度高的排污单位实行排污许可（　　），对其他排污单位实行排污许可简化管理。

A．区别化管理　　B．重点管理

C．特殊管理　　D．统一管理

36．新建火电企业应在（　　）申请取得排污许可证。

A．开工建设前　　B．实际排放前

C．整体试运前　　D．竣工验收前

37．排污许可证是企事业单位在生产运营期排污行为的（　　）行政许可。

A．主要　　B．唯一　　C．重要　　D．首要

38．实行重点管理的排污单位在提交排污许可申请材料前，应当将（　　）、基本信息以及拟申请的许可事项向社会公开。

A．承诺书　　B．环评单位信息

C．检测单位信息　　D．竣工环保验收信息

第二节　多　选　题

1．依据《排污许可管理条例》，排污单位变更（　　）的，应当自变更之日起30日内，向审批部门申请办理排污许可证变更手续。

A．名称　　B．住所

C．法定代表人　　D．主要负责人

2．依据《排污许可管理条例》，在排污许可证有效期内，排污单位有以下（　　）情形的，应当重新申请取得排污许可证。

A．排污单位适用的污染物排放标准发生变化

B．新建排放污染物的项目

C．污染物排放口位置发生变化

D．污染物排放口种类增加

3．建设项目水资源论证报告书审查通过后，有下列（　　）情况之一的，业主单位应重新或补充编制水资源论证报告书，并提交原审查机关重新审查。

A．建设项目的规模发生重大变化的

B．取水标的发生重大变化的

C．自审查通过之日起满三年，建设项目未批准的

D．业主单位法人发生变化的

4．依据《企业事业单位突发环境事件应急预案备案管理办法（试行）》，企业环境应急预案体现（　　）特点。

A．自救互救　　B．信息报告

C．现场保护　　D．先期处置

5．当发生以下（　　）情形时需要及时对应急预案进行修订。

A．面临的环境风险发生重大变化

B．应急管理组织指挥体系与职责发生重大变化的

C．重要应急资源发生重大变化的

D．环境应急监测预警机制发生重大变化的

6．依据《中华人民共和国环境影响评价法》，建设单位应当按照下列（　　）组织编制环境影响评价文件。

A．可能造成重大环境影响的，应当编制环境影响报告书，对产生的环境影响进行全面评价

B．可能造成轻度环境影响的，应当编制环境影响报告表，对产生的环境影响进行分析或者专项评价

C．对环境影响很小、不需要进行环境影响评价的，应当填报环境影响登记表

D．对环境影响很小、不需要进行环境影响评价的，无需填报环境影响登记表

7．建设项目的环境影响评价文件经批准后，建设项目的（　　）或者防治污染、防止生态破坏的措施发生重大变动的，建设单位应当重新报批建设项目的环境影响评价文件。

A．性质　　B．规模　　C．地点　　D．法人

8．建设项目有下列（　　）情形之一的，环境保护行政主管部门应当对环境影响报告书、环境影响报告表作出不予批准的决定。

A．建设项目不符合环境保护法律法规

B．所在区域环境质量未达到地方环境质量标准，且建设项目拟采取的措施不能满足区域环境质量改善目标管理要求

C．扩建项目未针对项目原有环境污染提出有效防治措施

D．环评文件的基础资料数据明显不实，内容存在重大缺陷

9．编制（　　）的建设项目，其配套建设的环境保护设施经验收合格，方可投入生产或者使用。

A．环境影响报告书　　B．环境影响报告表

C．环境影响登记表　　D．环境影响备案表

10．建设单位有下列（　　）行为之一的，依照《中华人民共和国环境影响评价法》处罚。

A．建设项目环境影响报告表未依法报批擅自开工建设

B．建设项目环境影响报告表未经批准擅自开工建设

C．建设项目环境影响登记表未依法备案

D．建设项目初步设计未经审批擅自开工建设

11．环境影响报告书（表）编制能力建设包括（　　）。

A．编制单位的人员配备　　B．工作实践

C．保障条件　　　　　　　　D．工作业绩

12．下列单位不得作为技术单位编制环境影响报告书的是（　　）。

A．生态环境主管部门作为业务主管单位的社会组织

B．受生态环境主管部门委托，开展环境影响报告书技术评估的单位

C．生态环境主管部门设立的事业单位

D．由生态环境主管部门设立的事业单位出资的单位

13．环评领域典型弄虚作假情形主要包括（　　）。

A．环评文件抄袭　　　　　　B．关键内容遗漏

C．数据结论错误　　　　　　D．其他造假情形

14．依据《生产建设项目水土保持技术标准》，主体工程选址（线）应避让下列（　　）区域。

A．水土流失重点预防区和重点治理区

B．河流两岸、湖泊和水库周边的植物保护带

C．国家确定的水土保持长期定位观测站

D．建筑场周边

15．存在下列情况（　　）之一的，水土保持设施竣工验收结论应为不通过。

A．未依法依规履行水土保持方案及重大变更的编报审批程序的

B．未依法依规开展水土保持监测

C．未依法依规开展水土保持监理工作

D．未依据法规缴纳水土保持补偿费的

16．编制水保报告书的生产建设单位，应当在水保设施验收合格后，通过其官方网站或者其他便于公众知悉的方式向社会公开（　　）。

A．水土保持设施验收鉴定书 B．水土保持设施验收报告

C．水土保持监测总结报告 D．水土保持方案

17．水土保持方案经批准后，下列（ ）变化属于重大变更。

A．涉及省级水土流失重点预防区的

B．水土流失防治责任范围增加 30%以上的

C．开挖填筑土石方总量增加 30%以上的

D．施工道路长度增加 20%以上的

18．水土保持方案实施过程中，下列（ ）变化属于重大变更。

A．表土剥离量减少 30%以上的

B．植物措施总面积增加 30%以上的

C．水土保持重要单位工程措施体系发生变化，可能导致水土保持功能显著降低的

D．挖填土石方总量减少 30%以上的

19．流域管理机构和地方各级水行政主管部门开展跟踪检查，主要包括下列（ ）内容。

A．水土保持方案审批情况

B．表土剥离、保存和利用情况

C．取、弃土场选址及防护情况

D．水土保持监测、监理情况

20．下列属于火电企业废气主要排放口的有（ ）。

A．锅炉烟囱 B．燃气轮机烟囱

C．输煤转运站排气筒 D．采样间排气筒

21．以下属于环评领域典型弄虚作假的情形有（ ）。

A．环评文件抄袭 B．关键内容遗漏

C．数据结论错误 D．编造公众参与内容

第三节 填 空 题

1. 不同法人单位的排污单位，应当________申请和领取排污许可证。

2. 生态环境分区管控的“三线一单”是指生态保护红线、________、资源利用上线和生态环境准入清单。

3. 竣工环保验收报告分为验收监测（调查）报告、________和其他需要说明的事项等三项内容。

4. 除需要取得排污许可证的水和大气污染防治设施外，其他环境保护设施的验收期限一般不超过________。

5. 竣工环保验收期限是指自建设项目环境保护设施竣工之日起至建设单位________之日止的时间。

6. 竣工环保验收报告编制完成后 5 个工作日内，公开验收报告，公示的期限不得少于________个工作日。

7. 验收报告公示期满后________个工作日内，建设单位应当登录全国建设项目竣工环境保护验收信息平台，填报建设项目基本信息、环境保护设施验收情况等相关信息。

8. 排污单位承诺按照排污许可证的规定排放污染物，落实排污许可证规定的环境管理要求，并由________或者主要负责人签字或盖章。

9. 申请排污许可证时，已投运排污单位的原、辅料及燃料年最大使用量按近________年实际使用量的最大值填写。

10. 若执行不同许可排放浓度的多台设施采用混合方式排放烟气，且选择的监控位置只能监测混合烟气中的大气污染物浓度，则应执行各限值要求中________的许可排放浓度。

11. 排污单位应当在方便公众监督的位置悬挂排污许可

证________。

12．排污许可管理中，火电企业主要排放口管控许可________和许可排放量。

13．某建设项目征占地面积 1.2 公顷，挖填土石方总量为 500 立方米，该项目水土保持编制方案类型为________。

14．建设项目环境影响报告书、环境影响报告表自批准之日起满________年，建设项目方开工建设的，其环境影响报告书、环境影响报告表应当报原审批部门重新审核。

15．水土保持监测评价结论为________色的项目，纳入水行政主管部门重点监管对象。

第四节　判　断　题

1．建设单位具备环境影响评价技术能力的，可以自行对其建设项目开展环境影响评价，编制建设项目环境影响报告书、环境影响报告表。（　）

2．接受委托编制建设项目环境影响报告书、环境影响报告表的技术单位对其编制的建设项目环境影响报告书、环境影响报告表承担相应责任。（　）

3．国家对环境影响登记表实行审批管理。（　）

4．建设项目的环境影响评价文件未依法经审批部门审查或者审查后未予批准的，建设单位不得开工建设。（　）

5．建设项目建设过程中，建设单位应当同时实施环境影响报告书、环境影响报告表以及环境影响评价文件审批部门审批意见中提出的环境保护对策措施。（　）

6．在项目建设、运行过程中产生不符合经审批的环境影响评价文件的情形的，建设单位应当组织环境影响的后评价，采取

改进措施，并报原环境影响评价文件审批部门和建设项目审批部门备案。（ ）

7. 建设单位未依法报批建设项目环境影响报告书、报告表，擅自开工建设的，根据违法情节和危害后果，可以责令恢复原状。（ ）

8. 在实施重点污染物排放总量控制的区域内，建设产生污染的建设项目，必须符合重点污染物排放总量控制的要求。（ ）

9. 建设单位编制环境影响报告书，应当依照有关法律规定，征求建设项目所在地有关单位和居民的意见。（ ）

10. 除按照国家规定需要保密的情形外，建设单位应当依法向社会公开验收报告。（ ）

11. 分期建设、分期投入生产或者使用的建设项目，其相应的环境保护设施应当分期验收。（ ）

12. 建设单位编制建设项目初步设计未落实防治环境污染和生态破坏的措施以及环境保护设施投资概算，未将环境保护设施建设纳入施工合同，处5万元以上20万元以下的罚款。（ ）

13. 需要配套建设的环境保护设施未建成或者未经验收建设项目即投入生产或者使用的，责令期限改正并处罚款；对直接负责的主管人员和其他责任人员，同步处以罚款。（ ）

14. 建设项目发生实际排污行为之前，排污单位应当按照国家环境保护相关法律法规以及排污许可证申请与核发技术规范要求申请排污许可证，不得无证排污或不按证排污。（ ）

15. 建设项目的建设地点涉及多个县级行政区域且办理环境影响登记表的，建设单位应当分别向各建设地点所在地的县级环境保护主管部门备案。（ ）

16．对按照《建设项目环境影响评价分类管理名录》规定应当编制环境影响报告书或者报告表的建设项目，建设单位不得擅自降低环境影响评价等级。（ ）

17．建设项目环境影响登记表备案完成后，建设单位法定代表人在建设项目建成并投入生产运营前发生变更的，建设单位应当依照本办法规定再次办理备案手续。（ ）

18．区域削减措施原则上应与建设项目位于同一地级市或市级行政区域内同一流域。地级市行政区域内削减量不足时，可来源于省级行政区域或省级行政区域内的同一流域。

（ ）

19．出让减排量的排污单位是落实削减措施的责任主体，应明确削减措施可形成的减排量、出让给本项目的减排量、完成时限，制定实施计划并做出落实承诺。（ ）

20．环评文件遗漏自然保护区、饮用水水源保护区或者以文化教育为主要功能的区域不属于环评领域弄虚作假情形。

（ ）

21．依法应当编制水土保持方案的生产建设项目，生产建设单位未编制水土保持方案或者水土保持方案未经水行政主管部门批准的，生产建设项目不得开工建设。（ ）

22．第三方技术服务机构编制水土保持设施验收报告，作出水土保持设施是否符合验收合格条件的结论，并对结论负责。

（ ）

23．水土保持设施验收报告可由建设单位自行编制。

（ ）

24．生产建设单位应在向社会公开水土保持设施验收材料后、生产建设项目投产使用前，向水土保持方案审批机关报备水土保持设施验收材料。（ ）

25．建设单位应在向社会公开竣工环保验收材料后，向环评文件审批机关报备验收材料。（ ）

26．编制水土保持方案报告表的生产建设项目，需要编制水土保持设施验收报告。（ ）

27．编制水土保持方案报告表的生产建设项目，开展水土保持设施竣工验收时，验收组中应当有至少一名省级水行政主管部门水土保持方案专家库专家参加并签署意见。（ ）

28．水土保持方案报告表可以在项目验收前报水行政主管部门审批。（ ）

29．确需在批准的水土保持方案确定的专门存放地外新设弃渣场的，生产建设单位可在征得所在地县级水行政主管部门同意后先行使用。（ ）

30．编制水土保持方案报告书的项目，应当依法开展水土保持监测工作。（ ）

31．水土保持监测成果应当公开，生产建设单位应当在工程建设期间将水土保持监测季报在其官方网站公开，不需要同时在业主项目部和施工项目部公开。（ ）

32．凡主体工程开展监理工作的项目，应当按照水土保持监理标准和规范开展水土保持工程施工监理。（ ）

33．生产建设单位可以自行开展水土保持监测工作。

（ ）

34．排污单位有两个以上生产经营场所排放污染物的，可合并申请取得排污许可证。（ ）

35．污染物产生量、排放量和对环境的影响程度都很小的企业事业单位和其他生产经营者，应当填报排污登记表，不需要申请取得排污许可证。（ ）

36．排污单位未建立环境管理台账记录制度的，由生态环境

主管部门责令改正，并处罚款。（ ）

37．火电企业废水排放口为一般排放口。（ ）

38．企业是制定环境应急预案的责任主体，对环境应急预案内容的真实性和可操作性负责。（ ）

39．任何行政机关不得为建设单位指定从事环境影响评价工作的单位，进行环境影响评价。（ ）

40．由于不可抗力或者进行重大技术改造等原因造成停止取水满2年且取水许可证有效期尚未届满的，经原取水审批机关同意，可以保留取水许可证。（ ）

41．依据《中华人民共和国水法》，直接从江河、湖泊或者地下取用水资源的单位，应当申请领取取水许可证。（ ）

42．依据《取水许可管理办法》，直接取用其他取水单位的退水或者排水的，可不办理取水许可申请。（ ）

43．依据《排污许可管理办法（试行）》，排污单位应当取得排污许可证而暂未取得的，在满足地方排放限值的前提下，可暂缓办理。（ ）

44．依据《取水许可和水资源费征收管理条例》，涂改、冒用取水申请批准文件、取水许可证的，责令改正，没收违法所得和非法财物，并处以罚款。（ ）

45．若在取水许可证有效期限内出现退水中所含主要污染物及污水处理措施发生变化的情况，则该电厂应当重新提出取水申请。（ ）

46．依据《取水许可和水资源费征收管理条例》，建设项目中取水事项有较大变更的，建设单位应当重新进行建设项目水资源论证，并重新申请取水。（ ）

47．直接利用已有的取水工程或者设施取水的，经审批机关审查合格，发给取水许可证。（ ）

48. 取水许可权限属于流域管理机构的，应当向取水口所在地的省、自治区、直辖市人民政府水行政主管部门提出申请取水。 （ ）

49. 建设项目竣工并完成环境保护验收后，在验收报告编制完成后 5 个工作日内，应公开验收报告。 （ ）

50. 对于编制环境影响报告书的建设项目应在环评文件报批前公开公众参与情况说明。 （ ）

51. 火电项目开工建设是指主厂房基础垫层浇筑第一方混凝土。 （ ）

52. 建设单位不具备编制竣工验收监测（调查）报告能力的，可以委托其他有能力的技术机构编制。 （ ）

53. 废水排放口各项水污染因子许可排放浓度（除 pH 值、TDS 外）为日均浓度。 （ ）

第五节 问 答 题

1. 建设项目环境保护设施存在哪些情形，建设单位不得提出验收合格的意见。

2. 依据《火电建设项目重大变动清单（试行）》，火电建设项目重大变动包括哪些情形？

3. 依据《排污许可管理条例》，企业排污许可证应当记载哪些信息？

4．请阐述煤电项目建设完成后，开展竣工环保自主验收的程序和内容。

参 考 答 案

第一节 单 选 题

1. A

解 析 《中华人民共和国环境影响评价法》（2018 年 12 月 29 日第十三届全国人民代表大会常务委员会第七次会议修正）

第十七条 建设项目的环境影响评价分类管理名录，由国务院生态环境主管部门制定并公布。

2. D

解 析 《中华人民共和国环境影响评价法》（2018 年 12 月 29 日第十三届全国人民代表大会常务委员会第七次会议修正）

第二十条 建设单位应当对建设项目环境影响报告书、环境影响报告表的内容和结论负责。

3. D

解 析 《中华人民共和国环境影响评价法》（2018 年 12 月 29 日第十三届全国人民代表大会常务委员会第七次会议修正）

第二十一条 除国家规定需要保密的情形外，对环境可能造成重大影响、应当编制环境影响报告书的建设项目，建设单位应当在报批建设项目环境影响报告书前，举行论证会、听证会，或者采取其他形式，征求有关单位、专家和公众的意见。

4. C

解 析 《中华人民共和国环境影响评价法》（2018 年 12 月 29 日第十三届全国人民代表大会常务委员会第七次会议修正）

第二十三条 国务院生态环境主管部门负责审批下列建设项目的环境影响评价文件：

（一）核设施、绝密工程等特殊性质的建设项目；

（二）跨省、自治区、直辖市行政区域的建设项目；

（三）由国务院审批的或者由国务院授权有关部门审批的建设项目。

5. C

解　析　《中华人民共和国环境影响评价法》（2018 年 12 月 29 日第十三届全国人民代表大会常务委员会第七次会议修正）

第二十四条　建设项目的环境影响评价文件自批准之日起超过五年，方决定该项目开工建设的，其环境影响评价文件应当报原审批部门重新审核。

6. A

解　析　《中华人民共和国环境影响评价法》（2018 年 12 月 29 日第十三届全国人民代表大会常务委员会第七次会议修正）

第二十七条　在项目建设、运行过程中产生不符合经审批的环境影响评价文件的情形的，建设单位应当组织环境影响的后评价，采取改进措施，并报原环境影响评价文件审批部门和建设项目审批部门备案；原环境影响评价文件审批部门也可以责成建设单位进行环境影响的后评价，采取改进措施。

7. D

解　析　《中华人民共和国环境影响评价法》（2018 年 12 月 29 日第十三届全国人民代表大会常务委员会第七次会议修正）

第三十一条　建设单位未依法报批建设项目环境影响报告书、报告表，或者未依照本法第二十四条的规定重新报批或者报请重新审核环境影响报告书、报告表，擅自开工建设的，由县级以上生态环境主管部门责令停止建设，根据违法情节和危害后果，处建设项目总投资额百分之一以上百分之五以下的罚款，并可以责令恢复原状；对建设单位直接负责的主管人员和其他直接责任人员，依法给予行政处分。

8．D

解 析 《中华人民共和国环境影响评价法》（2018 年 12 月 29 日第十三届全国人民代表大会常务委员会第七次会议修正）

第三十一条 建设单位未依法报批建设项目环境影响报告书、报告表，或者未依照本法第二十四条的规定重新报批或者报请重新审核环境影响报告书、报告表，擅自开工建设的，由县级以上生态环境主管部门责令停止建设，根据违法情节和危害后果，处建设项目总投资额百分之一以上百分之五以下的罚款，并可以责令恢复原状；对建设单位直接负责的主管人员和其他直接责任人员，依法给予行政处分。

9．B

解 析 《中华人民共和国环境影响评价法》（2018 年 12 月 29 日第十三届全国人民代表大会常务委员会第七次会议修正）

第三十一条 建设单位未依法报批建设项目环境影响报告书、报告表，或者未依照本法第二十四条的规定重新报批或者报请重新审核环境影响报告书、报告表，擅自开工建设的，由县级以上生态环境主管部门责令停止建设，根据违法情节和危害后果，处建设项目总投资额百分之一以上百分之五以下的罚款，并可以责令恢复原状；对建设单位直接负责的主管人员和其他直接责任人员，依法给予行政处分。

10．A

解 析 《建设项目环境保护管理条例》（国务院令第 253 号）

第九条 环境保护行政主管部门可以组织技术机构对建设项目环境影响报告书、环境影响报告表进行技术评估，并承担相应费用；技术机构应当对其提出的技术评估意见负责，不得向建设单位、从事环境影响评价工作的单位收取任何费用。

11．C

解　析　《建设项目环境保护管理条例》（国务院令第253号）

第十六条　建设项目的初步设计，应当按照环境保护设计规范的要求，编制环境保护篇章，落实防治环境污染和生态破坏的措施以及环境保护设施投资概算。

12．A

解　析　《关于做好环境影响评价制度与排污许可制衔接相关工作的通知》（环办环评〔2017〕84号）

六　建设项目发生实际排污行为之前，排污单位应当按照国家环境保护相关法律法规以及排污许可证申请与核发技术规范要求申请排污许可证，不得无证排污或不按证排污。环境影响报告书（表）2015年1月1日（含）后获得批准的建设项目，其环境影响报告书（表）以及审批文件中与污染物排放相关的主要内容应当纳入排污许可证。

13．C

解　析　《关于加强重点行业建设项目区域削减措施监督管理的通知》（环办环评〔2020〕36号）

（一）严格区域削减要求。建设项目应满足区域、流域控制单元环境质量改善目标管理要求。所在区域、流域控制单元环境质量未达到国家或者地方环境质量标准的，建设项目应提出有效的区域削减方案，主要污染物实行区域倍量削减，确保项目投产后区域环境质量有改善。

14．A

解　析　《关于加强重点行业建设项目区域削减措施监督管理的通知》（环办环评〔2020〕36号）

（三）建设单位是控制污染物排放的责任主体，应在提交环境影响报告书时明确污染物区域削减方案，包括主要污染物削减量、削减来源、削减措施、责任主体、完成时限。

15．A

解 析 《关于严惩弄虚作假提高环评质量的意见》（环环评〔2020〕48号）

（五）突出建设单位和规划编制机关主体责任。建设单位、规划编制机关应与环评单位共同研究制定生态环境保护措施，落实环境保护投入和资金来源。对编制环境影响报告书的项目和规划，应按要求开展环评公众参与工作，对公众参与的真实性和结果负责。

16．A

解 析 《建设项目环境影响评价分类管理名录（2021年版）》（生态环境部令第16号）

四十一 电力、热力生产和供应业序号90。

涉及环境敏感区的总装机容量5万千瓦及以上的陆上风力发电需编制环境影响报告书。

17．B

解 析 《建设项目环境影响评价分类管理名录（2021年版）》（生态环境部令第16号）

四十一 电力、热力生产和供应业序号87。

单纯利用余气（含煤矿瓦斯）发电需编制环境影响报告表。

18．D

解 析 《水利部办公厅关于印发生产建设项目水土保持监督管理办法的通知》（办水保〔2019〕172号）

第九条 生产建设单位应当在水土保持设施验收通过3个月内，向审批水土保持方案的水行政主管部门或者水土保持方案审批机关的同级水行政主管部门报备水土保持设施验收材料。

19．D

解　析　《水利部关于进一步深化“放管服”改革全面加强水土保持监管的意见》（水保〔2019〕160号）

（一）优化审批方式

征占地面积在5公顷以上或者挖填土石方总量在5万立方米以上的生产建设项目（以下简称项目）应当编制水土保持方案报告书。

20．A

解　析　《水利部关于进一步深化“放管服”改革全面加强水土保持监管的意见》（水保〔2019〕160号）

（一）优化审批方式

征占地面积在5公顷以上或者挖填土石方总量在5万立方米以上的生产建设项目（以下简称项目）应当编制水土保持方案报告书，征占地面积在0.5公顷以上5公顷以下或者挖填土石方总量在1千立方米以上5万立方米以下的项目编制水土保持方案报告表。

21．B

解　析　《水利部关于进一步深化“放管服”改革全面加强水土保持监管的意见》（水保〔2019〕160号）

（一）优化审批方式

征占地面积不足0.5公顷且挖填土石方总量不足1千立方米的项目，不再办理水土保持方案审批手续，生产建设单位和个人依法做好水土流失防治工作。

22．B

解　析　《水利部关于进一步深化“放管服”改革全面加强水土保持监管的意见》（水保〔2019〕160号）

（三）规范审查审批

实行承诺制管理的项目水土保持方案，由生产建设单位从省级水行政主管部门水土保持方案专家库中自行选取至少一名专家签署是否同意意见，审批部门不再组织技术评审。

23．D

解　析　《水利部关于进一步深化“放管服”改革全面加强水土保持监管的意见》（水保〔2019〕160号）

凡主体工程开展监理工作的项目，应当按照水土保持监理标准和规范开展水土保持工程施工监理。其中，征占地面积在20公顷以上或者挖填土石方总量在20万立方米以上的项目，应当配备具有水土保持专业监理资格的工程师；征占地面积在200公顷以上或者挖填土石方总量在200万立方米以上的项目，应当由具有水土保持工程施工监理专业资质的单位承担监理任务。

24．A

解　析　《关于做好环境影响评价制度与排污许可制衔接相关工作的通知》（环办环评〔2017〕84号）

二　做好《建设项目环境影响评价分类管理名录》和《固定污染源排污许可分类管理名录》的衔接，按照建设项目对环境的影响程度、污染物产生量和排放量，实行统一分类管理。纳入排污许可管理的建设项目，可能造成重大环境影响、应当编制环境影响报告书的，原则上实行排污许可重点管理；可能造成轻度环境影响、应当编制环境影响报告表的，原则上实行排污许可简化管理。

25．C

解　析　《排污许可管理条例》（国务院令第736号）

第十四条　排污许可证有效期为5年。

26．D

解　析　《排污许可管理条例》（国务院令第736号）

第十四条　排污许可证有效期为 5 年。排污许可证有效期届满，排污单位需要继续排放污染物的，应当于排污许可证有效期届满 60 日前向审批部门提出申请。

27．C

解　析　《排污许可管理条例》（国务院令第 736 号）

第十四条　排污许可证有效期为 5 年。排污单位变更名称、住所、法定代表人或者主要负责人的，应当自变更之日起 30 日内，向审批部门申请办理排污许可证变更手续。

28．B

解　析　《中华人民共和国行政处罚法（2021 修订）》（中华人民共和国主席令第七十号）

第三十六条　违法行为在二年内未被发现的，不再给予行政处罚；涉及公民生命健康安全、金融安全且有危害后果的，上述期限延长至五年。

29．A

解　析　《火电建设项目重大变动清单（试行）》（环办〔2015〕52 号）

2．热电联产机组供热替代量减少 10%及以上属于重大变更。

30．A

解　析　《建设项目竣工环境保护验收暂行办法》（国环规环评〔2017〕4 号）

第五条　建设单位对受委托的技术机构编制的验收监测（调查）报告结论负责。建设单位与受委托的技术机构之间的权利义务关系，以及受委托的技术机构应当承担的责任，可以通过合同形式约定。

31．A

解　析　《水利部关于加强事中事后监管规范生产建设项目

水土保持设施自主验收的通知》(水保〔2017〕365号)

(四)生产建设单位、第三方机构和水土保持监测机构分别对水土保持设施验收鉴定书、水土保持设施验收报告和水土保持监测总结报告等材料的真实性负责。

32. A

解 析 《中华人民共和国环境影响评价法》(2018年12月29日第十三届全国人民代表大会常务委员会第七次会议修正)

第二十四条 建设项目的环境影响评价文件经批准后,建设项目的性质、规模、地点、采用的生产工艺或者防治污染、防止生态破坏的措施发生重大变动的,建设单位应当重新报批建设项目的环境影响评价文件。

33. B

解 析 《中华人民共和国环境影响评价法》(2018年12月29日第十三届全国人民代表大会常务委员会第七次会议修正)

第二十四条 建设项目的环境影响评价文件自批准之日起超过五年,方决定该项目开工建设的,其环境影响评价文件应当报原审批部门重新审核;原审批部门应当自收到建设项目环境影响评价文件之日起十日内,将审核意见书面通知建设单位。

34. C

解 析 《水利部办公厅关于印发生产建设项目水土保持监督管理办法的通知》(办水保〔2019〕172号)

第六条 生产建设项目水土保持设施验收一般应当按照编制验收报告、组织竣工验收、公开验收情况、报备验收材料的程序开展。

35. B

解 析 《固定污染源排污许可分类管理名录》(部令第11号)

第二条　国家根据排放污染物的企业事业单位和其他生产经营者（以下简称排污单位）污染物产生量、排放量、对环境的影响程度等因素，实行排污许可重点管理、简化管理和登记管理。对污染物产生量、排放量或者对环境的影响程度较大的排污单位，实行排污许可重点管理。

36．B

解　析　《固定污染源排污许可分类管理名录》（部令第11号）

第四条　现有排污单位应当在生态环境部规定的实施时限内申请取得排污许可证或者填报排污登记表。新建排污单位应当在启动生产设施或者发生实际排污之前申请取得排污许可证或者填报排污登记表。

37．B

解　析　《国务院办公厅关于印发控制污染物排放许可制实施方案的通知》（国办发〔2016〕81号）

（二）基本原则

精简高效，衔接顺畅。排污许可制衔接环境影响评价管理制度，融合总量控制制度，为排污收费、环境统计、排污权交易等工作提供统一的污染物排放数据，减少重复申报，减轻企事业单位负担，提高管理效能。公平公正，一企一证。企事业单位持证排污，按照所在地改善环境质量和保障环境安全的要求承担相应的污染治理责任，多排放多担责、少排放可获益。向企事业单位核发排污许可证，作为生产运营期排污行为的唯一行政许可，并明确其排污行为依法应当遵守的环境管理要求和承担的法律责任义务。

38．A

解　析　《排污许可管理办法（试行）》（部令第48号）

第二十五条　实行重点管理的排污单位在提交排污许可申请材料前，应当将承诺书、基本信息以及拟申请的许可事项向社会公开。公开途径应当选择包括全国排污许可证管理信息平台等便于公众知晓的方式，公开时间不得少于五个工作日。

第二节　多　选　题

1．ABCD

解　析　《排污许可管理条例》（国务院令第 736 号）

第十四条　排污许可证有效期为 5 年。排污许可证有效期届满，排污单位需要继续排放污染物的，应当于排污许可证有效期届满 60 日前向审批部门提出申请。审批部门应当自受理申请之日起 20 日内完成审查；对符合条件的予以延续，对不符合条件的不予延续并书面说明理由。排污单位变更名称、住所、法定代表人或者主要负责人的，应当自变更之日起 30 日内，向审批部门申请办理排污许可证变更手续。

2．BCD

解　析　《排污许可管理条例》（国务院令第 736 号）

第十五条　在排污许可证有效期内，排污单位有下列情形之一的，应当重新申请取得排污许可证：

（一）新建、改建、扩建排放污染物的项目；

（二）生产经营场所、污染物排放口位置或者污染物排放方式、排放去向发生变化；

（三）污染物排放口数量或者污染物排放种类、排放量、排放浓度增加。

第十六条　排污单位适用的污染物排放标准、重点污染物总量控制要求发生变化，需要对排污许可证进行变更的，审批部门可以依法对排污许可证相应事项进行变更。

3．ABC

解　析　《建设项目水资源论证管理办法》（水利部令第47号）

第十一条　建设项目水资源论证报告书审查通过后，有下列情况之一的，业主单位应重新或补充编制水资源论证报告书，并提交原审查机关重新审查：

（一）建设项目的性质、规模、地点或取水标的发生重大变化的；

（二）自审查通过之日起满三年，建设项目未批准的。

4．ABD

解　析　《企业事业单位突发环境事件应急预案备案管理办法（试行）》（环发〔2015〕4号）

第九条　环境应急预案体现自救互救、信息报告和先期处置特点，侧重明确现场组织指挥机制、应急队伍分工、信息报告、监测预警、不同情景下的应对流程和措施、应急资源保障等内容。

5．ABCD

解　析　《企业事业单位突发环境事件应急预案备案管理办法（试行）》（环发〔2015〕4号）

第十二条　企业结合环境应急预案实施情况，至少每三年对环境应急预案进行一次回顾性评估。有下列情形之一的，及时修订：

（一）面临的环境风险发生重大变化，需要重新进行环境风险评估的；

（二）应急管理组织指挥体系与职责发生重大变化的；

（三）环境应急监测预警及报告机制、应对流程和措施、应急保障措施发生重大变化的；

（四）重要应急资源发生重大变化的；

（五）在突发事件实际应对和应急演练中发现问题，需要对环境应急预案作出重大调整的；

（六）其他需要修订的情况。

6．ABC

解 析 《中华人民共和国环境影响评价法》(2018年12月29日第十三届全国人民代表大会常务委员会第七次会议修正)

第十六条 国家依据建设项目对环境的影响程度，对建设项目的环境影响评价实行分类管理。建设单位应当按照下列组织编制环境影响报告书、环境影响报告表或者填报环境影响登记表(以下统称环境影响评价文件)：

（一）可能造成重大环境影响的，应当编制环境影响报告书，对产生的环境影响进行全面评价；

（二）可能造成轻度环境影响的，应当编制环境影响报告表，对产生的环境影响进行分析或者专项评价；

（三）对环境影响很小、不需要进行环境影响评价的，应当填报环境影响登记表。

7．ABC

解 析 《中华人民共和国环境影响评价法》(2018年12月29日第十三届全国人民代表大会常务委员会第七次会议修正)

第二十四条 建设项目的环境影响评价文件经批准后，建设项目的性质、规模、地点、采用的生产工艺或者防治污染、防止生态破坏的措施发生重大变动的，建设单位应当重新报批建设项目的环境影响评价文件。

8．ABCD

解 析 《建设项目环境保护管理条例》(国务院令第

253 号）

第十一条　建设项目有下列情形之一的，环境保护行政主管部门应当对环境影响报告书、环境影响报告表作出不予批准的决定：

（一）建设项目类型及其选址、布局、规模等不符合环境保护法律法规和相关法定规划。

（二）所在区域环境质量未达到国家或者地方环境质量标准，且建设项目拟采取的措施不能满足区域环境质量改善目标管理要求。

（三）建设项目采取的污染防治措施无法确保污染物排放达到国家和地方排放标准，或者未采取必要措施预防和控制生态破坏。

（四）改建、扩建和技术改造项目，未针对项目原有环境污染和生态破坏提出有效防治措施。

（五）建设项目的环境影响报告书、环境影响报告表的基础资料数据明显不实，内容存在重大缺陷、遗漏，或者环境影响评价结论不明确、不合理。

9．AB

解　析　《建设项目环境保护管理条例》（国务院令第 253 号）

第十九条　编制环境影响报告书、环境影响报告表的建设项目，其配套建设的环境保护设施经验收合格，方可投入生产或者使用；未经验收或者验收不合格的，不得投入生产或者使用。

10．ABC

解　析　《建设项目环境保护管理条例》（国务院令第 253 号）

第二十一条　建设单位有下列行为之一的，依照《中华人民共和国环境影响评价法》的处罚：

（一）建设项目环境影响报告书、环境影响报告表未依法报批或者报请重新审核，擅自开工建设；

（二）建设项目环境影响报告书、环境影响报告表未经批准或者重新审核同意，擅自开工建设；

（三）建设项目环境影响登记表未依法备案。

11．ABC

解 析 《关于发布〈建设项目环境影响报告书（表）编制监督管理办法〉配套文件的公告》（生态环境部公告〔2019 年〕第 38 号）

第三条 环境影响报告书（表）编制能力建设包括编制单位的人员配备、工作实践和保障条件等三个方面。

12．ABCD

解 析 《建设项目环境影响报告书（表）编制监督管理办法》（生态环境部令第 9 号）

第九条 编制单位应当是能够依法独立承担法律责任的单位。前款的单位中，下列单位不得作为技术单位编制环境影响报告书（表）：

（一）生态环境主管部门或者其他负责审批环境影响报告书（表）的审批部门设立的事业单位；

（二）由生态环境主管部门作为业务主管单位或者挂靠单位的社会组织，或者由其他负责审批环境影响报告书（表）的审批部门作为业务主管单位或者挂靠单位的社会组织；

（三）由本款前两项中的事业单位、社会组织出资的单位及其再出资的单位；

（四）受生态环境主管部门或者其他负责审批环境影响报告书（表）的审批部门委托，开展环境影响报告书（表）技术评估的单位；

（五）本款第四项中的技术评估单位出资的单位及其再出资

的单位；

（六）本款第四项中的技术评估单位的出资单位，或者由本款第四项中的技术评估单位出资人出资的其他单位，或者由本款第四项中的技术评估单位法定代表人出资的单位。

个体工商户、农村承包经营户以及本条第一款单位的内设机构、分支机构或者临时机构，不得主持编制环境影响报告书（表）。

13．ABCD

解　析　《关于严惩弄虚作假提高环评质量的意见》(环环评〔2020〕48 号)

一、环评领域典型弄虚作假情形：

（一）环评文件抄袭。

（二）关键内容遗漏。

（三）数据结论错误。

（四）其他造假情形。

14．ABC

解　析　《生产建设项目水土保持技术标准》(GB 50433—2018)

3.2.1　主体工程选址（线）应避让下列区域：

（1）水土流失重点预防区和重点治理区；

（2）河流两岸、湖泊和水库周边的植物保护带；

（3）全国水土保持监测网格中的水土保持监测站点、重点试验区及国家确定的水土保持长期定位观测站。

15．ABCD

解　析　《水利部办公厅关于印发生产建设项目水土保持设施自主验收规程（试行）的通知》(办水保〔2018〕133 号)

4.8　存在下列情况之一的，竣工验收结论应为不通过：

a）未依法依规履行水土保持方案及重大变更的编报审批程序的。

b）未依法依规开展水土保持监测或补充开展的水土保持监测不符合的。

c）未依法依规开展水土保持监理工作。

d）废弃土石渣未堆放在经批准的水土保持方案确定的专门存放地的。

e）水土保持措施体系、等级和标准未按经批准的水土保持方案要求落实的。

f）重要防护对象无安全稳定结论或结论为不稳定的。

g）水土保持分部工程和单位工程未经验收或验收不合格的。

h）水土保持监测总结报告、监理总结报告等材料弄虚作假或存在重大技术问题的。

i）未依法依规缴纳水土保持补偿费的。

16. ABC

解　析　《水利部关于加强事中事后监管规范生产建设项目水土保持设施自主验收的通知》(水保〔2017〕365号)

（三）公开验收情况。除按照国家需要保密的情形外，生产建设单位应当在水土保持设施验收合格后，通过其官方网站或者其他便于公众知悉的方式向社会公开水土保持设施验收鉴定书、水土保持设施验收报告和水土保持监测总结报告。对于公众反映的主要问题和意见，生产建设单位应当及时给予处理或者回应。

17. ABCD

解　析　《水利部生产建设项目水土保持方案变更管理（试行)》(办水保〔2016〕65号)

第三条　水土保持方案经批准后，生产建设项目地点、规模发生重大变化，有下列情形之一的，生产建设单位应当补充或者修改水土保持方案，报水利部审批。

（一）涉及国家级和省级水土流失重点预防区或者重点治理区的；

（二）水土流失防治责任范围增加30%以上的；

（三）开挖填筑土石方总量增加30%以上的；

（四）线型工程山区、丘陵区部分横向位移超过300米的长度累计达到该部分线路长度的20%以上的；

（五）施工道路或者伴行道路等长度增加20%以上的；

（六）桥梁改路堤或者隧道改路堑累计长度20公里以上的。

18．AC

解　析　《水利部生产建设项目水土保持方案变更管理（试行）》（办水保〔2016〕65号）

第四条　水土保持方案实施过程中，水土保持措施发生下列重大变更之一的，生产建设单位应当补充或者修改水土保持方案，报水利部审批。

（一）表土剥离量减少30%以上的；

（二）植物措施总面积减少30%以上的；

（三）水土保持重要单位工程措施体系发生变化，可能导致水土保持功能显著降低或丧失的。

19．ABCD

解　析　《水利部办公厅关于印发生产建设项目水土保持监督管理办法的通知》（办水保〔2019〕172号）

第十四条　跟踪检查主要包括下列内容：

（一）水土保持工作组织管理情况；

（二）水土保持方案审批（含重大变更）情况、水土保持后续设计情况；

（三）表土剥离、保存和利用情况；

（四）取、弃土（包括渣、石、砂、矸石、尾矿等）场选址及防护情况；

（五）水土保持措施落实情况；

（六）水土保持监测、监理情况；

（七）水土保持补偿费缴纳情况。

20. AB

解 析 《火电行业排污许可证申请与核发技术规范》

火电企业废气主要排放口包括锅炉烟囱和燃气轮机组烟囱，废气一般排放口包括输煤转运站排气筒、采样间排气筒等；火电企业废水排放口为一般排放口。

21. ABCD

解 析 《关于严惩弄虚作假提高环评质量的意见》（环环评〔2020〕48号）

一、环评领域典型弄虚作假情形：

（一）环评文件抄袭。主要包括环评文件（指建设项目环境影响报告书、报告表和规划环境影响报告书）中项目建设地点、主体工程及其生产工艺明显不属于本项目的；现有工程基本情况、污染物排放及达标情况明显不属于本项目的；环境现状调查、预测评价结果明显不属于本项目或规划的。

（二）关键内容遗漏。主要包括环评文件隐瞒项目实际开工情况的；遗漏生态保护红线、自然保护区、饮用水水源保护区或者以居住、医疗卫生、文化教育为主要功能的区域等重要环境保护目标的；未开展相关环境要素现状调查与评价、相关环境要素或者环境风险预测与评价的；未提出有效的环境污染和生态破坏防治措施的。

（三）数据结论错误。主要包括环评文件编造、篡改环境现状监测、调查数据或者危险废物鉴别结果的；编造相关环境要素或环境风险等现状调查、预测、评价内容或结果的；降低环评标准，致使环评结论不正确的；建设项目类型及其选址、布局、规模等明显不符合环境保护法律法规，仍给出环境影响可行结论的。

（四）其他造假情形。主要包括建设单位和规划编制机关未组织开展公众参与却凭空编造公众参与内容，或者篡改实际公众参与调查结果的；相关单位故意篡改、隐瞒工程建设内容、规模等，以降低环评文件类型或者评价工作等级的；环评单位、环评文件编制主持人、主要编制人员在环评文件中假冒、伪造他人签字签章的；其他基础资料明显不实，内容、结论有重大虚假的。

第三节　填　空　题

1．分别

解　析　《污许可管理办法》（环水体〔2016〕186 号）

第六条　对排污单位排放水污染物、大气污染物的各类排污行为实行综合许可管理。排污单位申请并领取一个排污许可证，同一法人单位或其他组织所有，位于不同地点的排污单位，应当分别申请和领取排污许可证；不同法人单位或其他组织所有的排污单位，应当分别申请和领取排污许可证。

2．环境质量底线

解　析　《关于实施“三线一单”生态环境分区管控的指导意见（试行）》（环环评〔2021〕108 号）

实施“三线一单”（生态保护红线、环境质量底线、资源利用上线和生态环境准入清单）生态环境分区管控制度。

3．验收意见

解　析　《建设项目竣工环境保护验收暂行办法》（国环规环评〔2017〕4 号）

验收报告分为验收监测（调查）报告、验收意见和其他需要说明的事项等三项内容。

4．3 个月

解 析 《建设项目竣工环境保护验收暂行办法》(国环规环评〔2017〕4 号)

除需要取得排污许可证的水和大气污染防治设施外，其他环境保护设施的验收期限一般不超过 3 个月。

5．向社会公开验收报告

解 析 《建设项目竣工环境保护验收暂行办法》(国环规环评〔2017〕4 号)

验收期限是指自建设项目环境保护设施竣工之日起至建设单位向社会公开验收报告之日止的时间。

6．20

解 析 《建设项目竣工环境保护验收暂行办法》(国环规环评〔2017〕4 号)

（三）验收报告编制完成后 5 个工作日内，公开验收报告，公示的期限不得少于 20 个工作日。

7．5

解 析 《建设项目竣工环境保护验收暂行办法》(国环规环评〔2017〕4 号)

第十三条　验收报告公示期满后 5 个工作日内，建设单位应当登录全国建设项目竣工环境保护验收信息平台，填报建设项目基本信息、环境保护设施验收情况等相关信，环境保护主管部门对上述信息予以公开。

8．法定代表人

解 析 《排污许可管理办法（试行）》(环境保护部令第 48 号)

第二十条　排污单位在填报排污许可证申请时，应当承诺排污许可证申请材料是完整、真实和合法的；承诺按照排污许可证的规定排放污染物，落实排污许可证规定的环境管理要求，并由法定代表人或者主要负责人签字或者盖章。

9．5

解　析　《火电行业排污许可证申请与核发技术规范》

已投运排污单位的年最大使用量按近五年实际使用量的最大值填写，未投运排污单位的年最大使用量按设计使用量填写。

10．最严格

解　析　《火电行业排污许可证申请与核发技术规范》

若执行不同许可排放浓度的多台设施采用混合方式排放烟气，且选择的监控位置只能监测混合烟气中的大气污染物浓度，则应执行各限值要求中最严格的许可排放浓度。

11．正本

解　析　《排污许可管理办法（试行）》（环境保护部令第48号）

第三十三条　禁止涂改排污许可证。禁止以出租、出借、买卖或者其他方式非法转让排污许可证。排污单位应当在生产经营场所内方便公众监督的位置悬挂排污许可证正本。

12．排放浓度

解　析　《火电行业排污许可证申请与核发技术规范》

火电企业锅炉烟囱和燃气轮机组烟囱等有组织排放口为主要排放口，管控许可排放浓度和许可排放量。

13．水土保持方案报告表

解　析　《水利部关于进一步深化“放管服”改革全面加强水土保持监管的意见》（水保〔2019〕160号）

（一）优化审批方式征占地面积在5公顷以上或者挖填土石

方总量在5万立方米以上的生产建设项目（以下简称项目）应当编制水土保持方案报告书，征占地面积在0.5公顷以上5公顷以下或者挖填土石方总量在1千立方米以上5万立方米以下的项目编制水土保持方案报告表。

14．5

解　析　《建设项目环境保护管理条例》（国务院令第253号）

第十二条　建设项目环境影响报告书、环境影响报告表自批准之日起满5年，建设项目方开工建设的，其环境影响报告书、环境影响报告表应当报原审批部门重新审核。原审批部门应当自收到建设项目环境影响报告书、环境影响报告表之日起10日内，将审核意见书面通知建设单位；逾期未通知的，视为审核同意。

15．红

解　析　《水利部关于进一步深化“放管服”改革全面加强水土保持监管的意见》（水保〔2019〕160号）

编制水土保持方案报告书的项目，应当依法开展水土保持监测工作。实行水土保持监测“绿黄红”三色评价，水土保持监测单位根据监测情况，在监测季报和总结报告等监测成果中提出“绿黄红”三色评价结论。监测成果应当公开，生产建设单位应当在工程建设期间将水土保持监测季报在其官方网站公开，同时在业主项目部和施工项目部公开。水行政主管部门要将监测评价结论为“红”色的项目，纳入重点监管对象。

第四节　判　断　题

1．正确

解　析　《中华人民共和国环境影响评价法》（2018年12月29日第十三届全国人民代表大会常务委员会第七次会议修正）

第十九条　建设单位可以委托技术单位对其建设项目开展环

境影响评价，编制建设项目环境影响报告书、环境影响报告表；建设单位具备环境影响评价技术能力的，可以自行对其建设项目开展环境影响评价，编制建设项目环境影响报告书、环境影响报告表。

2．正确

解　析　《中华人民共和国环境影响评价法》（2018 年 12 月 29 日第十三届全国人民代表大会常务委员会第七次会议修正）

第二十条　建设单位应当对建设项目环境影响报告书、环境影响报告表的内容和结论负责，接受委托编制建设项目环境影响报告书、环境影响报告表的技术单位对其编制的建设项目环境影响报告书、环境影响报告表承担相应责任。

3．错误

解　析　《中华人民共和国环境影响评价法》（2018 年 12 月 29 日第十三届全国人民代表大会常务委员会第七次会议修正）

第二十二条　国家对环境影响登记表实行备案管理。

4．正确

解　析　《中华人民共和国环境影响评价法》（2018 年 12 月 29 日第十三届全国人民代表大会常务委员会第七次会议修正）

第二十五条　建设项目的环境影响评价文件未依法经审批部门审查或者审查后未予批准的，建设单位不得开工建设。

5．正确

解　析　《中华人民共和国环境影响评价法》（2018 年 12 月 29 日第十三届全国人民代表大会常务委员会第七次会议修正）

第二十六条　建设项目建设过程中，建设单位应当同时实施环境影响报告书、环境影响报告表以及环境影响评价文件审批部门审批意见中提出的环境保护对策措施。

6．正确

解 析 《中华人民共和国环境影响评价法》（2018 年 12 月 29 日第十三届全国人民代表大会常务委员会第七次会议修正）

第二十七条 在项目建设、运行过程中产生不符合经审批的环境影响评价文件的情形的，建设单位应当组织环境影响的后评价，采取改进措施，并报原环境影响评价文件审批部门和建设项目审批部门备案；原环境影响评价文件审批部门也可以责成建设单位进行环境影响的后评价，采取改进措施。

7．正确

解 析 《中华人民共和国环境影响评价法》（2018 年 12 月 29 日第十三届全国人民代表大会常务委员会第七次会议修正）

第三十一条 建设单位未依法报批建设项目环境影响报告书、报告表，或者未依照本法第二十四条的规定重新报批或者报请重新审核环境影响报告书、报告表，擅自开工建设的，由县级以上生态环境主管部门责令停止建设，根据违法情节和危害后果，处建设项目总投资额百分之一以上百分之五以下的罚款，并可以责令恢复原状；对建设单位直接负责的主管人员和其他直接责任人员，依法给予行政处分。

8．正确

解 析 《建设项目环境保护管理条例》（国务院令第 253 号）

第三条 建设产生污染的建设项目，必须遵守污染物排放的国家标准和地方标准；在实施重点污染物排放总量控制的区域内，还必须符合重点污染物排放总量控制的要求。

9．正确

解 析 《建设项目环境保护管理条例》（国务院令第 253 号）

第十四条 建设单位编制环境影响报告书，应当依照有关法律规定，征求建设项目所在地有关单位和居民的意见。

10．正确

解 析 《建设项目环境保护管理条例》(国务院令第253号)

第十七条 编制环境影响报告书、环境影响报告表的建设项目竣工后，建设单位应当按照国务院环境保护行政主管部门规定的标准和程序，对配套建设的环境保护设施进行验收，编制验收报告。

建设单位在环境保护设施验收过程中，应当如实查验、监测、记载建设项目环境保护设施的建设和调试情况，不得弄虚作假。

除按照国家规定需要保密的情形外，建设单位应当依法向社会公开验收报告。

11. 正确

解 析 《建设项目环境保护管理条例》(国务院令第253号)

第十八条 分期建设、分期投入生产或者使用的建设项目，其相应的环境保护设施应当分期验收。

12. 正确

解 析 《建设项目环境保护管理条例》(国务院令第253号)

第二十二条 违反本条例规定，建设单位编制建设项目初步设计未落实防治环境污染和生态破坏的措施以及环境保护设施投资概算，未将环境保护设施建设纳入施工合同，或者未依法开展环境影响后评价的，由建设项目所在地县级以上环境保护行政主管部门责令限期改正，处5万元以上20万元以下的罚款；逾期不改正的，处20万元以上100万元以下的罚款。

13. 正确

解 析 《建设项目环境保护管理条例》(国务院令第253号)

第二十三条 违反本条例规定，需要配套建设的环境保护设施未建成、未经验收或者验收不合格，建设项目即投入生产或者使用，或者在环境保护设施验收中弄虚作假的，由县级以上环境保护行政主管部门责令限期改正，处20万元以上100万元以下的罚款；逾期不改正的，处100万元以上200万元以下的罚款；对直接负责的主管人员和其他责任人员，处5万元以上20万元以下的罚款；造成重大环境污染或者生态破坏的，责令停止生产或者使用，或者报经有批准权的人民政府批准，责令关闭。

14．正确

解 析 《关于做好环境影响评价制度与排污许可制衔接相关工作的通知》（环办环评〔2017〕84号）

六、建设项目发生实际排污行为之前，排污单位应当按照国家环境保护相关法律法规以及排污许可证申请与核发技术规范要求申请排污许可证，不得无证排污或不按证排污。环境影响报告书（表）2015年1月1日（含）后获得批准的建设项目，其环境影响报告书（表）以及审批文件中与污染物排放相关的主要内容应当纳入排污许可证。

15．正确

解 析 《建设项目环境影响登记表备案管理办法》（环境保护部令第41号）

第六条 建设项目的建设地点涉及多个县级行政区域的，建设单位应当分别向各建设地点所在地的县级环境保护主管部门备案。

16．正确

解 析 《建设项目环境影响登记表备案管理办法》（环境保护部令第41号）

第十条 建设单位在办理建设项目环境影响登记表备案手续时，应当认真查阅、核对《建设项目环境影响评价分类管理名录》，确认其备案的建设项目属于按照《建设项目环境影响评价分类管理名录》规定应当填报环境影响登记表的建设项目。

对按照《建设项目环境影响评价分类管理名录》规定应当编制环境影响报告书或者报告表的建设项目，建设单位不得擅自降低环境影响评价等级，填报环境影响登记表并办理备案手续。

17. 正确

解　析　《建设项目环境影响登记表备案管理办法》（环境保护部令第 41 号）

第十三条　建设项目环境影响登记表备案完成后，建设单位或者其法定代表人或者主要负责人在建设项目建成并投入生产运营前发生变更的，建设单位应当依照本办法规定再次办理备案手续。

18. 正确

解　析　《关于加强重点行业建设项目区域削减措施监督管理的通知》（环办环评〔2020〕36 号）

（二）规范削减措施来源。区域削减措施应明确测算依据、测算方法，确保可落实、可检查、可考核。削减措施原则上应优先来源于纳入排污许可管理的排污单位采取的治理措施（含关停、原料和工艺改造、末端治理等）。

区域削减措施原则上应与建设项目位于同一地级市或市级行政区域内同一流域。地级市行政区域内削减量不足时，可来源于省级行政区域或省级行政区域内的同一流域。

19. 正确

解　析　《关于加强重点行业建设项目区域削减措施监督管理的通知》（环办环评〔2020〕36 号）

（三）强化建设单位、出让减排量排污单位和涉及的地方政府责任。区域削减方案由建设单位、出让减排量的排污单位及做出落实承诺的地方人民政府共同确认，并明确各方责任。

建设单位是控制污染物排放的责任主体，应在提交环境影响报告书时明确污染物区域削减方案，包括主要污染物削减量、削减来源、削减措施、责任主体、完成时限。

出让减排量的排污单位是落实削减措施的责任主体，应明确削减措施可形成的减排量、出让给本项目的减排量、完成时限，制定实施计划并做出落实承诺。

20．错误

解 析 《关于严惩弄虚作假提高环评质量的意见》（环环评〔2020〕48号）

一、环评领域典型弄虚作假情形：

（二）关键内容遗漏。主要包括环评文件隐瞒项目实际开工情况的；遗漏生态保护红线、自然保护区、饮用水水源保护区或者以居住、医疗卫生、文化教育为主要功能的区域等重要环境保护目标的；未开展相关环境要素现状调查与评价、相关环境要素或者环境风险预测与评价的；未提出有效的环境污染和生态破坏防治措施的。

21．正确

解 析 《中华人民共和国水土保持法》（中华主席令第三十九号）

第二十六条 依法应当编制水土保持方案的生产建设项目，生产建设单位未编制水土保持方案或者水土保持方案未经水行政主管部门批准的，生产建设项目不得开工建设。

22．正确

解 析 《水利部办公厅关于印发生产建设项目水土保持设施自主验收规程（试行）的通知》（办水保〔2018〕133号）

3.2 第三方编制水土保持设施验收报告，应符合水土保持设施验收报告示范文本的格式要求，对项目法人法定义务履行情况、水土流失防治任务完成情况、防治效果情况和组织管理情况等进行评价，作出水土保持设施是否符合验收合格条件的结论，并对结论负责。

23. 错误

解　析 《水利部关于加强事中事后监管规范生产建设项目水土保持设施自主验收的通知》（水保〔2017〕365 号）

（一）组织第三方机构编制水土保持设施验收报告。

24. 正确

解　析 《水利部关于加强事中事后监管规范生产建设项目水土保持设施自主验收的通知》（水保〔2017〕365 号）

（四）报备验收材料。生产建设单位应在向社会公开水土保持设施验收材料后、生产建设项目投产使用前，向水土保持方案审批机关报备水土保持设施验收材料。

25. 错误

解　析 《建设项目竣工环境保护验收暂行办法》（国环规环评〔2017〕4 号）

第十三条　验收报告公示期满后 5 个工作日内，建设单位应当登录全国建设项目竣工环境保护验收信息平台，填报建设项目基本信息、环境保护设施验收情况等相关信息，环境保护主管部门对上述信息予以公开。建设单位应当将验收报告以及其他档案资料存档备查。

26. 错误

解　析 《水利部办公厅关于印发生产建设项目水土保持监督管理办法的通知》（办水保〔2019〕172 号）

第六条　生产建设项目水土保持设施验收一般应当按照编制验收报告、组织竣工验收、公开验收情况、报备验收材料的程序开展。

编制水土保持方案报告书的生产建设项目，其生产建设单位应当组织第三方机构编制水土保持设施验收报告。水土保持设施验收报告结论为具备验收条件的，生产建设单位组织开展水土保持设施竣工验收，形成的水土保持设施验收鉴定书应当明确水土保持设施验收合格与否的结论。

编制水土保持方案报告表的生产建设项目，不需要编制水土保持设施验收报告。

27．正确

解 析 《水利部办公厅关于印发生产建设项目水土保持监督管理办法的通知》（办水保〔2019〕172 号）

编制水土保持方案报告表的生产建设项目，不需要编制水土保持设施验收报告。生产建设单位组织开展水土保持设施竣工验收时，验收组中应当有至少一名省级水行政主管部门水土保持方案专家库专家参加并签署意见，形成的水土保持设施验收鉴定书应当明确水土保持设施验收合格与否的结论。

28．错误

解 析 《水利部关于进一步深化“放管服”改革全面加强水土保持监管的意见》（水保〔2019〕160 号）

（一）优化审批方式征占地面积在 5 公顷以上或者挖填土石方总量在 5 万立方米以上的生产建设项目（以下简称项目）应当编制水土保持方案报告书，征占地面积在 0.5 公顷以上 5 公顷以下或者挖填土石方总量在 1 千立方米以上 5 万立方米以下的项目编制水土保持方案报告表。水土保持方案报告书和报告表应当在项目开工前报水行政主管部门（或者地方人民政府确定的其他水土保持方案审批部门，以下简称其他审批部门）审批，其中对水土保持方案报告表实行承诺制管理。征占地面积不足 0.5 公顷且挖填土石方总量不足 1 千立方米的项目，不再办理水土保持方案审批手续，生产建设单位和个人依法做好水土流失防治工作。

29．正确

解　析　《水利部关于进一步深化“放管服”改革全面加强水土保持监管的意见》（水保〔2019〕160号）

（一）确需在批准的水土保持方案确定的专门存放地外新设弃渣场的，生产建设单位可在征得所在地县级水行政主管部门同意后先行使用，同步做好防护措施，保证不产生水土流失危害，并及时向原审批部门办理变更审批手续。

30．正确

解　析　《水利部关于进一步深化“放管服”改革全面加强水土保持监管的意见》（水保〔2019〕160号）

（二）强化监测和监理编制水土保持方案报告书的项目，应当依法开展水土保持监测工作。

31．错误

解　析　《水利部关于进一步深化“放管服”改革全面加强水土保持监管的意见》（水保〔2019〕160号）

编制水土保持方案报告书的项目，应当依法开展水土保持监测工作。实行水土保持监测“绿黄红”三色评价，水土保持监测单位根据监测情况，在监测季报和总结报告等监测成果中提出“绿黄红”三色评价结论。监测成果应当公开，生产建设单位应当在工程建设期间将水土保持监测季报在其官方网站公开，同时在业主项目部和施工项目部公开。水行政主管部门要将监测评价结论为“红”色的项目，纳入重点监管对象

32．正确

解　析　《水利部关于进一步深化“放管服”改革全面加强水土保持监管的意见》（水保〔2019〕160号）

凡主体工程开展监理工作的项目，应当按照水土保持监理标准和规范开展水土保持工程施工监理。其中，征占地面积在20

公顷以上或者挖填土石方总量在 20 万立方米以上的项目，应当配备具有水土保持专业监理资格的工程师；征占地面积在 200 公顷以上或者挖填土石方总量在 200 万立方米以上的项目，应当由具有水土保持工程施工监理专业资质的单位承担监理任务。

33．正确

解　析　《水利部办公厅关于进一步加强生产建设项目水土保持监测工作的通知》（办水保〔2020〕161 号）

对编制水土保持方案报告书的生产建设项目（即征占地面积在 5 公顷以上或者挖填土石方总量在 5 万立方米以上的生产建设项目），生产建设单位应当自行或者委托具备相应技术条件的机构开展水土保持监测工作。

34．错误

解　析　《排污许可管理条例》（国务院令第 736 号）

第六条　排污单位应当向其生产经营场所所在地设区的市级以上地方人民政府生态环境主管部门（以下称审批部门）申请取得排污许可证。

排污单位有两个以上生产经营场所排放污染物的，应当按照生产经营场所分别申请取得排污许可证。

35．正确

解　析　《排污许可管理条例》（国务院令第 736 号）

第二十四条　污染物产生量、排放量和对环境的影响程度都很小的企业事业单位和其他生产经营者，应当填报排污登记表，不需要申请取得排污许可证。

36．正确

解　析　《排污许可管理条例》（国务院令第 736 号）

第三十七条　违反本条例规定，排污单位有下列行为之一的，由生态环境主管部门责令改正，处每次 5 千元以上 2 万元以下的罚款；法律另有规定的，从其规定：

（一）未建立环境管理台账记录制度，或者未按照排污许可证规定记录；

（二）未如实记录主要生产设施及污染防治设施运行情况或者污染物排放浓度、排放量；

（三）未按照排污许可证规定提交排污许可证执行报告；

（四）未如实报告污染物排放行为或者污染物排放浓度、排放量。

37. 正确

解 析 《火电行业排污许可证申请与核发技术规范》（环水体〔2016〕189号）

火电企业废气主要排放口包括锅炉烟囱和燃气轮机组烟囱，废气一般排放口包括输煤转运站排气筒、采样间排气筒等；火电企业废水排放口为一般排放口。

38. 正确

解 析 《企业事业单位突发环境事件应急预案备案管理办法（试行）》（环发〔2015〕4号）

第八条 企业是制定环境应急预案的责任主体，根据应对突发环境事件的需要，开展环境应急预案制定工作，对环境应急预案内容的真实性和可操作性负责。企业可以自行编制环境应急预案，也可以委托相关专业技术服务机构编制环境应急预案。委托相关专业技术服务机构编制的，企业指定有关人员全程参与。

39. 正确

解 析 《建设项目环境保护管理条例》（国务院令第682号）

第十三条 建设单位可以采取公开招标的方式，选择从事环境影响评价工作的单位，对建设项目进行环境影响评价。

任何行政机关不得为建设单位指定从事环境影响评价工作的

单位，进行环境影响评价。

40．正确

解 析 《取水许可管理办法》（水利部令第34号）

第二十九条 连续停止取水满2年的，由原取水审批机关注销取水许可证。由于不可抗力或者进行重大技术改造等原因造成停止取水满2年且取水许可证有效期尚未届满的，经原取水审批机关同意，可以保留取水许可证。

41．正确

解 析 《中华人民共和国水法》（2016年7月2日第十二届全国人民代表大会常务委员会第二十一次会议第二次修正）

第四十八条 直接从江河、湖泊或者地下取用水资源的单位和个人，应当按照国家取水许可制度和水资源有偿使用制度的规定，向水行政主管部门或者流域管理机构申请领取取水许可证，并缴纳水资源费，取得取水权。但是，家庭生活和零星散养、圈养畜禽饮用等少量取水的除外。

42．错误

解 析 《取水许可管理办法》（水利部令第34号）

第七条 直接取用其他取水单位或者个人的退水或者排水的，应当依法办理取水许可申请。

43．错误

解 析 《排污许可管理办法（试行）》（环境保护部令第48号）

第四条 排污单位应当依法持有排污许可证，并按照排污许可证的规定排放污染物。应当取得排污许可证而未取得的，不得排放污染物。

44．正确

解 析 《取水许可和水资源费征收管理条例》（国务院令第460号）

第五十六条　伪造、涂改、冒用取水申请批准文件、取水许可证的，责令改正，没收违法所得和非法财物，并处 2 万元以上 10 万元以下罚款；构成犯罪的，依法追究刑事责任。

45．正确

解　析　《取水许可管理办法》（水利部令第 34 号）

第二十八条　在取水许可证有效期限内出现下列情形之一的，取水单位或者个人应当重新提出取水申请：

（一）取水量或者取水用途发生改变的（因取水权转让引起的取水量改变的情形除外）；

（二）取水水源或者取水地点发生改变的；

（三）退水地点、退水量或者退水方式发生改变的；

（四）退水中所含主要污染物及污水处理措施发生变化的。

46．正确

解　析　《取水许可和水资源费征收管理条例》（国务院令第 460 号）

第二十二条　取水申请批准后 3 年内，取水工程或者设施未开工建设，或者需由国家审批、核准的建设项目未取得国家审批、核准的，取水申请批准文件自行失效。建设项目中取水事项有较大变更的，建设单位应当重新进行建设项目水资源论证，并重新申请取水。

47．正确

解　析　《取水许可和水资源费征收管理条例》（国务院令第 460 号）

第二十三条　取水工程或者设施竣工后，申请人应当按照国务院水行政主管部门的规定，向取水审批机关报送取水工程或者设施试运行情况等相关材料；经验收合格的，由审批机关核发取水许可证。

直接利用已有的取水工程或者设施取水的，经审批机关审查合格，发给取水许可证。

48．正确

解　析　《取水许可管理办法》（水利部令第 34 号）

第十一条　取水许可权限属于流域管理机构的，应当向取水口所在地的省、自治区、直辖市人民政府水行政主管部门提出申请；其中，取水口跨省、自治区、直辖市的，应当分别向相关省、自治区、直辖市人民政府水行政主管部门提出申请。

49．正确

解　析　《建设项目竣工环境保护验收暂行办法》（国环规环评〔2017〕4 号）

第十一条　除按照国家需要保密的情形外，建设单位应当通过其网站或其他便于公众知晓的方式，向社会公开下列信息：

（一）建设项目配套建设的环境保护设施竣工后，公开竣工日期；

（二）对建设项目配套建设的环境保护设施进行调试前，公开调试的起止日期；

（三）验收报告编制完成后 5 个工作日内，公开验收报告，公示的期限不得少于 20 个工作日。建设单位公开上述信息的同时，应当向所在地县级以上环境保护主管部门报送相关信息，并接受监督检查。

50．正确

解　析　《建设项目环境影响评价信息公开机制方案》（环发〔2015〕162 号）

（六）公开环境影响报告书（表）全本。根据《大气污染防治法》，建设单位在建设项目环境影响报告书（表）编制完成后，向环境保护主管部门报批前，应当向社会公开环境影响报告书（表）

全本，其中对于编制环境影响报告书的建设项目还应一并公开公众参与情况说明。报批过程中，如对环境影响报告书（表）进一步修改，应及时公开最后版本。

51．正确

解 析 《关于加强“未批先建”建设项目环境影响评管理工作的通知》（环办环评〔2018〕18 号）

火电项目开工建设是指，主厂房基础垫层浇筑第一方混凝土

52．正确

解 析 《建设项目竣工环境保护验收暂行办法》（国环规环评〔2017〕4 号）

建设单位不具备编制验收监测（调查）报告能力的，可以委托有能力的技术机构编制。

53．正确

解 析 《火电行业排污许可证申请与核发技术规范》

明确所有废水排放口各项水污染因子许可排放浓度（除 pH 值、TDS 外），为日均浓度。

第五节 问 答 题

1．答：①未按照环评文件及批复要求建成环境保护设施；②环境保护设施未能与主体工程同时投产及使用；③污染物排放不符合国家和地方相关标准、环评文件及其审批部门审批决定或者重点污染物排放总量控制指标要求的；④发生重大变动未按照规定重新报批环评文件；⑤建设过程中造成重大环境污染未治理完成的或者造成重大生态破坏未恢复的；⑥纳入排污许可管理的建设项目，无证排污或者不按证排污的；⑦受到处罚被责令整改，尚未完成整改的；⑧验收报告的基础资料数据不实，内容存在重

大缺项；⑨验收结论不明确、不合理的。

解 析 《建设项目竣工环境保护验收暂行办法》(国环规环评〔2017〕4号)

第八条 建设项目环境保护设施存在下列情形之一的，建设单位不得提出验收合格的意见：

（一）未按环境影响报告书（表）及其审批部门审批决定要求建成环境保护设施，或者环境保护设施不能与主体工程同时投产或者使用的；

（二）污染物排放不符合国家和地方相关标准、环境影响报告书（表）及其审批部门审批决定或者重点污染物排放总量控制指标要求的；

（三）环境影响报告书（表）经批准后，该建设项目的性质、规模、地点、采用的生产工艺或者防治污染、防止生态破坏的措施发生重大变动，建设单位未重新报批环境影响报告书（表）或者环境影响报告书（表）未经批准的；

（四）建设过程中造成重大环境污染未治理完成，或者造成重大生态破坏未恢复的；

（五）纳入排污许可管理的建设项目，无证排污或者不按证排污的；

（六）分期建设、分期投入生产或者使用依法应当分期验收的建设项目，其分期建设、分期投入生产或者使用的环境保护设施防治环境污染和生态破坏的能力不能满足其相应主体工程需要的；

（七）建设单位因该建设项目违反国家和地方环境保护法律法规受到处罚，被责令改正，尚未改正完成的；

（八）验收报告的基础资料数据明显不实，内容存在重大缺项、遗漏，或者验收结论不明确、不合理的；

（九）其他环境保护法律法规规章等规定不得通过环境保护验收的。

2. 答：①由热电联产机组、矸石综合利用机组变为普通发电机组，或由普通发电机组变为矸石综合利用机组②热电联产机组供热替代量减少 10%及以上；③单机装机规模变化后超越同等级规模；④锅炉容量变化后超越同等级规模；⑤地址变动导致不利环境影响加重的；⑥电厂（含配套灰场）重新选址；⑦锅炉类型变化后污染排放量增加的；⑧冷却方式变化（包括排烟方式变化、排烟冷却塔直径变大等）或排烟高度降低；⑨烟气处理措施变化导致废气排放浓度（排放量）增加或环境风险增大；⑩周围存在环境敏感点，降噪措施发生变化，导致厂界噪声排放增加。

解　析　《火电建设项目重大变动清单（试行）》（环办〔2015〕52 号）

性质：

1）由热电联产机组、矸石综合利用机组变为普通发电机组，或由普通发电机组变为矸石综合利用机组。

2）热电联产机组供热替代量减少 10%及以上。

规模：

3）单机装机规模变化后超越同等级规模。

4）锅炉容量变化后超越同等级规模。

地点：

5）电厂（含配套灰场）重新选址；在原厂址（含配套灰场）或附近调整（包括总平面布置发生变化）导致不利环境影响加重。

生产工艺：

6）锅炉类型变化后污染物排放量增加。

7）冷却方式变化。

8）排烟形式变化（包括排烟方式变化、排烟冷却塔直径变大等）或排烟高度降低。

环境保护措施：

9）烟气处理措施变化导致废气排放浓度（排放量）增加或环境风险增大。

10）降噪措施发生变化，导致厂界噪声排放增加（声环境评价范围内无环境敏感点的项目除外）。

3. 答：①排污单位名称、住所、法定代表人或者主要负责人、生产经营场所所在地等；②有效期限、发证机关、发证日期、证书编号和二维码等；③产生和排放污染物环节、污染防治设施等；④污染物排放口位置和数量、污染物排放方式和排放去向等；⑤污染物排放种类、许可排放浓度、许可排放量等；⑥污染物排放口规范化建设、自行监测、环境管理台账记录、排污许可证执行报告的内容和频次、信息公开、无组织排放控制等要求；⑦其他控制污染物排放的要求。

解 析 《排污许可管理条例》(中华人民共和国国务院令第736号)

第十三条 排污许可证应当记载下列信息：

（一）排污单位名称、住所、法定代表人或者主要负责人、生产经营场所所在地等；

（二）排污许可证有效期限、发证机关、发证日期、证书编号和二维码等；

（三）产生和排放污染物环节、污染防治设施等；

（四）污染物排放口位置和数量、污染物排放方式和排放去向等；

（五）污染物排放种类、许可排放浓度、许可排放量等；

（六）污染防治设施运行和维护要求、污染物排放口规范化建设要求等；

（七）特殊时段禁止或者限制污染物排放的要求；

（八）自行监测、环境管理台账记录、排污许可证执行报告的内容和频次等要求；

（九）排污单位环境信息公开要求；

（十）存在大气污染物无组织排放情形时的无组织排放控制要求；

（十一）法律法规规定排污单位应当遵守的其他控制污染物排放的要求。

4．答：验收程序及内容如下：

（1）项目竣工后，建设单位或委托技术机构启动验收工作。

（2）验收自查，自查内容包括环保手续的履行情况，项目建设情况，环保设施的建设情况，重大变动情况等。

（3）在验收自查的基础上编制验收监测方案。

（4）建设单位自行或委托技术机构开展现场验收监测工作，并形成验收监测报告。验收监测报告应包括建设项目概况、验收依据、项目建设情况、环境保护设施、环评文件主要结论与建议及审批部门审批决定、验收执行标准、验收监测内容、质量保证和质量控制、验收监测结果、验收监测结论、建设项目环境保护“三同时”竣工验收登记表等。

（5）验收监测报告编制完成以后，建设单位应提出验收意见，明确验收结论。验收意见可通过成立验收工作组，召开现场验收会议的形式提出。

（6）建设单位在落实验收意见的基础上，形成验收报告，验收报告包括验收监测报告、验收意见和其他需要说明事项等三部分内容。

（7）验收报告编制完成后应进行公示，公示期满后登录全国建设项目竣工环境保护验收信息平台，填报相关信息。

（8）建设单位整理验收相关材料，建立完整档案。

解　析　《建设项目竣工环境保护验收技术指南　污染影响类》(生态环境部公告2018年第9号)

第3部分　验收工作程序

第六章
日 常 管 理

第一节 单 选 题

1．依据《排污单位自行监测技术指南　火力发电及锅炉》，非甲烷总烃的监测频次为（　　）。

A．季度　　B．年度　　C．月度　　D．半年

2．依据《排污许可证申请与核发技术规范　码头》，码头排污单位厂界颗粒物的监测频次为（　　）。

A．季度　　B．年度　　C．月度　　D．半年

3．涉及单台 14MW 及以上锅炉或燃气轮机的排污单位废水总排放口监测频次为至少每（　　）一次。

A．月　　B．季度　　C．半年　　D．年

4．污染源自动监控设施的维修、更换必须在 48h 内恢复自动监控设施正常运行，设施不能正常运行期间，要采取人工采样监测的方式报送数据，数据报送每天不少于（　　）次，间隔不得超过（　　）h。

A．4，6　　B．8，3　　C．6，4　　D．3，8

5．依据《污染源自动监测设施运行管理办法》，当污染源自动监控设施需维修、更换时，必须在（　　）h 内恢复自动监控设施正常运行。

A．12　　B．24　　C．36　　D．48

6．依据《排污单位自行监测技术指南　总则》，重点排污单位一般排放口的监测指标最低监测频次的要求为（　　）。

A．半年　　B．半年或一年

C．一年　　D．一年或两年

7．依据《火电行业排污许可证申请与核发技术规范》，企业年度执行报告应连同环保管理台账等相关报表于（　　）之前提

交至发证机关。

A．次年1月15日　　B．次年2月15日

C．次年3月15日　　D．次年4月15日

8．依据《企业事业单位突发环境事件应急预案备案管理办法（试行）》，企业结合环境应急预案实施情况，至少每（　　）年对环境应急预案进行一次回顾性评估。

A．1　　B．2　　C．3　　D．4

9．依据《突发环境事件应急管理办法》，某企业未按规定公开突发事件相关信息，这种情况的处罚标准是（　　）。

A．1万～3万元　　B．5万～10万元

C．10万～100万元　　D．不处罚

10．依据《污染源自动监控设施现场监督检查办法》，排污单位应当在污染源自动监控设施验收后（　　）个工作日内，将污染源自动监控设施有关情况交有管辖权的监督检查机构登记备案。

A．2　　B．3　　C．4　　D．5

11．依据《固定污染源烟气（SO_2、NO_x、颗粒物）排放连续监测技术规范》，二氧化硫当满量程＜286mg/m^{3}时，示值误差不超过（　　）。

A．±0.5%　　B．±1.5%　　C．±2.5%　　D．±3.5%

12．依据《固定污染源烟气（SO_2、NO_x、颗粒物）排放连续监测技术规范》，具有自动校准功能的颗粒物CEMS和气态污染物CEMS每（　　）至少自动校准一次仪器零点和量程，同时测试并记录零点漂移和量程漂移。

A．12h　　B．24h　　C．36h　　D．48h

13．依据《固定污染源烟气（SO_2、NO_x、颗粒物）排放连续监测技术规范》，无自动校准功能的颗粒物CEMS每（　　）至

少校准一次仪器的零点和量程，同时测试并记录零点漂移和量程漂移。

A．5d　　B．10d　　C．15d　　D．20d

14．某企业配置的直接测量法气态污染物 CEMS 无自动校准功能，根据《固定污染源烟气（SO_2、NO_x、颗粒物）排放连续监测技术规范》要求每（　　）至少校准一次仪器的零点和量程，同时测试并记录零点漂移和量程漂移。

A．5d　　B．10d　　C．15d　　D．20d

15．某企业配置的抽取式气态污染物 CEMS 无自动校准功能，根据《固定污染源烟气（SO_2、NO_x、颗粒物）排放连续监测技术规范》要求，每（　　）至少校准一次仪器零点和量程。

A．2d　　B．3d　　C．5d　　D．7d

16．依据《固定污染源烟气（SO_2、NO_x、颗粒物）排放连续监测技术规范》，某企业抽取式气态污染物 CEMS 每（　　）至少进行一次全系统的校准。

A．1 个月　　B．2 个月　　C．3 个月　　D．4 个月

17．依据《固定污染源烟气（SO_2、NO_x、颗粒物）排放连续监测技术规范》，无自动校准功能的流速 CMS 每（　　）至少进行一次零点校准。

A．30d　　B．40d　　C．15d　　D．20d

18．依据《排污单位环境管理台账及排污许可证执行报告技术规范　总则（试行）》，企业在正常工况下脱硫、脱硝 DCS 系统曲线图的记录频次为（　　）。

A．1 次/周　　B．2 次/周

C．2 次/月　　D．1 次/月

19．依据《排污单位环境管理台账及排污许可证执行报告技术规范　总则（试行）》，环境管理台账应以（　　）形式记录。

A．纸质台账　　B．电子台账
C．电子台账和纸质台账　　D．电子台账或纸质台账

20．依据《排污许可管理条例》，排污单位建立的环境管理台账记录保存期限为（　　）。

A．1 年　　B．2 年
C．至少 3 年　　D．至少 5 年

21．某企业依法对烟气黑度进行监测，适用的监测方法是（　　）。

A．定点位电解法　　B．紫外分光光度法
C．非分散红外吸收法　　D．林格曼烟气黑度图法

22．依据《排污单位自行监测技术指南　火力发电及锅炉》，净烟气直接排放的，应在（　　）设置监测点位。

A．除尘器出口烟道　　B．净烟气烟道
C．省煤器出口烟道　　D．旁路烟道

23．依据《排污单位自行监测技术指南　火力发电及锅炉》，14MW 以上的燃煤机组，汞及其化合物的最低监测频次为每（　　）一次。

A．月　　B．季度　　C．半年　　D．年

24．依据《排污单位自行监测技术指南　火力发电及锅炉》，20t/h 以下的锅炉，汞及其化合物的最低监测频次至少为每（　　）一次。

A．月　　B．季度　　C．半年　　D．年

25．依据《排污单位自行监测技术指南　火力发电及锅炉》，燃煤电厂无组织颗粒物最低监测频次至少为每（　　）一次。

A．年　　B．月　　C．季度　　D．半年

26．依据《排污单位自行监测技术指南　火力发电及锅炉》，14MW 以上的发电企业机组，循环冷却水排放口流量指标的监测

频次为（ ）。

A. 月　　B. 季度　　C. 半年　　D. 年

27. 在役火电企业厂界环境噪声每（ ）至少开展一次昼夜监测。

A. 月　　B. 季度　　C. 半年　　D. 年

28. 排污单位应当在污染源自动监控设施验收后（ ）内，将污染源自动监控设施有关情况交有管辖权的监督检查机构登记备案。

A. 一周　　B. 五个工作日

C. 十五个工作日　　D. 一个月

29. 依据《国家重点监控企业自行监测及信息公开办法（试行）》，企业应在每月初的（ ）内向环境保护主管部门报告上月主要污染物排放量，并提供有关资料。

A. 5 日内　　B. 5 个工作日内

C. 7 日内　　D. 7 个工作日内

30. 污染源自动监控设施必须（ ）方可正式投入运行，并按照相关规定与环境保护行政主管部门联网。

A. 调试合格后　　B. 验收合格后

C. 传输合格后　　D. 联网合格后

31. 依据《固定污染源烟气（SO_2、NO_x、颗粒物）排放连续监测系统技术要求及检测方法》，颗粒物 CEMS 24h 零点漂移和量程漂移应不超过（ ）满量程。

A. ±1%　　B. ±2%　　C. ±3%　　D. ±4%

32. CEMS 调试完成后正常运行 168h 可进行（ ）。

A. 初检　　B. 复检

C. 90 天运行　　D. 正式运行

33. 污染物排放现场检测的初检和复检期间，自动校验校准时间间隔应设置不低于（　　）h。

A．6　　B．12　　C．24　　D．36

34．依据《固定污染源烟气（SO_2、NO_x、颗粒物）排放连续监测系统技术要求及检测方法》，90 天远程有效数据传输率达到（　　）以上则现场运行检测通过，否则延长运行期直到达到为止。

A．80%　　B．85%　　C．90%　　D．95%

35.《固定污染源烟气（SO_2、NO_x、颗粒物）排放连续监测系统技术要求及检测方法》要求，气态污染物 CEMS（含 O_2）不超过（　　）更换一次净化稀释空气的除湿、滤尘等的材料。

A．1 个月　　B．3 个月　　C．6 个月　　D．1 年

36．CEMS 数据采集要求小时数据应包含本小时内至少（　　）的有效数据，数据为该时段的平均值。

A．35min　　B．40min　　C．45min　　D．50min

37．CEMS 数据采集要求日数据应包含本日内至少（　　）的有效数据，数据为该时段的平均值。

A．19h　　B．20h　　C．22h　　D．24h

38．依据《固定污染源烟气（SO_2、NO_x、颗粒物）排放连续监测系统技术要求及检测方法》，月数据应包含本月至少（　　）天（其中二月份至少 23 天）的日有效数据，数据均为该时段的平均值。

A．24　　B．25　　C．26　　D．27

39．CEMS 分钟数据记录表和小时数据记录表的各数据组均应采用明显标记记录系统和（或）污染源在该时段的操作情况和运行状态。一般可采用英文字母“标记”的方式，例如分钟数据记录表标记方法：“F”表示排放源停运，“C”表示全系统校准，

“M”表示维护保养，“T”表示超测量上限，“D”表示 CEMS 系统故障维修，“Md”表示数据缺失，“O”表示超标排放。数据标记优先级顺序从高到低依次为（　　）。

A．D→F→M→T→C　　B．F→D→C→M→T

C．F→M→C→D→T　　D．F→D→M→C→T

40．依据《固定污染源烟气（SO_2、NO_x、颗粒物）排放连续监测系统技术要求及检测方法》，CEMS 软件应可存储并查询、导出最近至少（　　）个月的 1min 均值数据。

A．3　　B．6　　C．9　　D．12

41．水污染源自动监控设施采样点应该设置于渠道计量水槽流路的（　　）。

A．上端　　B．两侧　　C．中央　　D．下游

42．依据《水污染源在线监测系统（COD_{Cr}、NH_3-N 等）验收技术规范》，水污染源在线监测系统的数据传输率应大于（　　）才能达到验收条件。

A．80%　　B．85%　　C．90%　　D．95%

43．某企业污水排放口设置在厂外，根据《污水监测技术规范》应设置在厂界外不超过（　　）的范围内。

A　5m　　B．10m　　C．20m　　D．25m

44．依据《固定污染源烟气（SO_2、NO_x、颗粒物）排放连续监测系统技术要求及检测方法》，CEMS 在 90 天现场运行期间，如果因现场供电问题造成 CEMS 数据缺失，则该段时间内数据（　　）。

A．有效

B．无效

C．与手工监测数据一样则有效

D．与手工监测数据一样则无效

45. 依据《国家重点监控企业自行监测及信息公开办法（试行）》，排污企业自行监测使用手工监测时，监测数据应该于监测完成后的（　　）公布。

A. 实时　　B. 当天　　C. 次日　　D. 第三天

46. 污染源自动监控设施发生故障不能正常使用的，排污单位或者运营单位应当在发生故障后（　　）h 内向有管辖权的监督检查机构报告，并及时检修，保证在 5 个工作日内恢复正常运行。

A. 3　　B. 6　　C. 12　　D. 24

47. 10t/h 以下在用蒸汽锅炉和 7MW 以下在用热水锅炉烟气黑度排放监控位置应在（　　）。

A. 烟道出口　　B. 烟道进口

C. 烟囱排放口　　D. 烟囱内

48. 依据《大气污染物综合排放标准》，排气筒高度不满足要求的，其排放速率限值按其高度对应的排放速率标准值的（　　）执行。

A. 30%　　B. 50%　　C. 70%　　D. 90%

49. 依据《大气污染物综合排放标准》，排气筒中废气的采样以连续 1h 的采样获取平均值；或在 1h 内，以等时间间隔采集（　　）个样品，并计平均值。

A. 3　　B. 4　　C. 5　　D. 6

50. 新污染源周界外浓度最高点一般应设置于无组织排放源下风向的单位周界外（　　）m 范围内。

A. 5　　B. 10　　C. 15　　D. 20

51. 若预计新污染源无组织排放的最大落地浓度点越出 10m 范围，可将监控点移至该预计（　　）点。

A. 浓度最低　　B. 浓度平均

C．浓度最高　　　　　　　　D．浓度骤升

52．需测定流量的排污单位，根据地形和排水方式及排水量大小，应在其排放口（　　）能包含全部污水束流的位置，修建一段特殊渠（管）道的测流段。

A．上游　　B．中游　　C．下游　　D．两侧

53．在进行水污染源在线监测设施的联网验收时，要求数据控制单元在线率为90%以上，正常情况下，掉线后应在（　　）min之内重新上线。

A．3　　B．5　　C．8　　D．10

54．水污染源在线监测设施联网后，系统稳定运行一个月后，检查水污染源在线连续自动分析仪器存储的测定值、数据控制单元采集并存储的数据和监控中心平台接收的数据，这3个环节的实时数据误差小于（　　）。

A．4%　　B．3%　　C．2%　　D．1%

55．纳税人排放应税大气污染物的浓度值低于国家和地方规定的污染物排放标准30%的，且小时平均值未超过国家和地方规定的污染物排放标准，减按（　　）征收环境保护税。

A．70%　　B．75%　　C．80%　　D．85%

56．纳税人排放应税大气污染物的浓度值低于国家和地方规定的污染物排放标准（　　）的，且小时平均值未超过国家和地方规定的污染物排放浓度，减按50%征收环境保护税。

A．40%　　B．45%　　C．50%　　D．55%

57．当沿边界长度超过（　　）m有两处以上噪声超标，按照两个单位计算应纳税额。

A．20　　B．50　　C．80　　D．100

58．依据《排污许可证申请与核发技术规范　工业固体废物（试行）》，焚烧处置设施的炉渣与飞灰应（　　）收集、贮存

和运输。

A．统一　B．分别　C．集中　D．分散

59．建设项目中污染防治措施，必须与（　　）同步设计、同步施工、同步投产使用。

A．关键工程　B．主体工程

C．排污设施　D．防污工程

60．党的十八大报告提出统筹推进“五位一体”总体布局，“五位一体”具体指经济建设、政治建设、文化建设、社会建设、（　　）。

A．绿色发展建设　B．生态文明建设

C．环境保护建设　D．美丽中国建设

61．依据《中华人民共和国环境保护税法》，不能按固定期限计算缴纳环境保护税的，可以按（　　）申报缴纳。

A．月　B．季　C．年　D．次

62．我国环境保护税的征收机关是（　　）。

A．应税污染物排放地的税务机关

B．纳税人所在地的税务机关

C．应税污染物排放地的税务机关或纳税人所在地的税务机关

D．污染影响范围内的税务机关

63．依据《中华人民共和国环境保护税法》，（　　）不属于暂免征收环保税的情形。

A．依法设立的城乡污水集中处理场所排放的符合国家和地方规定标准的水污染物

B．符合国家和地方环境保护标准综合利用的固体废物

C．规模化养殖场所排放的符合国家及地方标准的水污染物

D．机动车排放的噪声

64．下列不属于《中华人民共和国环境保护税法》中规定的

应税污染物计税依据的是（　　）。

A．应税固体废物应按照固体废物的产生量确定

B．应税大气污染物按照污染物排放量折合的污染当量数确定

C．应税水污染物按照污染物排放量折合的污染当量数确定

D．应税噪声按照超过国家规定标准的分贝数确定

65．依据《中华人民共和国环境保护税法》，纳税义务发生时间为纳税人排放应税污染物的（　　）。

A．次日　　B．当日

C．次月　　D．下一季度第一周

66．纳税人按季申报缴纳环境保护税的，应当自季度终了之日起（　　）日内，向税务机关办理纳税申报并缴纳税款。

A．三　　B．五　　C．十　　D．十五

67．纳税人按次申报缴纳环境保护税的，应当自纳税义务发生之日起（　　）日内，向税务机关办理纳税申报并缴纳税款。

A．三　　B．五　　C．十　　D．十五

68．依据《中华人民共和国环境保护税法》，下列应当缴纳环境保护税的是（　　）。

A．建筑施工噪声　　B．交通噪声

C．居民鞭炮声　　D．电厂冷却塔噪声

69．纳税人申报的污染物排放数据与环境保护主管部门交送的相关数据不一致的，按照（　　）确定应税污染物的计税依据。

A．环境保护主管部门复核的数据

B．纳税人申报的污染物排放数据

C．纳税人重新测算提交的数据

D．税务机关确定的数据

70.（　　）单位应对自行监测结果的真实性、准确性、完整性负责。

A. 排污单位　　B. 监测单位

C. 环保部门　　D. 监理单位

71. 若执行不同许可排放浓度的多台设施采用混合方式排放烟气，且选择的监控位置只能监测混合烟气中的大气污染物浓度，则应执行各限值要求中（　　）的许可排放浓度。

A. 最严格　　B. 最宽松　　C. 均值　　D. 中间值

72. 企业所有废水排放口各项水污染因子许可排放浓度（除pH值、TDS外）均为（　　）。

A. 小时均值浓度　　B. 日均值浓度

C. 月均值浓度　　D. 年度均值浓度

73. 依据《排污口规范化整治技术要求（试行）》，污水排放口的整治中列入重点整治的污水排放口应安装（　　）。

A. 三角堰　　B. 矩形堰　　C. 测流槽　　D. 流量计

74. 环境保护图形标志牌设置高度一般为：环境保护图形标志牌上缘距离地面（　　）m。

A. 1　　B. 2　　C. 4　　D. 5

75. 对无组织废气监测指标最低监测频次要求中，未封闭堆场的监测频次应（　　）。

A. 增加　　B. 减少　　C. 不变　　D. 加倍

76. 依据《排污单位自行监测技术指南　火力发电及锅炉》（HJ 820—2017），若生活污水不排入总排口，下列指标可以不测的是（　　）。

A. 总磷　　B. 总氮　　C. pH　　D. COD

77. （　　）有权举报环境监测数据弄虚作假行为。

A. 任何单位和个人　　B. 相关环保部门

C. 当事人　　　　　　　　　D. 知情人

78.《火电厂大气污染物排放标准》规定火电厂燃气锅炉基准含氧量为（　　）%。

A. 9　　　　B. 3　　　　C. 5　　　　D. 15

79.《固定污染源废气低浓度颗粒物的测定　重量法》中全程序空白增重除以对应测量系列的平均体积不应超过排放限值的（　　）%。

A. 5　　　　B. 10　　　　C. 20　　　　D. 50

80.《固定污染源废气低浓度颗粒物的测定　重量法》中样品采集时应保证每个样品的增重不小于 1mg，或采样体积不小于（　　）m^3。

A. 0.5　　　　B. 1　　　　C. 1.5　　　　D. 2

81. 个人在饮用水水源一级保护区内游泳、垂钓或者从事其他可能污染饮用水水体的活动的，由县级以上地方人民政府环境保护主管部门责令停止违法行为，可以处（　　）的罚款。

A. 1000 元以下　　　　　　B. 800 元以下

C. 500 元以下　　　　　　D. 300 元以下

82. 若排污单位的基本信息未发生变化，环境管理台账中的基本信息可按（　　）记录。

A. 年　　　　B. 月　　　　C. 季度　　　　D. 半年

83. 依据《排污许可证申请与核发技术规范　码头》，码头排污单位中干式除尘器对应排气口类型为（　　）。

A. 主要排放口　　　　　　B. 车间设施排放口

C. 一般排放口　　　　　　D. 重要排放口

84. 依据《排污许可证申请与核发技术规范　码头》，码头排污单位无组织排放监控位置为（　　）。

A. 厂区内　　　　　　　　B. 厂界

C．污染源周边 1m 内　　D．船上

85．涉单台 14MW 或 20t/h 及以上锅炉或燃气轮机的排污单位，直流冷却水排放口的废水监测指标（水温、流量）最低监测频次为（　　）。

A．日　　B．月　　C．季度　　D．年

86．涉单台 14MW 或 20t/h 及以上锅炉或燃气轮机的排污单位，直流冷却水排放口的废水监测指标（总余氯）最低监测频次为（　　）。

A．月　　B．季度

C．年　　D．冬、夏各监测一次

87．缴纳环境保护税时，按污染当量数大小排序，对第一类水污染物按照前（　　）项进行征收。

A．四　　B．五　　C．六　　D．七

88．缴纳环境保护税时，按污染当量数大小排序，对第二类水污染物按照前（　　）项征收。

A．二　　B．三　　C．四　　D．五

89．下列不属于应提交的排污许可证申请纸质材料的是（　　）。

A．排污许可证申请表　　B．竣工环保验收报告

C．信息公开情况说明表　　D．自行监测方案

第二节　多　选　题

1．依据《许可管理办法（试行）》规定，自行监测方案应当包括的内容有（　　）等。

A．监测数据记录、存档要求

B．监测点位示意图

C．使用的监测分析方法、采样方法

D．监测质量保证与质量控制要求

2．对于无自动监测的大气污染物和水污染物指标，火电厂应当定期记录开展手工监测的（　　）等。

A．污染物排放口　　B．监测仪器及型号

C．监测方法　　D．监测频次

3．企业应开展环境风险评估，环境风险评估包括但不限于（　　）。

A．分析各类事故衍化规律

B．识别环境危害因素

C．分析与周边可能受影响的区域环境的关系

D．环境应急队伍

4．依据《企业环境信息依法披露管理办法》，企业年度环境信息依法披露报告应当包括（　　）内容。

A．企业基本信息　　B．环境保护税

C．生态环境违法信息　　D．生态环境应急信息

5．依据《固定污染源烟气（SO_2、NO_x、颗粒物）排放连续监测技术规范》，固定污染源烟气排放连续监测系统监测站房应配备的设备有（　　）。

A．空调　　B．排风扇或其他通风设施

C．稳压电源　　D. 不同浓度的有证标准气体

6．依据《固定污染源烟气（SO_2、NO_x、颗粒物）排放连续监测技术规范》，CEMS 的组成包括（　　）。

A．颗粒物监测单元　　B．气态污染物监测单元

C．烟气参数监测单元　　D．数据采集与处理单元

7．依据《固定污染源烟气（SO_2、NO_x、颗粒物）排放连续监测技术规范》，CEMS 日常运行管理应包括以下（　　）方面。

A．日常巡检　　B．日常维护保养

C．CEMS 的校准和校验　　D．联网验收

8．企业遇到下述（　　）情况时，应该变更自行监测方案。

A．执行的排放标准发生变化　　B．排放口位置发生变化

C．污染处理设施发生变化　　D．法人代表发生变化

9．以油作为燃料的火电企业，非甲烷总烃的监测点位应该设立在（　　）。

A．储油罐周边　　B．厂界

C．氨罐区周边　　D．煤场周边

10．（　　）项目应当根据经批准的环境影响评价文件的要求建设、安装自动监控设备及其配套设施，作为环境保护设施的组成部分，与主体工程同时设计、同时施工、同时投入使用。

A．新建　　B．改建

C．扩建　　D．技术改造

11．根据《固定污染源烟气（SO_2、NO_x、颗粒物）排放连续监测系统技术要求及检测方法》的要求，CEMS 外壳或外罩应（　　）。

A．耐腐蚀　　B．密封性能良好

C．防尘　　D．防雨

12．依据《固定污染源烟气（SO_2、NO_x、颗粒物）排放连续监测系统技术要求及检测方法》，CEMS 样品采集装置应具备（　　）功能。

A．加热　　B．保温　　C．保湿　　D．反吹净化

13．依据《国家重点监控企业自行监测及信息公开办法（试行）》，企业自行监测内容应当包括（　　）。

A．水污染物排放监测

B．大气污染物排放监测

C. 厂界噪声监测

D. 环评要求的周边环境质量监测

14. 污染物排放标准、环境影响评价文件及其批复或其他环境管理有明确要求的，排污单位应按照要求对其周边相应的（　　）等环境质量开展监测。

A. 空气　　B. 地表水　　C. 地下水　　D. 土壤

15. 固定污染源烟气排放连续监测设施采样点设置可选择（　　）。

A. 垂直管段　　B. 烟道负压区域

C. 烟道弯头　　D. 避开断面急剧变化的部位

16. 下列（　　）情形属于自动监控设施不正常运行。

A. 分析仪器参数调整未进行登记备案

B. 自动监控数据变化幅度长期在量程 2%以内波动

C. 分析仪器数据与数采仪数据偏差大于 1%

D. 仪器量程设置过大

17. 根据《固定污染源烟气（SO_2、NO_x、颗粒物）连续排放监测技术规范》，CEMS 联网验收技术指标中关于通信稳定性的考核指标有（　　）。

A. 现场机在线率为 95%以上

B. 正常情况下，掉线后，应在 5min 之内重新上线

C. 单台数据采集传输仪每日掉线次数在 5 次以内

D. 报文传输稳定性在 99%以上

18. 厂界环境噪声监测点位布置应该遵循以下（　　）点。

A. 根据厂内主要噪声源距厂界位置布点

B. 根据厂界周围敏感目标布点

C. 面临海洋、大江、大河的在厂界内布点

D. 厂界紧邻交通干线不布点

19．水污染源在线监测联网后，联网的稳定性要求在连续一个月内，系统能稳定运行，不出现除（　　）以外的其他联网问题。

A．通信稳定性　　B．通信协议正确性

C．数据传输正确性　　D．系统稳定性

20．依据《中华人民共和国环境保护税法》，纳税人有下列（　　）情形之一的，以其当期应税污染物的产生量作为污染物的排放量。

A．污染物自动监测设备未与环境保护主管部门的监控设备联网

B．伪造污染物监测数据

C．稀释排放污染物

D．改变污染物自动监测设备

21．依据《中华人民共和国环境保护税法》，应税污染物主要包括（　　）。

A．大气污染物　　B．水污染物

C．固体废物　　D．噪声

22．根据《中华人民共和国环境保护税法》，环境保护税申报缴纳方式包括（　　）。

A．按月申报　　B．按季申报

C．按年申报　　D．按次申报

23．企业事业单位应当采取便于公众知晓和查询的方式，公开本单位（　　）以及落实整改要求情况等环境信息。

A．环境风险防范工作开展情况

B．突发环境事件应急预案

C．突发环境事件应急演练情况

D．突发环境事件发生及处置情况

24. 依据《排污单位自行检测技术指南 总则》，排污单位监测方案内容包括（　　）等。

A. 单位基本情况　　B. 监测频次

C. 监测分析方法和仪器　　D. 监测指标

25. 依据《排污单位自行监测技术指南 火力发电及锅炉》，燃气轮机企业废水总排放口每季度必须监测项目包括（　　）等。

A. 悬浮物　　B. 总磷　　C. 氨氮　　D. 流量

第三节 填 空 题

1. 依据《地表水环境质量监测技术规范》，水环境质量监测采样器具和污染源监测采样器具应分架存放，不得________。

2. 依据《固定污染源烟气（SO_2、NO_x、颗粒物）排放连续监测技术规范》，CEMS 在完成安装、调试检测并和主管部门联网后，应进行技术验收，包括技术指标验收和________。

3. 依据《排污许可管理条例》，环境管理台账记录保存期限不得少于________年。

4. 依据《排污单位自行监测技术指南 总则》，当污染物排放标准中有污染物处理效果要求时，应在进入相应污染物处理设施单元的________设置监测点位。

5. 依据《企业事业单位突发环境事件应急预案备案管理办法（试行）》，企业结合环境应急预案实施情况，至少每________年对环境应急预案进行一次回顾性评估。

6. 企业应按照要求记录监测期间各类固体废物和危险废物的产生量、综合利用量、处置量、贮存量、倾倒丢弃量，危险废物还应详细记录其________。

7. 某排污单位污染源自动监控设施因核心部件更换需重新

组织验收，应在重新验收合格后________个工作日内，向有管辖权的监督检查机构变更登记备案。

8．依据《固定污染源烟气（SO_2、NO_x、颗粒物）排放连续监测技术规范》，在线监测设备使用伴热管线时应设置加热温度不小于________℃，且应高于烟气露点温度10℃以上。

9．依据《关于深化环境监测改革提高环境监测数据质量的意见》，重点排污单位应当依法安装使用污染源自动监测设备，定期检定或校准，保证正常运行，取消环境保护部门负责的________审核。

10．重点排污单位自动监测设备安装联网或者改造工作完成后，验收有关资料交有管辖权的环保部门________。

11．若一个固定污染源排气先通过多个烟道或管道后进入该固定污染源的总排气管时，应尽可能将CEMS安装在________，但要便于用参比方法校验CEMS。

12．一个单位边界上生产经营场所内的多处噪声超标，应根据________超标声级计算噪声污染环境保护税应纳税额。

13．工业噪声声源一个月内超标不足15天的，噪声污染环境保护税应纳税额应按________计算。

14．以自动监测方式开展自行监测的企业单位应该具有________名以上持有省级环境保护主管部门颁发的污染源自动监测数据有效性审核培训证书的人员，对自动监测设备进行日常运行维护。

15.《中华人民共和国环境保护税法》规定的应税污染物主要包括大气污染物、水污染物、噪声和________。

第四节　判　断　题

1．依据《排污许可证申请与核发技术规范　码头》，码头排

污单位厂界颗粒物的监测频次为每年一次。 （ ）

2. 依据《排污单位自行监测技术指南 火力发电及锅炉》，以油为燃料的锅炉非甲烷总烃的监测点位仅为储油罐周边。 （ ）

3. 颗粒物的零点漂移、量程漂移和准确度验收属于颗粒物 CEMS 技术指标验收范围。 （ ）

4. 排污单位自行监测方案内容包括：单位基本情况、监测点位及示意图、监测指标、执行标准及其限值、监测频次、采样和样品保存方法、监测分析方法和仪器、质量保证与质量控制等。 （ ）

5. 企业厂界环境噪声监测要求燃气机组厂界噪声布点应关注的噪声排放源包括燃气轮机（内燃机）、冷却塔、压气机等。 （ ）

6. 依据《排污单位自行监测技术指南 火力发电及锅炉》，对 2 台 600MW 燃煤机组企业林格曼黑度最低监测频次为半年。 （ ）

7. 依据《地表水环境质量监测技术规范》，地表水环境质量例行监测可按月开展。 （ ）

8. 对于无自动监测的大气污染物和水污染物指标，企业应当定期记录开展手工监测的日期、时间、污染物排放口和监测点位、监测方法、监测频次、监测仪器及型号、采样方法等。 （ ）

9. 环境影响评价文件及其批复明确要求的污染物监测指标，应纳入火电企业自行监测指标范围。 （ ）

10. 企业年度环境信息依法披露报告应当包括污染物的产生、治理与排放信息。 （ ）

11. 企业应将自行监测工作开展情况及监测结果向社会公

众公开，未开展自行监测的，应公开原因。（　　）

12．CEMS 运维单位应根据 CEMS 使用说明书和 HJ 75 的要求编制仪器运行管理规程，确定系统运行操作人员和管理维护人员的工作职责。（　　）

13．NO_2在烟气中占比较小，氮氧化物监测单元可以只监测烟气中的 NO。（　　）

14．污染源自动监控设施运行单位应常年备有日常运行、维护所需的各种耗材、备用整机或关键部件。（　　）

15．重点排污单位污染源自动监测的手工比对由生态环保主管部门负责开展，企业及时处理异常情况，确保监测数据完整有效。（　　）

16．CEMS 在完成验收备案后，企业应确保过量空气系数、皮托管系数 K 值、烟道截面积、速度场系数应与登记备案一致。（　　）

17．依据《污染物在线监控（监测）系统数据传输标准》，在线监控（监测）仪器仪表与数采仪的通信方式，在线监控（监测）仪器仪表与数采仪之间采用 RS-232 串行通信标准实现数据通信。（　　）

18．依据《排污单位环境管理台账及排污许可证执行报告技术规范　总则（试行）》，生产设施运行时发生的异常情况仅需要记录发生原因和应对措施即可。（　　）

19．依据《排污单位环境管理台账及排污许可证执行报告技术规范　总则（试行）》，企业在发生生产设施运行异常情况时，台账记录频次为 1 次/异常情况期。（　　）

20．依据《排污单位环境管理台账及排污许可证执行报告技术规范　总则（试行）》，环境管理台账分为电子台账和纸质台账两种形式。（　　）

21．排污单位应当建立环境管理台账记录制度，按照排污许可证规定的格式、内容和频次，如实记录主要生产设施、污染防治设施运行情况以及污染物排放浓度、排放量。（ ）

22．环境管理台账记录保存期限不得少于5年。（ ）

23．排污单位发现污染物排放超过污染物排放标准等异常情况时，应当立即采取措施消除、减轻危害后果，并如实记录、上报。（ ）

24．依据《排污许可管理办法（试行）》，排污单位编制的书面年度执行报告应当由法定代表人或者主要负责人签字或者盖章。（ ）

25．某企业2021年三季度因机组启停导致氮氧化物超标1h，该企业三季度全季依然可以享受氮氧化物环境保护税减免缴纳政策。（ ）

26．火电企业单位制定的突发环境事件应急预案，报县级以上环境保护主管部门备案。（ ）

27．依据《企业事业单位突发环境事件应急预案备案管理办法（试行）》，企业结合环境应急预案实施情况，至少每三年对环境应急预案进行一次回顾性评估。（ ）

28．突发环境事件应急预案制定单位应当定期开展应急演练，撰写演练评估报告，分析存在问题，并根据演练情况及时修改完善应急预案。（ ）

29．企业应开展环境应急预案的培训、宣传和必要的应急演练。（ ）

30．企业事业单位应当将突发环境事件应急培训纳入单位工作计划，对从业人员定期进行突发环境事件应急知识和技能培训，并建立培训档案，如实记录培训的时间、内容、参加人员等信息。（ ）

31．某火电企业厂界紧邻交通干线，该侧厂界噪声监测可不布点。　（　）

32．某企业废水排放量为 85t/d，根据《排污单位自行监测技术指南　总则》要求应当安装自动测流设施并开展流量自动监测。　（　）

33．煤种改变时，300MW 燃煤机组需对烟气中汞及其化合物增加自行监测频次。　（　）

34．使用液氨或氨水作为还原剂的企业，应该在氨罐区周边以季度为频次监测氨。　（　）

35．某企业生活污水不排入总排口，该企业废水监测时可不测总磷。　（　）

36．某企业厂界周边有敏感点的，其环境噪声每季度开展一次昼夜监测即可。　（　）

37．水污染源在线监测系统水质自动采样单元可不设置混合水样的人工比对采样口。　（　）

38．某燃煤电厂 CEMS 站房面积为 $4\times4m^2$，摆放单台机柜，该站房面积大小不满足《固定污染源烟气（SO_2、NO_x、颗粒物）排放连续监测技术规范》要求。　（　）

39．环境保护主管部门对监测指标有自动监测要求的，企业若未安装相应的自动监测设备，可用手工监测代替。　（　）

40．固定污染源烟气排放连续监测系统监测站房应安装空调和冬季采暖设备，空调应具有来电自启功能。　（　）

41．固定污染源烟气排放连续监测系统安装位置应尽量避开烟气中水滴和水雾的干扰，如不能避开，应选用能够适用的检测探头及仪器。　（　）

42．当 CEMS 安装在矩形烟道时，若烟道截面的宽度大于 4m，则应在烟道两侧开设参比方法采样孔，并设置单层采样

平台。 （ ）

43．在废气排放监测时，净烟气与原烟气混合排放的，应在锅炉或燃气轮机（内燃机）排气筒，或烟气汇合后的混合烟道上设置监测点位。 （ ）

44．污染物排放现场检测初检和复检期间如果因现场污染源排放故障造成测试中断，故障排除后需重新开始检测，已完成的测试指标和数据无效。 （ ）

45．抽取式气态污染物 CEMS 全系统校准时，应将零气或标准气体在 CEMS 站房内直接和烟气分析仪紧密连接。 （ ）

46．抽取式气态污染物 CEMS 每 3 个月至少进行一次全系统的校准。 （ ）

47．不同时段建设的锅炉，若采用混合方式排放烟气，且选择的监控位置只能监测混合烟气中的大气污染物浓度，应执行各个时段限值中最严格的排放限值。 （ ）

48．根据大气污染物综合排放标准，按污染源所在的环境空气质量功能区类别，执行相应级别的排放速率标准，新污染源分为二、三级。 （ ）

49．若某排气筒的排放为间断性排放，排放时间小于 1h，应在排放时段内实行连续采样，或在排放时段内以等时间间隔采集 2～4 个样品，并计平均值。 （ ）

50．电磁流量计在垂直管道上安装时，被测流体的流向应自下而上。 （ ）

51．电磁流量计在水平管道上安装时，两个测量电极应在管道的正上方和正下方位置。 （ ）

52．新建水污染源在线监测站房面积应不小于 15m^2，站房高度不低于 2.8m。 （ ）

53．水污染源在线监测系统联网验收时，当出现数据错误或

丢失，启动纠错逻辑，只要数据传输稳定性在 99%以上，可以不要求数据采集传输仪重新发送数据。（ ）

54．某工厂从两个以上排放口排放应税污染物的，对每一排放口排放的应税污染物分别计算征收环境保护税。（ ）

55．火电企业外排废水在线监测显示污染物浓度超标，而委托满足资质要求第三方监测机构开展季度监测时未超标。出于税务优化的目的所缴纳的环境保护税可按照监测机构出具的符合国家有关规定和监测规范的监测数据计算。（ ）

56．污染源自动监控设施的主要设备或核心部件更换后需重新组织验收。（ ）

57．污染源自动监控设施采样位置发生重大变化的，应重新组织验收。（ ）

58．依据《中华人民共和国环境保护税法》，纳税人应依法如实办理纳税申报，对申报的真实性和完整性承担责任。

（ ）

59．依据《锅炉大气污染物排放标准》，每个新建燃煤锅炉房能设 2 根烟囱。（ ）

第五节　问　答　题

1．某企业只有一个大气主要排放口，2022 年 1 月向大气中排放二氧化硫 100kg、氮氧化物 200kg、烟尘 10kg、一氧化碳 50kg、汞及其化合物 0.0002kg，氮氧化物的所有小时均值均低于排放标准的 50%，其他污染物均有不同程度的小时均值超标现象。企业所在地大气污染物适用税额标准为二氧化硫 6 元/污染当量、氮氧化物 7 元/污染当量、其他大气污染物 2 元/污染当量，计算该企业 1 月大气污染物应缴纳的环境保护税。（对应污染物的污染当量值分别为 0.95kg、0.95kg、2.18kg、16.7kg 和 0.0001kg)。

2．某企业属于大气环境重点排污单位，该企业年度环境信息依法披露报告应当包括哪些内容？

3．依据《突发环境事件应急管理办法》，企业在突发环境事件应急管理方面应履行哪些义务？

4．依据《中华人民共和国环境保护法》，生产企业应当履行哪些相关职责？

5．依据《排污单位自行监测技术指南 总则》，火电企业自行监测方案应当包含哪些内容？

参 考 答 案

第一节 单 选 题

1．A

解　析　《排污单位自行监测技术指南　火力发电及锅炉》（HJ 820—217）

无组织废气排放监测表 2 所示，非甲烷总烃的排放监测频次为季度。

2．D

解　析　《排污许可证申请与核发技术规范　码头》（HJ 1107—2020）

码头排污单位厂界颗粒物的监测频次为半年。

3．B

解　析　《排污单位自行监测技术指南　火力发电及锅炉》（HJ 820—2017）

5.2　涉及单台 14MW 或 20t/h 及以上锅炉或燃气轮机的排污单位企业废水总排放口每季度必监测项目：pH 值、化学需氧量、氨氮、悬浮物、总磷、石油类、硫化物、溶解性总固体（全盐类）、流量。

4．A

解　析　《污染源自动监测设施运行管理办法》（环发〔2008〕6 号）

第十五条　污染源自动监控设施的维修、更换必须在 48 小时内恢复自动监控设施正常运行，设施不能正常运行期间，要采取人工采样监测的方式报送数据，数据报送每天不少于 4 次，间隔不得超过6小时。

5. D

解　析　《污染源自动监测设施运行管理办法》（环发〔2008〕6号）

第十五条　污染源自动监控设施的维修、更换必须在48小时内恢复自动监控设施正常运行，设施不能正常运行期间，要采取人工采样监测的方式报送数据，数据报送每天不少于4次，间隔不得超过6小时。

6. B

解　析　《排污单位自行监测技术指南　总则》（HJ 819—2017）

第5章　监测方案制定

表1　废气监测指标最低监测频次：对重点排污单位其他排放口的监测指标最低监测频次的要求为半年或一年。

7. A

解　析　《火电行业排污许可证申请与核发技术规范》

火电企业应按照许可证中规定的内容和频次定期上报，企业还应自行或委托第三方咨询机构按照执行报告提纲编写年度执行报告，连同环保管理台账等相关报表于次年1月15日之前提交至发证机关。

8. C

解　析　《企业事业单位突发环境事件应急预案备案管理办法（试行）》（环发〔2015〕4号）

第五条　环境应急预案备案管理，应当遵循规范准备、属地为主、统一备案、分级管理的原则。

第十二条　企业结合环境应急预案实施情况，至少每三年对环境应急预案进行一次回顾性评估。

9．A

解　析　《突发环境事件应急管理办法》（环境保护部令第34号）

第三十八条　企事业单位有下列情形之一的，由县级以上环境保护主管部门责令改正，可以处一万元以上三万元以下罚款：

（六）未按规定公开突发事件相关信息的。

10．D

解　析　《污染源自动监控设施现场监督检查办法》（环境保护部令第19号）

第七条　污染源自动监控设施建成后，组织建设的单位应当及时组织验收。经验收合格后，污染源自动监控设施方可投入使用。排污单位或者其他污染源自动监控设施所有权单位，应当在污染源自动监控设施验收后五个工作日内，将污染源自动监控设施有关情况交有管辖权的监督检查机构登记备案。

11．C

解　析　《固定污染源烟气（SO_2、NO_x、颗粒物）排放连续监测技术规范》（HJ 75—2017）

示值误差、系统响应时间、零点漂移和量程漂移验收技术要求：二氧化硫当满量程＜286mg/m^{3}时，示值误差不超过±2.5%（相对于仪表满量程值）；氮氧化物当满量程＜410mg/m^{3}时，示值误差不超过±2.5%（相对于仪表满量程值）。

12．B

解　析　《固定污染源烟气（SO_2、NO_x、颗粒物）排放连续监测技术规范》（HJ 75—2017）

第10章　固定污染源烟气排放连续监测系统日常运行管理要求

固定污染源烟气排放连续监测系统日常运行质量保证要求：

a）具有自动校准功能的颗粒物 CEMS 和气态污染物 CEMS 每 24h 至少自动校准一次仪器零点和量程，同时测试并记录零点漂移和量程漂移。

13．C

解 析 《固定污染源烟气（SO_2、NO_x、颗粒物）排放连续监测技术规范》（HJ 75—2017）

第 10 章 固定污染源烟气排放连续监测系统日常运行管理要求

固定污染源烟气排放连续监测系统日常运行质量保证要求：

b）无自动校准功能的颗粒物 CEMS 每 15d 至少校准一次仪器的零点和量程，同时测试并记录零点漂移和量程漂移。

14．C

解 析 《固定污染源烟气（SO_2、NO_x、颗粒物）排放连续监测技术规范》（HJ 75—2017）

第 10 章 固定污染源烟气排放连续监测系统日常运行管理要求

固定污染源烟气排放连续监测系统日常运行质量保证要求：

c）无自动校准功能的直接测量法气态污染物 CEMS 每 15d 至少校准一次仪器的零点和量程，同时测试并记录零点漂移和量程漂移。

15．D

解 析 《固定污染源烟气（SO_2、NO_x、颗粒物）排放连续监测技术规范》（HJ 75—2017）

第 10 章 固定污染源烟气排放连续监测系统日常运行管理要求

固定污染源烟气排放连续监测系统日常运行质量保证要求：

d）无自动校准功能的抽取式气态污染物 CEMS 每 7d 至少

校准一次仪器零点和量程，同时测试并记录零点漂移和量程漂移。

16. C

解　析　《固定污染源烟气（SO_2、NO_x、颗粒物）排放连续监测技术规范》（HJ 75—2017）

第 10 章　固定污染源烟气排放连续监测系统日常运行管理要求

固定污染源烟气排放连续监测系统日常运行质量保证要求：

e）抽取式气态污染物 CEMS 每 3 个月至少进行一次全系统的校准，要求零气和标准气体从监测站房发出，经采样探头末端与样品气体通过的路径（应包括采样管路、过滤器、洗涤器、调节器、分析仪表等）一致，进行零点和量程漂移、示值误差和系统响应时间的检测。

17. A

解　析　《固定污染源烟气（SO_2、NO_x、颗粒物）排放连续监测技术规范》（HJ 75—2017）

第 10 章　固定污染源烟气排放连续监测系统日常运行管理要求

固定污染源烟气排放连续监测系统日常运行质量保证要求：

f）具有自动校准功能的流速 CMS 每 24h 至少进行一次零点校准，无自动校准功能的流速 CMS 每 30d 至少进行一次零点校准。

18. D

解　析　《排污单位环境管理台账及排污许可证执行报告技术规范　总则（试行）》（HJ 944—2018）

第 4.4 节　记录频次

生产设施运行管理信息：正常工况（运行状态、生产负荷、主要产品产量：1 次/日或批次；原辅料、燃料：按采购批次），非正常工况（1 次/工况期）。

污染治理设施运行管理信息：正常情况（运行情况、主要药剂添加情况：1 次/日，DCS 曲线图：1 次/月），异常情况：按照异常情况期记录，1 次/异常情况期。

19．C

解 析 《排污单位环境管理台账及排污许可证执行报告技术规范 总则（试行）》（HJ 944—2018）

第 4.2 节 记录形式

分为电子台账和纸质台账两种形式。

20．D

解 析 《排污许可管理条例》（国务院令第 736 号）

第二十一条 环境管理台账记录保存期限不得少于 5 年。

21．D

解 析 《火电厂大气污染物排放标准》（GB 13223—2011）

5.1.7 对火电厂大气污染物排放浓度的测定采用表 3 所列的方法标准。固定污染源排放烟气黑度的测定林格曼烟气黑度图法。

22．B

解 析 《排污单位自行监测技术指南 火力发电及锅炉》（HJ 820—2017）

5.1.1.1 监测点位净烟气与原烟气混合排放的，应在锅炉或燃气轮机（内燃机）排气筒，或烟气汇合后的混合烟道上设置监测点位；净烟气直接排放的，应在净烟气烟道上设置监测点位，有旁路的旁路烟道也应设置监测点位。

23．B

解 析 《排污单位自行监测技术指南 火力发电及锅炉》

（HJ 820—2017）

5.1.1.2　锅炉或燃气轮机排气筒等监测点位的监测指标及最低监测频次按表 1 执行。14MW 或 20t/h 及以上的燃煤机组的汞及其化合物的最低监测频次为季度。

24．A

解　析　《排污单位自行监测技术指南　火力发电及锅炉》（HJ 820—2017）

5.1.1.2　锅炉或燃气轮机排气筒等监测点位的监测指标及最低监测频次按表 1 执行。14MW 或 20t/h 及以下的燃煤机组的汞及其化合物的最低监测频次为月。

25．C

解　析　《排污单位自行监测技术指南　火力发电及锅炉》（HJ 820—2017）

5.1.2　无组织废气排放监测点位、指标和频次按表 2 执行。以煤、煤矸石、石油焦、油页岩、生物质为燃料的电厂的颗粒物最低监测频次为季度。

26．B

解　析　《排污单位自行监测技术指南　火力发电及锅炉》（HJ 820—2017）

5.2　废水排放监测

废水排放监测的监测点位、监测指标、监测频次按表 3 执行。涉单台 14MW 或 20t/h 及以上锅炉或燃气轮机的排污单位循环冷却水排放口的最低监测频次为季度。

27．B

解　析　《排污单位自行监测技术指南　火力发电及锅炉》（HJ 820—2017）

5.3　厂界环境噪声监测

厂界环境噪声每季度至少开展一次昼夜监测，监测指标为等效 A 声级。

28．B

解 析 《污染源自动监控设施现场监督检查办法》（环境保护部令第 19 号）

第七条 排污单位或者其他污染源自动监控设施所有权单位，应当在污染源自动监控设施验收后五个工作日内，将污染源自动监控设施有关情况交有管辖权的监督检查机构登记备案。

29．D

解 析 《国家重点监控企业自行监测及信息公开办法（试行）》（环发〔2013〕81 号）

第十五条 企业应当使用自行监测数据，按照国务院环境保护主管部门有关规定计算污染物排放量，在每月初的 7 个工作日内向环境保护主管部门报告上月主要污染物排放量，并提供有关资料。

30．B

解 析 《污染源自动监控设施运行管理办法》（环发〔2008〕6 号）

第九条 污染源自动监控设施必须验收合格后方可正式投入运行，并按照相关规定与环境保护行政主管部门联网。

31．B

解 析 《固定污染源烟气（SO_2、NO_x、颗粒物）排放连续监测系统技术要求及检测方法》（HJ 76—2017）

6.2.2.1 颗粒物 CEMS 24h 零点漂移和量程漂移：不超过±2%满量程。

32．A

解 析 《固定污染源烟气（SO_2、NO_x、颗粒物）排放连续

监测系统技术要求及检测方法》（HJ 76—2017）

7.2.1.4　现场检测包括初检，90 天运行和复检。CEMS 调试完成后正常运行 168h 可进行初检；CEMS 初检合格后，进入 90 天现场运行期；90 天运行符合要求后，进行复检。

33．C

解　析　《固定污染源烟气（SO_2、NO_x、颗粒物）排放连续监测系统技术要求及检测方法》（HJ 76—2017）

7.2.1.7　可设定任一时间对 CEMS 进行零点和量程的自动校验和校准；初检和复检期间，自动校验校准时间间隔应设置为≥24h。

34．C

解　析　《固定污染源烟气（SO_2、NO_x、颗粒物）排放连续监测系统技术要求及检测方法》（HJ 76—2017）

7.2.1.8　90 天现场运行期间，应按照质量保证计划进行必要的校准、维护和检修，CEMS 应按规定远程传输现场监测数据。90 天远程有效数据传输率达到 90%以上则现场运行检测通过，否则延长运行期直到达到为止。如果因现场供电问题或 CEMS 故障造成 CEMS 数据缺失或传输中断，则该段时间内数据无效。

35．B

解　析　《固定污染源烟气（SO_2、NO_x、颗粒物）排放连续监测系统技术要求及检测方法》（HJ 76—2017）

8.3.1　气态污染物 CEMS（含 O_2）

b）不超过 3 个月更换一次采样探头滤料，不超过 3 个月更一次净化稀释空气的除湿、滤尘等的材料。

36．C

解　析　《固定污染源烟气（SO_2、NO_x、颗粒物）排放连续监测系统技术要求及检测方法》（HJ 76—2017）

B.1.3 小时数据应包含本小时内至少 45min 的分钟有效数据，数据为该时段的平均值；主要包括：颗粒物质量浓度（折算浓度）、颗粒物排放量、气态污染物质量浓度（折算浓度）、气态污染物排放量、烟气含氧量、烟气流量、烟气温度、烟气静压、烟气湿度和生产负荷等。小时数据记录表即为日报表。

37. B

解 析 《固定污染源烟气（SO_2、NO_x、颗粒物）排放连续监测系统技术要求及检测方法》（HJ 76—2017）

B.1.4 日数据应包含本日至少 20h 的小时有效数据，数据为该时段的平均值；主要包括：颗粒物质量浓度和排放量、气态污染物质量浓度和排放量、烟气含氧量、烟气流量、烟气温度、烟气静压、烟气湿度和生产负荷等。日数据记录表即为月报表。

38. B

解 析 《固定污染源烟气（SO_2、NO_x、颗粒物）排放连续监测系统技术要求及检测方法》（HJ 76—2017）

B.1.5 月数据应包含本月至少 25 天（其中二月份至少 23 天）的日有效数据，数据均为该时段的平均值；主要包括：颗粒物排放量、气态污染物排放量、烟气含氧量、烟气流量、烟气温度、烟气静压、烟气湿度和生产负荷等。月数据记录表即为年报表。

39. D

解 析 《固定污染源烟气（SO_2、NO_x、颗粒物）排放连续监测系统技术要求及检测方法》（HJ 76—2017）

B.3 数据状态标记要求：CEMS 分钟数据记录表和小时数据记录表的各数据组均应采用明显标记记录系统和（或）污染源在该时段的操作情况和运行状态。一般可采用英文字母“标记”的方式，例如：分钟数据记录表标记方法：“F”表示排放源停运，

"C"表示全系统校准,"M"表示维护保养,"T"表示超测量上限,"D"表示 CEMS 系统故障维修,"Md"表示数据缺失,"O"表示超标排放。36 小时数据记录表标记可在分钟数据记录表基础上,增加新的标记。"F"表示本小时内污染源停运状态(停炉或闷炉)大于等于 45min(污染源排放异常);"T"表示本小时内污染物排放浓度平均值超过系统测量上限(污染源排放异常、测量数据无效);"C"表示本小时内系统处于校验、校准状态,其时间大于 15min(测量数据无效);"M"表示本小时内系统处于维护、修理状态,其时间大于 15min(测量数据无效);"D"表示本小时内系统处于故障、断电状态,其时间 15min(测量数据无效)。数据标记优先级顺序从高到低依次为 F→D→M→C→T。CEMS 数据记录必须具备数据标识功能,除了采用字母标识外,也可采用数字或颜色等标识符号进行明确区分。

40. D

解 析 《固定污染源烟气(SO_2、NO_x、颗粒物)排放连续监测系统技术要求及检测方法》(HJ 76—2017)

B.5.2 数据显示、记录、查询和管理要求。

3)软件应可存储并查询、导出最近至少 12 个月的 1min 均值数据和至少 36 个月以内的 1h 均值数据以及至少 60 个月的日均值数据和月均值数据。

41. C

解 析 《污染源自动监控设施现场监督检查技术指南》(环办〔2012〕57 号)

6.2.1 水污染源自动监控设施采样点位检查:检查水污染源自动监控设施采样点设置是否符合 HJ/T 353 和 HJ 494 的相关规定。其采样位置是否位于渠道计量水槽流路的中央,且采样口采水的前端设在下流的方向;测量合流排水时,在合流后充分混合的场所采水。

42．C

解　析　《水污染源在线监测系统（COD_{Cr}、NH_3-N 等）验收技术规范》（HJ 354—2019）

4.1.7　数据控制单元已稳定运行一个月，向监控中心平台及时发送数据，期间设备运转率应大于 90%；数据传输率应大于 90%。

43．B

解　析　《污水监测技术规范》（HJ 91.1—2019）

5.1.1　排放口应满足现场采样和流量测定的要求，原则上设在厂界内，或厂界外不超过 10m 的范围内。

44．B

解　析　《固定污染源烟气（SO_3、NO_x、颗粒物）排放连续监测系统技术要求及检测方法》（HJ 76—2017）

7.2.1.8　90 天现场运行期间，应按照质量保证计划进行必要的校准、维护和检修，CEMS 应按规定远程传输现场监测数据。90 天远程有效数据传输率达到 90%以上则现场运行检测通过，否则延长运行期直到达到为止。如果因现场供电问题或 CEMS 故障造成 CEMS 数据缺失或传输中断，则该段时间内数据无效。

45．C

解　析　《国家重点监控企业自行监测及信息公开办法（试行）》（环发〔2013〕81 号）

第二十条　企业自行监测信息按以下要求的时限公开：

（二）手工监测数据应于每次监测完成后的次日公布。

46．C

解　析　《污染源自动监控设施现场监督检查办法》（环境保护部令第 19 号）

第八条　污染源自动监控设施发生故障不能正常使用的，排污单位或者运营单位应当在发生故障后 12 小时内向有管辖权的监督检查机构报告，并及时检修，保证在 5 个工作日内恢复正常运行。停运期间，排污单位或者运营单位应当按照有关规定和技术规范，采用手工监测等方式，对污染物排放状况进行监测，并报送监测数据。

47．C

解　析　《锅炉大气污染物排放标准》（GB 13271—2014）

4.2　10t/h 以上在用蒸汽锅炉和 7MW 以上在用热水锅炉自 2015 年 10 月 1 日起执行表 1 规定的大气污染物排放限值，10t/h 及以下在用蒸汽锅炉和 7MW 及以下在用热水锅炉自 2016 年 7 月 1 日起执行表 1 规定的大气污染物排放限值。烟气黑度（林格曼黑度，级）污染物排放监控位置在烟囱排放口。

48．B

解　析　《大气污染物综合排放标准》（GB 16297—1996）

7　其它规定

7.1　排气筒高度除须遵守表列排放速率标准值外，还应高出周围 200m 半径范围的建筑 5m 以上，不能达到该要求的排气筒，应按其高度对应的表列排放速率标准值严格 50%执行。

49．B

解　析　《大气污染物综合排放标准》（GB 16297—1996）

8.2.1　排气筒中废气的采样以连续 1h 的采样获取平均值；或在 1h 内，以等时间间隔采集 4 个样品，并计平均值。

50．B

解　析　《大气污染物综合排放标准》（GB 16297—1996）

表 1　周界外浓度最高点一般应设置于无组织排放源下风向的单位周界外 10m 范围内，若预计无组织排放的最大落地浓度点越

出 10m 范围，可将监控点移至该预计浓度最高点。

51．C

解 析 《大气污染物综合排放标准》（GB 16297—1996）

表 1 周界外浓度最高点一般应设置于无组织排放源下风向的单位周界外 10m 范围内，若预计无组织排放的最大落地浓度点越出 10m 范围，可将监控点移至该预计浓度最高点。

52．A

解 析 《水污染源在线监测系统（COD_{Cr}、NH_3-N 等）安装技术规范》（HJ 353—2019）

5.2.1 需测定流量的排污单位，根据地形和排水方式及排水量大小，应在其排放口上游能包含全部污水束流的位置，修建一段特殊渠（管）道的测流段，以满足测量流量、流速的要求。

53．B

解 析 《水污染源在线监测系统（COD_{Cr}、NH_3-N 等）验收技术规范》（HJ 354—2019）

7.1 通信稳定性 数据控制单元在线率为 90%以上，正常情况下，掉线后应在 5min 之内重新上线。数据采集传输仪每日掉线次数在 5 次以内。

54．D

解 析 《水污染源在线监测系统（COD_{Cr}、NH_3-N 等）验收技术规范》（HJ 354—2019）

7.4 数据传输正确性系统稳定运行一个月后，任取其中不少于连续 7 天的数据进行检查，要求监控中心平台接收的数据和数据控制单元采集和存储的数据完全一致；同时检查水污染源在线连续自动分析仪器存储的测定值、数据控制单元所采集并存储的数据和监控中心平台接收的数据，这 3 个环节的实时数据误差小于 1%。

55．B

解　析　《中华人民共和国环境保护税法》（中华人民共和国主席令第 61 号）

第十三条　纳税人排放应税大气污染物或者水污染物的浓度值低于国家和地方规定的污染物排放标准百分之三十的，减按百分之七十五征收环境保护税。纳税人排放应税大气污染物或者水污染物的浓度值低于国家和地方规定的污染物排放标准百分之五十的，减按百分之五十征收环境保护税。

56．C

解　析　《中华人民共和国环境保护税法》（中华人民共和国主席令第 61 号）

第十三条　纳税人排放应税大气污染物或者水污染物的浓度值低于国家和地方规定的污染物排放标准百分之三十的，减按百分之七十五征收环境保护税。纳税人排放应税大气污染物或者水污染物的浓度值低于国家和地方规定的污染物排放标准百分之五十的，减按百分之五十征收环境保护税。

57．D

解　析　《中华人民共和国环境保护税法》（中华人民共和国主席令第 61 号）

附表 1　一个单位边界上有多处噪声超标，应根据最高一处超标声级计算应纳税额。当沿边界长度超过 100 米有两处以上噪声超标，按照两个单位计算应纳税额。

58．B

解　析　《排污许可证申请与核发技术规范　工业固体废物（试行）》（HJ 1200—2021）

5.3.2　自行贮存/利用/处置设施污染防控技术要求　采用库房、包装工具（罐、桶、包装袋等）贮存一般工业固体废物的，贮存过程应满足相应防渗漏、防雨淋、防扬尘等环境保护要求；危险废物和生活垃圾不得进入一般工业固体废物贮存场及填埋场；焚烧处置设施的炉渣与飞灰应分别收集、贮存和运输；贮存场、填埋场应设置清晰、完整的一般工业固体废物标志牌等。

59．B

解 析 《中华人民共和国环境保护法》（2014 年 4 月 24 日第十二届全国人民代表大会常务委员会第八次会议修订）

第四十一条 建设项目中防治污染的设施，应当与主体工程同时设计、同时施工、同时投产使用。防治污染的设施应当符合经批准的环境影响评价文件的要求，不得擅自拆除或者闲置。

60．B

解 析 《党的十八大报告》必须更加自觉地把全面协调可持续作为深入贯彻落实科学发展观的基本要求，全面落实经济建设、政治建设、文化建设、社会建设、生态文明建设“五位一体”总体布局，促进现代化建设各方面相协调，促进生产关系与生产力、上层建筑与经济基础相协调，不断开拓生产发展、生活富裕、生态良好的文明发展道路。

61．D

解 析 《中华人民共和国环境保护税法》（中华人民共和国主席令第 61 号）

第十八条 环境保护税按月计算，按季申报缴纳。不能按固定期限计算缴纳的，可以按次申报缴纳。纳税人申报缴纳时，应当向税务机关报送所排放应税污染物的种类、数量，大气污染物、水污染物的浓度值，以及税务机关根据实际需要要求纳税人报送的其他纳税资料。

62．A

解 析 《中华人民共和国环境保护税法》（中华人民共和国

主席令第 61 号）

第十七条　纳税人应当向应税污染物排放地的税务机关申报缴纳环境保护税。

63．C

解　析　《中华人民共和国环境保护税法》（中华人民共和国主席令第 61 号）

第十二条　下列情形，暂予免征环境保护税：

（一）农业生产（不包括规模化养殖）排放应税污染物的；

（二）机动车、铁路机车、非道路移动机械、船舶和航空器等流动污染源排放应税污染物的；

（三）依法设立的城乡污水集中处理、生活垃圾集中处理场所排放相应应税污染物，不超过国家和地方规定的排放标准的；

（四）纳税人综合利用的固体废物，符合国家和地方环境保护标准的；

（五）国务院批准免税的其他情形。

前款第五项免税规定，由国务院报全国人民代表大会常务委员会备案。

64．A

解　析　《中华人民共和国环境保护税法》（中华人民共和国主席令第 61 号）

第七条　应税污染物的计税依据，按照下列方法确定：

（一）应税大气污染物按照污染物排放量折合的污染当量数确定；

（二）应税水污染物按照污染物排放量折合的污染当量数确定；

（三）应税固体废物按照固体废物的排放量确定；

（四）应税噪声按照超过国家规定标准的分贝数确定。

65．B

解 析 《中华人民共和国环境保护税法》（中华人民共和国主席令第 61 号）

第十六条 纳税义务发生时间为纳税人排放应税污染物的当日。

66．D

解 析 《中华人民共和国环境保护税法》（中华人民共和国主席令第 61 号）

第十九条 纳税人按季申报缴纳的，应当自季度终了之日起十五日内，向税务机关办理纳税申报并缴纳税款。

67．D

解 析 《中华人民共和国环境保护税法》（中华人民共和国主席令第 61 号）

第十九条 纳税人按季申报缴纳的，应当自季度终了之日起十五日内，向税务机关办理纳税申报并缴纳税款。纳税人按次申报缴纳的，应当自纳税义务发生之日起十五日内，向税务机关办理纳税申报并缴纳税款。纳税人应当依法如实办理纳税申报，对申报的真实性和完整性承担责任。

68．D

解 析 《中华人民共和国环境保护税法》（中华人民共和国主席令第 61 号）

附表 1。环境保护税税目税额表“噪声”税目中征税情况包含“工业噪声”。

69．A

解 析 《中华人民共和国环境保护税法》（中华人民共和国主席令第 61 号）

第二十条 税务机关应当将纳税人的纳税申报数据资料与生态环境主管部门交送的相关数据资料进行比对。税务机关发现纳税人的纳税申报数据资料异常或者纳税人未按照规定期限办理纳税申报的，可以提请生态环境主管部门进行复核，生态环境主管部门应当自收到税务机关的数据资料之日起十五日内向税务机关出具复核意见。税务机关应当按照生态环境主管部门复核的数据资料调整纳税人的应纳税额。

70．A

解　析　《排污许可管理条例》(中华人民共和国国务院令第736号)

第十九条　排污单位应当按照排污许可证规定和有关标准规范，依法开展自行监测，并保存原始监测记录。原始监测记录保存期限不得少于5年。排污单位应当对自行监测数据的真实性、准确性负责，不得篡改、伪造。

71．A

解　析　《火电行业排污许可证申请与核发技术规范》(环水体〔2016〕189号)

1．许可排放浓度

若执行不同许可排放浓度的多台设施采用混合方式排放烟气，且选择的监控位置只能监测混合烟气中的大气污染物浓度，则应执行各限值要求中最严格的许可排放浓度。

72．B

解　析　《火电行业排污许可证申请与核发技术规范》(环水体〔2016〕189号)

1．许可排放浓度

（2）废水

明确所有废水排放口各项水污染因子许可排放浓度（除pH值、TDS外），为日均浓度。火电机组废水直接排放至水体的，其污染物许可排放浓度按照《污水综合排放标准》（GB 8978）及地方排放标准确定。

73．D

解 析 《排污口规范化整治技术要求（试行）》（环监〔1996〕470号）

3.1.4 列入重点整治的污水排放口应安装流量计。

74．B

解 析 《排污口规范化整治技术要求（试行）》（环监〔1996〕470号）

4.1.3 环境保护图形标志牌设置位置应距污染物排放口（源）及固体废物贮存（处置）场或采样点较近且醒目处，并能长久保留。设置高度一般为：环境保护图形标志牌上缘距离地面2米。

75．A

解 析 《排污单位自行监测技术指南 火力发电及锅炉》（HJ 820—2017）

5.1.2 无组织废气排放监测点位、指标和频次

表2

注1：未封闭堆场需增加监测频次。周边无敏感点的，可适当降低监测频次。

76．A

解 析 《排污单位自行监测技术指南 火力发电及锅炉》（HJ 820—2017）

5.2 废水排放监测

表3

注1：生活污水若不排入总排口，可不测总磷。

77．A

解 析 《排污许可管理条例》（中华人民共和国国务院令第

736号）

第三十一条　任何单位和个人对排污单位违反本条例规定的行为，均有向生态环境主管部门举报的权利。接到举报的生态环境主管部门应当依法处理，按照有关规定向举报人反馈处理结果，并为举报人保密。

78．B

解　析　《火电厂大气污染物排放标准》（GB 13223—2011）

5.2　大气污染物基准氧含量排放浓度折算方法

表4　燃油锅炉及燃气锅炉基准含氧量为3%。

79．B

解　析　《固定污染源废气低浓度颗粒物的测定重量法》（HJ 836—2017）

10.3.4　任何低于全程序空白增重的样品均无效。全程序空白增重除以对应测量系列的平均体积不应超过排放限值的10%。

80．B

解　析　《固定污染源废气低浓度颗粒物的测定重量法》（HJ 836—2017）

10.3.6　样品采集时应保证每个样品的增重不小于1mg，或采样体积不小于$1m^3$。

81．C

解　析　《中华人民共和国水污染防治法》（2017年6月27日第二次修正）

第九十一条　有下列行为之一的，由县级以上地方人民政府环境保护主管部门责令停止违法行为，处十万元以上五十万元以下罚款；并报经有批准权的人民政府批准，责令拆除或者关闭：

在饮用水水源一级保护区内从事网箱养殖或者组织进行旅游、垂钓或者其他可能污染饮用水水体的活动的，由县级以上地方人民政府环境保护主管部门责令停止违法行为，处二万元以上十万元以下的罚款。个人在饮用水水源一级保护区内游泳、垂钓或者从事其他可能污染饮用水水体的活动的，由县级以上地方人民政府环境保护主管部门责令停止违法行为，可以处五百元以下的罚款。

82．A

解　析　《排污单位环境管理台账及排污许可证执行报告技术规范　总则（试行）》（HJ 944—2018）

4.4.1　基本信息对于未发生变化的基本信息，按年记录，1次/年；对于发生变化的基本信息，在发生变化时记录1次。

83．C

解　析　《排污许可证申请与核发技术规范　码头》（HJ 1107—2020）

4.4.2.4　排放口类型　码头排污单位废气排放口主要为干式除尘器（布袋除尘器、静电除尘器等）排气口，均为一般排放口。

84．B

解　析　《排污许可证申请与核发技术规范　码头》（HJ 1107—2020）

7.3.2.2　无组织排放　码头排污单位应设置废气无组织排放监测点位，无组织排放监控位置为厂界（码头排污单位法定边界）。

85．A

解　析　《排污单位自行监测技术指南　火力发电及锅炉》（HJ 820—2017）

5.2　涉单台14MW或20t/h及以上锅炉或燃气轮机的排污单位，直流冷却水排放口的废水监测指标（水温、流量）最低监测频次为日。

86．D

解 析 《排污单位自行监测技术指南 火力发电及锅炉》（HJ 820—2017）

5.2 涉单台 14MW 或 20t/h 及以上锅炉或燃气轮机的排污单位，直流冷却水排放口的废水监测指标（总余氯）最低监测频次为冬、夏各监测一次。

87．B

解 析 《中华人民共和国环境保护税法》（中华人民共和国主席令第六十一号）

第 5.2 条 第九条 每一排放口的应税水污染物，按照本法所附《应税污染物和当量值表》，区分第一类水污染物和其他类水污染物，按照污染当量数从大到小排序，对第一类水污染物按照前五项征收环境保护税，对其他类水污染物按照前三项征收环境保护税。

88．B

解 析 《中华人民共和国环境保护税法》（中华人民共和国主席令第六十一号）

第九条 每一排放口的应税水污染物，按照本法所附《应税污染物和当量值表》，区分第一类水污染物和其他类水污染物，按照污染当量数从大到小排序，对第一类水污染物按照前五项征收环境保护税，对其他类水污染物按照前三项征收环境保护税。

89．B

解 析 《排污许可管理条例》（中华人民共和国国务院令第 736 号）

第二十六条 排污单位应当在全国排污许可证管理信息平台上填报并提交排污许可证申请，同时向核发环保部门提交通过全国排污许可证管理信息平台印制的书面申请材料。申请材料应当包括：

（一）排污许可证申请表，主要内容包括：排污单位基本信息，主要生产设施、主要产品及产能、主要原辅材料，废气、废水等产排污环节和污染防治设施，申请的排放口位置和数量、排放方式、排放去向，按照排放口和生产设施或者车间申请的排放污染物种类、排放浓度和排放量，执行的排放标准；

（二）自行监测方案；

（六）排污许可证申请前信息公开情况说明表。

第二节 多 选 题

1. ABCD

解 析 《排污许可管理办法（试行）》（环境保护部令第48号）

第十九条 自行监测方案应当包括以下内容：（一）监测点位及示意图、监测指标、监测频次；（二）使用的监测分析方法、采样方法；（三）监测质量保证与质量控制要求；（四）监测数据记录、整理、存档要求等。

2. ABCD

解 析 《火电行业排污许可证申请与核发技术规范》

数据记录要求：对于无自动监测的大气污染物和水污染物指标，企业应当定期记录开展手工监测的日期、时间、污染物排放口和监测点位、监测方法、监测频次、监测仪器及型号、采样方法等，并建立手工监测台账记录（手工监测报表）。

3. ABC

解 析 《企业事业单位突发环境事件应急预案备案管理办法（试行）》（环发〔2015〕4号）

第十条 开展环境风险评估和应急资源调查。环境风险评估包括但不限于：分析各类事故衍化规律、自然灾害影响程度，识别环境危害因素，分析与周边可能受影响的居民、单位、区域环境的关系，构建突发环境事件及其后果情景，确定环境风险等级。应急资源调查包括但不限于：调查企业第一时间可调用的环境应急队伍、装备、物资、场所等应急资源状况和可请求援助或协议援助的应急资源状况。

4．ABCD

解　析　《企业环境信息依法披露管理办法》（部令第 24 号）

第十二条　企业年度环境信息依法披露报告应当包括以下内容：（一）企业基本信息，包括企业生产和生态环境保护等方面的基础信息；（二）企业环境管理信息，包括生态环境行政许可、环境保护税、环境污染责任保险、环保信用评价等方面的信息；（三）污染物产生、治理与排放信息，包括污染防治设施，污染物排放，有毒有害物质排放，工业固体废物和危险废物产生、贮存、流向、利用、处置，自行监测等方面的信息；（四）碳排放信息，包括排放量、排放设施等方面的信息；（五）生态环境应急信息，包括突发环境事件应急预案、重污染天气应急响应等方面的信息；（六）生态环境违法信息；（七）本年度临时环境信息依法披露情况；（八）法律法规规定的其他环境信息。

5．ABCD

解　析　《固定污染源烟气（SO_2、NO_x、颗粒物）排放连续监测技术规范》（HJ 75—2017）

固定污染源烟气排放连续监测系统监测站房要求：监测站房内应安装空调和采暖设备，室内温度应保持在 15～30℃，相对湿度应≤60%，空调应具有来电自动重启功能，站房内应安装排风扇或其他通风设施；监测站房内配电功率能够满足仪表实际要求，功率不少于 8kW，至少预留三孔插座 5 个、稳压电源 1 个、UPS 电源一个；监测站房内应配备不同浓度的有证标准气体，且在有效期内。标准气体应当包含零气和 CEMS 测量的各种气体（SO_2、NO_x、O_2）的量程标气，以满足日常零点、量程校准、校验的需要。

6．ABCD

解 析 《固定污染源烟气（SO_2、NO_x、颗粒物）排放连续监测技术规范》（HJ 75—2017）

固定污染源烟气排放连续监测系统的组成和功能要求：CEMS 由颗粒物监测单元和（或）气态污染物监测单元、烟气参数监测单元、数据采集与处理单元组成。

7．ABC

解 析 《固定污染源烟气（SO_2、NO_x、颗粒物）排放连续监测技术规范》（HJ 75—2017）

固定污染源烟气排放连续监测系统日常运行管理要求：CEMS 运维单位应根据 CEMS 使用说明书和本标准的要求编制仪器运行管理规程，确定系统运行操作人员和管理维护人员的工作职责。运维人员应当熟练掌握烟气排放连续监测仪器设备的原理、使用和维护方法。CEMS 日常运行管理应包括以下方面：日常巡检、日常维护保养和 CEMS 的校准和校验。

8．ABC

解 析 《排污单位自行监测技术指南 总则》（HJ 819—2017）

5.7 监测方案的变更当有以下情况发生时，应变更监测方案：

a）执行的排放标准发生变化；

b）排放口位置、监测点位、监测指标、监测频次、监测技术任一项内容发生变化；

c）污染源、生产工艺或处理设施发生变化。

9. AB

解　析　《排污单位自行监测技术指南　火力发电及锅炉》（HJ 820—2017）

5.1.2　无组织废气排放监测点位、指标和频次按表内规定，表内规定非甲烷总烃的监测点位应该设立在储油罐周边及厂界。

10. ABCD

解　析　《污染源自动监控管理办法》（国家环境保护总局令第28号）

第十一条　新建、改建、扩建和技术改造项目应当根据经批准的环境影响评价文件的要求建设、安装自动监控设备及其配套设施，作为环境保护设施的组成部分，与主体工程同时设计、同时施工、同时投入使用。

11. ABCD

解　析　《固定污染源烟气（SO_2、NO_x、颗粒物）排放连续监测系统技术要求及检测方法》（HJ 76—2017）

5.1　外观要求

5.1.1　CEMS应具有产品铭牌，铭牌上应标有仪器名称、型号、生产单位、出厂编号、制造日期等信息。

5.1.2　CEMS仪器表面应完好无损，无明显缺陷，各零、部件连接可靠，各操作键、按钮使用灵活，定位准确。

5.1.3　CEMS主机面板显示清晰，涂色牢固，字符、标识易于识别，不应有影响读数的缺陷。

5.1.4　CEMS外壳或外罩应耐腐蚀、密封性能良好、防尘、防雨。

12．ABD

解 析 《固定污染源烟气（SO_2、NO_x、颗粒物）排放连续监测系统技术要求及检测方法》（HJ 76—2017）

5.4.1 样品采集和传输装置要求

5.4.1.1 样品采集装置应具备加热、保温和反吹净化功能。其加热温度一般在 120℃以上，且应高于烟气露点温度 10℃以上，其实际温度值应能够在机柜或系统软件中显示查询。

13．ABCD

解 析 《国家重点监控企业自行监测及信息公开办法（试行）》（环发〔2013〕81 号）

第五条 企业自行监测内容应当包括：

（一）水污染物排放监测；

（二）大气污染物排放监测；

（三）厂界噪声监测；

（四）环境影响评价报告书（表）及其批复有要求的，开展周边环境质量监测。

14．ABCD

解 析 《排污单位自行监测技术指南 总则》（HJ 819—2017）

5.1.2 周边环境质量影响监测污染物排放标准、环境影响评价文件及其批复或其他环境管理有明确要求的，排污单位应按照要求对其周边相应的空气、地表水、地下水、土壤等环境质量开展监测；其他排污单位根据实际情况确定是否开展周边环境质量影响监测。

15．ABD

解 析 《固定污染源烟气（SO_2、NO_x、颗粒物）排放连续

监测技术规范》（HJ 75—2017）

7.1.2.1　应优先选择在垂直管段和烟道负压区域，确保所采集样品的代表性。

7.1.2.2　测定位置应避开烟道弯头和断面急剧变化的部位。对于圆形烟道，颗粒物 CEMS 和流速 CMS，应设置在距弯头、阀门、变径管下游方向≥4 倍烟道直径，以及距上述部件上游方向≥2 倍烟道直径处；气态污染物 CEMS，应设置在距弯头、阀门、变径管下游方向≥2 倍烟道直径，以及距上述部件上游方向≥0.5 倍烟道直径。

16．ABCD

解　析　《污染源自动监控设施现场监督检查技术指南》（环办〔2012〕57 号）

7.1　数据异常

7.1.1　长期无正当理由无自动监控数据。

7.1.2　自动监控数据长期在仪器分析方法检出限上下波动。

7.1.3　自动监控数据变化幅度长期在某一固定值上下小幅波动。

7.1.4　自动监控数据变化幅度长期在量程 2%以内波动。

7.1.5　监督性监测数值与同时段自动监控数值的误差超过 HJ/T 354 及 HJ/T 75 规定的比对监测指标范围。

7.1.6　分析仪器、数采仪、监控中心之间数据异常。

7.1.6.1　分析仪器数据与数采仪数据偏差大于 1%。

7.1.6.2　数采仪数据与监控中心数据偏差大于 1%。

7.1.7　企业生产工况、污染治理设施运行与自动监控数据的相关性异常。企业生产工况或污染治理设施发生变化，自动监控设施数据未及时响应或变化趋势不符合逻辑。

7.1.8　其他不符合逻辑的数据变化情形。

7.2 仪器参数设置异常

7.2.1 仪器量程设置过大。

7.2.2 实际监测条件发生变化，仪器参数未相应调整或变化调整未进行登记备案。

7.2.3 自动监控数据换算公式与有关国家技术规定不一致。

7.2.4 标准曲线发生改变未进行登记备案。

17. ABD

解 析 《固定污染源烟气（SO_2、NO_x、颗粒物）排放连续监测技术规范》（HJ 75—2017）

9.4.5 联网验收技术指标要求通信稳定性

1. 现场机在线率为95%以上；

2. 正常情况下，掉线后，应在5min之内重新上线；

3. 单台数据采集传输仪每日掉线次数在3次以内；

4. 报文传输稳定性在99%以上，当出现报文错误或丢失时，启动纠错逻辑，要求数据采集传输仪重新发送报文。

18. ABD

解 析 《排污单位自行监测技术指南 总则》（HJ 819—2017）

5.4.1.2 噪声布点应遵循以下原则：

a）根据厂内主要噪声源距厂界位置布点；

b）根据厂界周围敏感目标布点；

c）“厂中厂”是否需要监测根据内部和外围排污单位协商确定；

d）面临海洋、大江、大河的厂界原则上不布点；

e）厂界紧邻交通干线不布点；

f）厂界紧邻另一排污单位的，在临近另一排污单位侧是否布点由排污单位协商确定。

19．ABC

解　析　《水污染源在线监测系统（COD_{Cr}、NH_3-N 等）验收技术规范》（HJ 354—2019）

7.5　联网稳定性在连续一个月内，系统能稳定运行，不出现除通信稳定性、通信协议正确性、数据传输正确性以外的其他联网问题。

20．ABCD

解　析　《中华人民共和国环境保护税法实施条例》（中华人民共和国国务院令第 693 号）

第七条　应税大气污染物、水污染物的计税依据，按照污染物排放量折合的污染当量数确定。

纳税人有下列情形之一的，以其当期应税大气污染物、水污染物的产生量作为污染物的排放量：

（一）未依法安装使用污染物自动监测设备或者未将污染物自动监测设备与环境保护主管部门的监控设备联网；

（二）损毁或者擅自移动、改变污染物自动监测设备；

（三）篡改、伪造污染物监测数据；

（四）通过暗管、渗井、渗坑、灌注或者稀释排放以及不正常运行防治污染设施等方式违法排放应税污染物；

（五）进行虚假纳税申报。

21．ABCD

解　析　《中华人民共和国环境保护税法》（中华人民共和国主席令第六十一号）

第三条　本法所称应税污染物，是指本法所附《环境保护税税目税额表》、《应税污染物和当量值表》规定的大气污染物、水污染物、固体废物和噪声。

22．BD

解 析 《中华人民共和国环境保护税法》（中华人民共和国主席令第六十一号）

第十九条 纳税人按季申报缴纳的，应当自季度终了之日起十五日内，向税务机关办理纳税申报并缴纳税款。纳税人按次申报缴纳的，应当自纳税义务发生之日起十五日内，向税务机关办理纳税申报并缴纳税款。

23．ABCD

解 析 《突发环境事件应急管理办法》（环境保护部令第34号）

第三十四条：企业事业单位应当按照有关规定，采取便于公众知晓和查询的方式公开本单位环境风险防范工作开展情况、突发环境事件应急预案及演练情况、突发环境事件发生及处置情况，以及落实整改要求情况等环境信息。

24．ABCD

解 析 《排污单位自行监测技术指南 总则》（HJ 819—2017）

排污单位应查清所有污染源，确定主要污染源及主要监测指标，制定监测方案。监测方案内容包括：单位基本情况、监测点位及示意图、监测指标、执行标准及其限值、监测频次、采样和样品保存方法、监测分析方法和仪器、质量保证与质量控制等。

25．ABCD

解 析 《排污单位自行监测技术指南 火力发电及锅炉》（HJ 820—2017）

涉及单台14MW或20t/h及以上锅炉或燃气轮机的排污单位企业废水总排放口每季度必监测项目：pH值、化学需氧量、氨氮、悬浮物、总磷、石油类、硫化物、溶解性总固体（全盐类）、流量。

第三节 填 空 题

1．混用

解 析 《地表水环境质量监测技术规范》（HJ 91.2—2022）

7.2.1.2 水环境质量监测采样器具和污染源监测采样器具应分架存放，不得混用。

2．联网验收

解 析 《固定污染源烟气（SO_2、NO_x、颗粒物）排放连续监测技术规范》（HJ 75—2017）

CEMS 在完成安装、调试检测并和主管部门联网后，应进行技术验收，包括 CEMS 技术指标验收和联网验收。

过量空气系数、皮托管系数 K 值、烟道截面积、速度场系数应与登记备案一致。

3．5

解 析 《排污许可管理条例》（国务院令第 736 号）

第二十一条 排污单位应当建立环境管理台账记录制度，按照排污许可证规定的格式、内容和频次，如实记录主要生产设施、污染防治设施运行情况以及污染物排放浓度、排放量。环境管理台账记录保存期限不得少于 5 年。

4．进出口

解 析 《排污单位自行监测技术指南 总则》（HJ 819—2017）

5.2.1.2 监测点位

b）内部监测点位设置：当污染物排放标准中有污染物处理

效果要求时，应在进入相应污染物处理设施单元的进出口设置监测点位。当环境管理文件有要求，或排污单位认为有必要的，可设置开展相应监测内容的内部监测点位。

5. 三

解析 《企业事业单位突发环境事件应急预案备案管理办法（试行）》（环发〔2015〕4号）

第十二条 企业结合环境应急预案实施情况，至少每三年对环境应急预案进行一次回顾性评估。

6. 具体去向

解析 《排污单位自行监测技术指南 总则》（HJ 819—2017）

7.1.4 固体废物（危险废物）产生与处理状况

记录监测期间各类固体废物和危险废物的产生量、综合利用量、处置量、贮存量、倾倒丢弃量，危险废物还应详细记录其具体去向。

7. 五

解析 《污染源自动监控设施现场监督检查办法》（环境保护部令第19号）

第七条 污染源自动监控设施建成后，组织建设的单位应当及时组织验收。经验收合格后，污染源自动监控设施方可投入使用。排污单位或者其他污染源自动监控设施所有权单位，应当在污染源自动监控设施验收后五个工作日内，将污染源自动监控设施有关情况交有管辖权的监督检查机构登记备案。污染源自动监控设施的主要设备或者核心部件更换、采样位置或者主要设备安装位置等发生重大变化的，应当重新组织验收。排污单位或者其他污染源自动监控设施所有权单位应当在重新验收合格后五个工作日内，向有管辖权的监督检查机构变更登记备案。

8. 120

解　析　《固定污染源烟气（SO_2、NO_x、颗粒物）排放连续监测技术规范》（HJ 75—2017）

7.2.7　从探头到分析仪的整条采样管线的铺设应采用桥架或穿管等方式，保证整条管线具有良好的支撑。管线倾斜度≥5°，防止管线内积水，在每隔4～5m处装线卡箍。当使用伴热管线时应具备稳定、均匀加热和保温的功能；其设置加热温度≥120℃，且应高于烟气露点温度10℃以上，其实际温度值应能够在机柜或系统软件中显示查询。

9. 有效性

解　析　《关于深化环境监测改革提高环境监测数据质量的意见》

第十条　明确污染源自动监测要求：建立重点排污单位自行监测与环境质量监测原始数据全面直传上报制度。重点排污单位应当依法安装使用污染源自动监测设备，定期检定或校准，保证正常运行，并公开自动监测结果。取消环境保护部门负责的有效性审核。重点排污单位自行开展污染源自动监测的手工比对，及时处理异常情况，确保监测数据完整有效。自动监测数据可作为环境行政处罚等监管执法的依据。

10. 备案

解　析　《关于加快重点行业重点地区的重点排污单位自动监控工作的通知》（环办环监〔2017〕61号）

第三条　督促企业落实主体责任：重点排污单位自动监测设备安装联网或者改造工作完成后，应由购置建设的主要出资方按照有关技术标准规范组织验收，验收有关资料交有管辖权的环保部门备案。

11．总排气管

解 析 《固定污染源烟气（SO_2、NO_x、颗粒物）排放连续监测技术规范》（HJ 75—2017）

7.1.2.5 若一个固定污染源排气先通过多个烟道或管道后进入该固定污染源的总排气管时，应尽可能将CEMS安装在总排气管上，但要便于用参比方法校验CEMS；不得只在其中的一个烟道或管道上安装CEMS，并将测定值作为该源的排放结果；但允许在每个烟道或管道上安装CEMS。

12．最高一处

解 析 《中华人民共和国环境保护税法》（中华人民共和国主席令第六十一号）

附表1 一个单位边界上有多处噪声超标，应根据最高一处超标声级计算应纳税额。当沿边界长度超过100米有两处以上噪声超标，按照两个单位计算应纳税额。

13．减半

解 析 《中华人民共和国环境保护税法》（中华人民共和国主席令第六十一号）

附表1 声源一个月内超标不足15天的，减半计算应纳税额。

14．两

解 析 《国家重点监控企业自行监测及信息公开办法（试行）》（环发〔2013〕81号）

第十条 以自动监测方式开展自行监测的，应当具备以下条件：

（二）具有两名以上持有省级环境保护主管部门颁发的污染源自动监测数据有效性审核培训证书的人员，对自动监测设备进行日常运行维护。

15．固体废物

解　析　《中华人民共和国环境保护税法》（中华人民共和国主席令第十六号）

第三条　本法所称应税污染物，是指本法所附《环境保护税税目税额表》，《应税污染物和当量值表》规定的大气污染物、水污染物、固体废物和噪声。

第四节　判　断　题

1．错误

解　析　《排污许可证申请与核发技术规范　码头》（HJ 1107—2020）

7.5　监测频次

表 6 规定，码头排污单位厂界颗粒物的监测频次为半年。

2．错误

解　析　《排污单位自行监测技术指南　火力发电及锅炉》（HJ 820—217）

5.1.2　无组织废气排放监测点位、指标和频次

表 2 规定以油为燃料的锅炉非甲烷总烃的监测点位为储油罐周边及厂界。

3．正确

解　析　《固定污染源烟气（SO_2、NO_x、颗粒物）排放连续监测技术规范》（HJ 75—2017）

9.3.2　颗粒物 CEMS 技术指标验收

9.3.2.1　颗粒物 CEMS 技术指标验收包括颗粒物的零点漂移、量程漂移和准确度验收。

4．正确

解　析　《排污单位自行监测技术指南　总则》（HJ 819—

2017）

排污单位应查清所有污染源，确定主要污染源及主要监测指标，制定监测方案。监测方案内容包括：单位基本情况、监测点位及示意图、监测指标、执行标准及其限值、监测频次、采样和样品保存方法、监测分析方法和仪器、质量保证与质量控制等。

5．正确

解 析 《排污单位自行监测技术指南 火力发电及锅炉》（HJ 820—2017）

厂界环境噪声监测（表 4）要求燃气机组厂界噪声布点应关注的噪声排放源：燃气轮机（内燃机）、冷却塔、压气机等。

6．错误

解 析 《排污单位自行监测技术指南 火力发电及锅炉》（HJ 820—2017）

第 5 章 监测方案制定

表 1 有组织废气监测指标最低监测频次：14WM 及以上燃煤锅炉林格曼黑度最低监测频次为“季度”。

7．正确

解 析 《地表水环境质量监测技术规范》（HJ 91.2—2022）

4.2.2 地表水环境质量例行监测可按月开展。

8．正确

解 析 《火电行业排污许可证申请与核发技术规范》（环水体〔2016〕189 号）

第四章第 6 部分数据记录要求：对于无自动监测的大气污染物和水污染物指标，企业应当定期记录开展手工监测的日期、时间、污染物排放口和监测点位、监测方法、监测频次、监测仪器及型号、采样方法等，并建立手工监测台账记录（手工监测报表）。

9．正确

解　析　《排污单位自行监测技术指南　火力发电及锅炉》（HJ 820—2017）

第5.5节　其他要求：排污许可证、所执行的污染物排放（控制）标准、环境影响评价文件及其批复、相关管理规定明确要求的污染物指标，也应纳入监测指标范围，监测频次依照HJ 819确定。

10．正确

解　析　《企业环境信息依法披露管理办法》（生态环境部令第24号）

第十二条　企业年度环境信息依法披露报告应当包括以下内容：（一）企业基本信息，包括企业生产和生态环境保护等方面的基础信息；（二）企业环境管理信息，包括生态环境行政许可、环境保护税、环境污染责任保险、环保信用评价等方面的信息；（三）污染物产生、治理与排放信息，包括污染防治设施，污染物排放，有毒有害物质排放，工业固体废物和危险废物产生、贮存、流向、利用、处置，自行监测等方面的信息；（四）碳排放信息，包括排放量、排放设施等方面的信息；（五）生态环境应急信息，包括突发环境事件应急预案、重污染天气应急响应等方面的信息；（六）生态环境违法信息；（七）本年度临时环境信息依法披露情况；（八）法律法规规定的其他环境信息。

11．正确

解　析　《国家重点监控企业自行监测及信息公开办法（试行）》（环发〔2013〕81号）

第十八条　企业应将自行监测工作开展情况及监测结果向社会公众公开，公开内容应包括：（一）基础信息：企业名称、法人代表、所属行业、地理位置、生产周期、联系方式、委托监测机构名称等；（二）自行监测方案；（三）自行监测结果：全部监测点位、监测时间、污染物种类及浓度、标准限值、达标情况、超标倍数、污染物排放方式及排放去向；（四）未开展自行监测的原因；（五）污染源监测年度报告。

12．正确

解　析　《固定污染源烟气（SO_2、NO_x、颗粒物）排放连续监测技术规范》（HJ 75—2017）

10.1　总体要求：CEMS 运维单位应根据 CEMS 使用说明书和本标准的要求编制仪器运行管理规程，确定系统运行操作人员和管理维护人员的工作职责。

13．错误

解　析　《固定污染源烟气（SO_2、NO_x、颗粒物）排放连续监测技术规范》（HJ 75—2017）

固定污染源烟气排放连续监测系统的组成和功能要求：CEMS 由颗粒物监测单元和（或）气态污染物监测单元、烟气参数监测单元、数据采集与处理单元组成。CEMS 应当实现测量烟气中颗粒物浓度、气态污染物 SO_2 和（或）NO_x 浓度，烟气参数（温度、压力、流速或流量、湿度、含氧量等），同时计算烟气中污染物排放速率和排放量，显示（可支持打印）和记录各种数据和参数，形成相关图表，并通过数据、图文等方式传输至管理部门等功能。对于氮氧化物监测单元，NO_2 可以直接测量，也可通过转化炉转化为 NO 后一并测量，但不允许只监测烟气中的 NO。NO_2 转换为 NO 的效率应满足 HJ 76 的要求。

14．正确

解　析　《污染源自动监控设施运行管理办法》（部令第 19 号）

第十三条　污染源自动监控设施运行单位应按照国家或地方相关法律法规和标准要求，建立健全管理制度。常年备有日常运行、维护所需的各种耗材、备用整机或关键部件。

15. 错误

解 析 《关于深化环境监测改革提高环境监测数据质量的意见》

第十条 明确污染源自动监测要求：建立重点排污单位自行监测与环境质量监测原始数据全面直传上报制度。重点排污单位应当依法安装使用污染源自动监测设备，定期检定或校准，保证正常运行，并公开自动监测结果。取消环境保护部门负责的有效性审核。重点排污单位自行开展污染源自动监测的手工比对，及时处理异常情况，确保监测数据完整有效。自动监测数据可作为环境行政处罚等监管执法的依据。

16. 正确

解 析 《固定污染源烟气（SO_2、NO_x、颗粒物）排放连续监测技术规范》（HJ 75—2017）

CEMS 在完成安装、调试检测并和主管部门联网后，应进行技术验收，包括 CEMS 技术指标验收和联网验收。

过量空气系数、皮托管系数 K 值、烟道截面积、速度场系数应与登记备案一致。

17. 错误

解 析 《污染物在线监控（监测）系统数据传输标准》（HJ 212—2017）

第七条 在线监控（监测）仪器仪表与数采仪的通信方式，在线监控（监测）仪器仪表与数采仪之间采用 RS-485 串行通信标准实现数据通信。

18. 错误

解 析 《排污单位环境管理台账及排污许可证执行报告技术规范 总则（试行）》（HJ 944—2018）

第四章　环境管理台账记录要求

排污许可管理台账应当包括基本信息、生产设施运行管理信息、污染防治设施运行管理信息、监测记录信息，生产设施运行管理信息包括：正常工况（运行状态、生产负荷、主要产品产量、原辅料、燃料、其他）、非正常工况（起止时间、产品产量、原辅材料及燃料消耗量、事件原因、应对措施、是否报告）；污染治理设施运行管理信息：正常情况（运行情况、主要药剂添加情况、DCS 系统曲线图）、异常情况（起止时间、污染物排放浓度、异常原因、应对措施、是否报告）。

19．正确

解　析　《排污单位环境管理台账及排污许可证执行报告技术规范　总则（试行）》（HJ 944—2018）

4.4　记录频次

生产设施运行管理信息：正常工况（运行状态、生产负荷、主要产品产量：1 次/日或批次；原辅料、燃料．按采购批次），非正常工况（1 次/工况期）。污染治理设施运行管理信息：正常情况（运行情况、主要药剂添加情况：1 次/日，DCS 曲线图：1 次/月），异常情况：按照异常情况期记录，1 次/异常情况期。

20．正确

解　析　《排污单位环境管理台账及排污许可证执行报告技术规范　总则（试行）》（HJ 944—2018）

4.2　记录形式

分为电子台账和纸质台账两种形式。

21．正确

解　析　《排污许可管理条例》（国务院令第 736 号）

第二十一条　排污单位应当建立环境管理台账记录制度，按照排污许可证规定的格式、内容和频次，如实记录主要生产设施、污染防治设施运行情况以及污染物排放浓度、排放量。环境管理台账记录保存期限不得少于 5 年。

22．正确

解 析 《排污许可管理条例》(国务院令第 736 号)

第二十一条 排污单位应当建立环境管理台账记录制度，按照排污许可证规定的格式、内容和频次，如实记录主要生产设施、污染防治设施运行情况以及污染物排放浓度、排放量。环境管理台账记录保存期限不得少于 5 年。

23．正确

解 析 《排污许可管理条例》(国务院令第 736 号)

排污单位发现污染物排放超过污染物排放标准等异常情况时，应当立即采取措施消除、减轻危害后果，如实进行环境管理台账记录，并报告生态环境主管部门，说明原因。超过污染物排放标准等异常情况下的污染物排放计入排污单位的污染物排放量。

24．正确

解 析 《排污许可管理办法（试行）》(环境保护部令第 48 号)

第三十七条 排污单位应当按照排污许可证规定的关于执行报告内容和频次的要求，编制排污许可证执行报告。排污许可证执行报告包括年度执行报告、季度执行报告和月执行报告。排污单位应当每年在全国排污许可证管理信息平台上填报、提交排污许可证年度执行报告并公开，同时向核发环保部门提交通过全国排污许可证管理信息平台印制的书面执行报告。书面执行报告应当由法定代表人或者主要负责人签字或者盖章。

25．错误

解 析 《中华人民共和国环境保护税法》(中华人民共和国

主席令第六十一号）

第十三条　纳税人排放应税大气污染物或者水污染物的浓度值低于国家和地方规定的污染物排放标准百分之三十的，减按百分之七十五征收环境保护税。纳税人排放应税大气污染物或者水污染物的浓度值低于国家和地方规定的污染物排放标准百分之五十的，减按百分之五十征收环境保护税。

《中华人民共和国环境保护税实施条例》（国务院令第 693 号）

第十条　依照环境保护税法第十三条的规定减征环境保护税的，应税大气污染物的小时平均值或者应税水污染物浓度值的日平均值，以及监测机构当月每次监测的应税大气污染物、水污染物的浓度值，均不得超过国家和地方规定的污染物排放标准。

26．正确

解　析　《突发环境事件应急管理办法》（环境保护部令第 34 号）

第十三条　企业事业单位应当按照国务院环境保护主管部门的规定，在开展突发环境事件风险评估和应急资源调查的基础上制定突发环境事件应急预案，并按照分类分级管理的原则，报县级以上环境保护主管部门备案。

27．正确

解　析　《企业事业单位突发环境事件应急预案备案管理办法（试行）》（环发〔2015〕4 号）

第五条　环境应急预案备案管理，应当遵循规范准备、属地为主、统一备案、分级管理的原则。

第十二条　企业结合环境应急预案实施情况，至少每三年对环境应急预案进行一次回顾性评估。

28．正确

解　析　《突发环境事件应急管理办法》（环境保护部令第

34 号）

第十五条　突发环境事件应急预案制定单位应当定期开展应急演练，撰写演练评估报告，分析存在问题，并根据演练情况及时修改完善应急预案。

29．正确

解　析　《企业事业单位突发环境事件应急预案备案管理办法（试行）》（环发〔2015〕4 号）

第十一条　企业根据有关要求，结合实际情况，开展环境应急预案的培训、宣传和必要的应急演练。

30．正确

解　析　《企业事业单位突发环境事件应急预案备案管理办法（试行）》（环发〔2015〕4 号）

第十九条　企业事业单位应当将突发环境事件应急培训纳入单位工作计划，对从业人员定期进行突发环境事件应急知识和技能培训，并建立培训档案，如实记录培训的时间、内容、参加人员等信息。

31．正确

解　析　《排污单位自行监测技术指南　总则》（HJ 819—2017）

5.4.1.2　噪声布点应遵循以下原则：

a）根据厂内主要噪声源距厂界位置布点；

b）根据厂界周围敏感目标布点；

c）“厂中厂”是否需要监测根据内部和外围排污单位协商确定；

d）面临海洋、大江、大河的厂界原则上不布点；

e）厂界紧邻交通干线不布点；

f）厂界紧邻另一排污单位的，在临近另一排污单位侧是否布点由排污单位协商确定。

32．错误

解 析 《排污单位自行监测技术指南 总则》（HJ 819—2017）

4.2 设置和维护监测设施

废水排放量大于 100 吨/天的，应安装自动测流设施并开展流量自动监测。

33．正确

解 析 《排污单位自行监测技术指南 火力发电及锅炉》（HJ 820—217）

5.1.1.2 注 1：煤种改变时，需对汞及其化合物增加监测频次。

34．正确

解 析 《排污单位自行监测技术指南 火力发电及锅炉》（HJ 820—217）

5.1.2 无组织废气排放监测点位、指标和频次对于使用液氨或氨水作为还原剂的企业，应该在氨罐区周边以季度为频次监测氨。

35．正确

解 析 《排污单位自行监测技术指南 火力发电及锅炉》（HJ 820—217）

5.2 废水排放监测

废水排放监测的监测点位、监测指标、监测频次表三规定，生活污水不排入总排口，该企业废水监测时可不测总磷。

36．错误

解 析 《排污单位自行监测技术指南 火力发电及锅炉》（HJ 820—217）

5.3 厂界环境噪声监测

厂界环境噪声每季度至少开展一次昼夜监测，监测指标为等效 A 声级。周边有敏感点的，应提高监测频次。

37. 错误

解 析 《水污染源在线监测系统（CODCr、NH3-N 等）安装技术规范》（HJ 354—2019）

5.4 水质自动采样单元

5.4.5 水质自动采样单元应设置混合水样的人工比对采样口。

38. 错误

解 析 《固定污染源烟气（SO_2、NO_x、颗粒物）排放连续监测技术规范》（HJ 75—2017）

6.2 监测站房的基础荷载强度应≥2000kg/m^2。若站房内仅放置单台机柜，面积应≥2.5×2.5m^2，监测站房的基础荷载强度应≥2000kg/m^2。若站房内仅放置单台机柜，面积应≥2.5×2.5m^2。若同一站房放置多套分析仪表的，每增加一台机柜，站房面积应至少增加 3m^2，便于开展运维操作。站房空间高度应≥2.8m，站房建在标高≥0m 处。若同一站房放置多套分析仪表的，每增加一台机柜，站房面积应至少增加 3m^2，便于开展运维操作。站房空间高度应≥2.8m，站房建在标高≥0m 处。

39. 错误

解 析 《国家重点监控企业自行监测及信息公开办法（试行）》（环发〔2013〕81 号）

第八条 企业自行监测应当遵守国家环境监测技术规范和方法。国家环境监测技术规范和方法中未作规定的，可以采用国际标准和国外先进标准。自行监测活动可以采用手工监测、自动监测或者手工监测与自动监测相结合的技术手段。环境保护主管部门对监测指标有自动监测要求的，企业应当安装相应的自动监测设备。

40．正确

解 析 《水污染源在线监测系统（CODCr、NH3-N 等）安装技术规范》（HJ 354—2019）

5.3.3 应安装空调和冬季采暖设备，空调具有来电自启动功能，具备温湿度计，保证室内清洁，环境温度、相对湿度和大气压等应符合 GB/T 17214 的要求。

41．正确

解 析 《固定污染源烟气（SO_2、NO_x、颗粒物）排放连续监测技术规范》（HJ 75—2017）

7.1.1.4 安装位置应尽量避开烟气中水滴和水雾的干扰，如不能避开，应选用能够适用的检测探头及仪器。

42．错误

解 析 《固定污染源烟气（SO_2、NO_x、颗粒物）排放连续监测技术规范》（HJ 75—2017）

7.1.1.7 应合理布置采样平台与采样孔：

c）当 CEMS 安装在矩形烟道时，若烟道截面的高度＞4m，则不宜在烟道顶层开设参比方法采样孔；若烟道截面的宽度＞4m，则应在烟道两侧开设参比方法采样孔，并设置多层采样平台。

43．正确

解 析 《排污单位自行监测技术指南 火力发电及锅炉》（HJ 820—217）

5.1.1.1 监测点位净烟气与原烟气混合排放的，应在锅炉或燃气轮机（内燃机）排气筒，或烟气汇合后的混合烟道上设置监测点位；净烟气直接排放的，应在净烟气烟道上设置监测点位，有旁路的旁路烟道也应设置监测点位。

44．错误

解　析　《固定污染源烟气（SO_2、NO_x、颗粒物）排放连续监测系统技术要求及检测方法》（HJ 76—2017）

7.2.1.7　初检和复检期间如果因现场污染源排放故障或供电问题造成测试中断，在故障排除或供电恢复正常后，继续进行检测，已经完成的测试指标和数据有效。如果因 CEMS 故障造成测试中断，则检测结束。

45．错误

解　析　《固定污染源烟气（SO_2、NO_x、颗粒物）排放连续监测技术规范》（HJ 75—2017）

9.3.1.6　对于光学法颗粒物 CEMS，校准时须对实际测量光路进行全光路校准，确保发射光先经过出射镜片，再经过实际测量光路，到校准镜片后，再经过入射镜片到达接受单元，不得只对激光发射器和接收器进行校准。对于抽取式气态污染物 CEMS，当对全系统进行零点校准和量程校准、示值误差和系统响应时间的检测时，零气和标准气体应通过预设管线输送至采样探头处，经由样品传输管线回到站房，经过全套预处理设施后进入气体分析仪。

46．正确

解　析　《固定污染源烟气（SO_2、NO_x、颗粒物）排放连续监测技术规范》（HJ 75—2017）

11.2　定期校准

e）抽取式气态污染物 CEMS 每 3 个月至少进行一次全系统的校准，要求零气和标准气体从监测站房发出，经采样探头末端与样品气体通过的路径（应包括采样管路、过滤器、洗涤器、调节器、分析仪表等）一致，进行零点和量程漂移、示值误差和系统响应时间的检测。

47. 正确

解 析 《锅炉大气污染物排放标准》（GB 13271—2014）

4.6 不同时段建设的锅炉，若采用混合方式排放烟气，且选择的监控位置只能监测混合烟气中的大气污染物浓度，应执行各个时段限值中最严格的排放限值。

48. 错误

解 析 《大气污染物综合排放标准》（GB 16297—1996）

5 排放速率标准分级

本标准规定的最高允许排放速率，现有污染源分一、二、三级，新污染源分为二、三级。按污染源所在的环境空气质量功能区类别，执行相应级别的排放速率标准，即：

位于一类区的污染源执行一级标准（一类区禁止新、扩建污染源，一类区现有污染源改建执行现有污染源的一级标准）；

位于二类区的污染源执行二级标准；

位于三类区的污染源执行三级标准。

49. 正确

解 析 《大气污染物综合排放标准》（GB 16297—1996）

8.2.3 特殊情况下的采样时间和频次：

若某排气筒的排放为间断性排放，排放时间小于 1h，应在排放时段内实行连续采样，或在排放时段内以等时间间隔采集 2 个～4 个样品，并计平均值。

50. 正确

解 析 《水污染源在线监测系统（COD_{Cr}、NH_3-N 等）安装技术规》（HJ 353—2019）

6.3.4 电磁流量计在垂直管道上安装时，被测流体的流向应自下而上，在水平管道上安装时，两个测量电极不应在管道的正上方和正下方位置。流量计上游直管段长度和安装支撑方式应符合设计文件要求。管道设计应保证流量计测量部分管道水流时刻满管。

51．错误

解 析 《水污染源在线监测系统（COD_{Cr}、NH_3-N 等）安装技术规》（HJ 353—2019）

6.3.4 电磁流量计在垂直管道上安装时，被测流体的流向应自下而上，在水平管道上安装时，两个测量电极不应在管道的正上方和正下方位置。流量计上游直管段长度和安装支撑方式应符合设计文件要求。管道设计应保证流量计测量部分管道水流时刻满管。

52．正确

解 析 《水污染源在线监测系统（COD_{Cr}、NH_3-N 等）验收技术规范》（HJ 354—2019）

5.3.3 新建监测站房面积应不小于 15m^2，站房高度不低于 2.8m，各仪器设备安放合理，可方便进行维护维修。

53．错误

解 析 《水污染源在线监测系统（COD_{Cr}、NH_3-N 等）验收技术规范》（HJ 354—2019）

7.1 通信稳定性

数据控制单元和监控中心平台之间通信稳定，不应出现经常性的通信连接中断、数据丢失、数据不完整等通信问题。数据控制单元在线率为 90%以上，正常情况下，掉线后应在 5min 之内重新上线。数据采集传输仪每日掉线次数在 5 次以内。数据传输稳定性在 99%以上，当出现数据错误或丢失时，启动纠错逻辑，要求数据采集传输仪重新发送数据。

54．正确

解 析 《中华人民共和国环境保护税实施条例》（国务院令

第 693 号）

第八条 从两个以上排放口排放应税污染物的，对每一排放口排放的应税污染物分别计算征收环境保护税；纳税人持有排污许可证的，其污染物排放口按照排污许可证载明的污染物排放口确定。

55．错误

解 析 《中华人民共和国环境保护税法》（中华人民共和国主席令第六十一号）

第十条 应税大气污染物、水污染物、固体废物的排放量和噪声的分贝数，按照下列方法和顺序计算：

（一）纳税人安装使用符合国家规定和监测规范的污染物自动监测设备的，按照污染物自动监测数据计算；

（二）纳税人未安装使用污染物自动监测设备的，按照监测机构出具的符合国家有关规定和监测规范的监测数据计算。

56．正确

解 析 《污染源自动监控设施现场监督检查办法》（部令第 19 号）

第七条 污染源自动监控设施的主要设备或者核心部件更换、采样位置或者主要设备安装位置等发生重大变化的，应当重新组织验收。

57．正确

解 析 《污染源自动监控设施现场监督检查办法》（部令第 19 号）

第七条 污染源自动监控设施的主要设备或者核心部件更换、采样位置或者主要设备安装位置等发生重大变化的，应当重新组织验收。

58．正确

解 析 《中华人民共和国环境保护税法》（中华人民共和国

主席令第六十一号）

第十九条　纳税人按季申报缴纳的，应当自季度终了之日起十五日内，向税务机关办理纳税申报并缴纳税款。纳税人按次申报缴纳的，应当自纳税义务发生之日起十五日内，向税务机关办理纳税申报并缴纳税款。纳税人应当依法如实办理纳税申报，对申报的真实性和完整性承担责任。

59．错误

解　析　《锅炉大气污染物排放标准》（GB 13271—2014）

4.5　每个新建燃煤锅炉房只能设一根烟囱，烟囱高度应根据锅炉房装机总容量，按表 4 规定执行，燃油、燃气锅炉烟囱不低于 8m，锅炉烟囱的具体高度按批复的环境影响评价文件确定。新建锅炉房的烟囱周围半径 200m 距离内有建筑物时，其烟囱应高出最高建筑物 3m 以上。

第五节　问　答　题

1．答：

（一）计算各污染物的污染当量数：

二氧化硫：100÷0.95＝105.2 6kg

氮氧化物：200÷0.95＝210.52 kg

烟尘：10÷2.18＝4.58 kg

一氧化碳：50÷16.7＝2.99 kg

汞及其化合物：0.0002÷0.0001＝2 kg

（二）按污染当量数排序：

氮氧化物（210.52）＞二氧化硫（105.26）＞烟尘（4.58）＞一氧化碳（2.99）＞汞及其化合物（2）

（三）计算应纳税额：

氮氧化物：210.52×7×0.5＝736.82 元

二氧化硫：105.26×6＝631.56 元

烟尘：4.58×2＝9.16 元

大气污染物应纳税额：736.82＋631.56＋9.16＝1377.54 元

解 析 《中华人民共和国环境保护税法》（中华人民共和国主席令第六十一号）

第八条 应税大气污染物、水污染物的污染当量数，以该污染物的排放量除以该污染物的污染当量值计算。每种应税大气污染物、水污染物的具体污染当量值，依照本法所附《应税污染物和当量值表》执行。

第九条 每一排放口或者没有排放口的应税大气污染物，按照污染当量数从大到小排序，对前三项污染物征收环境保护税。

第十一条 环境保护税应纳税额按照下列方法计算：

（一）应税大气污染物的应纳税额为污染当量数乘以具体适用税额；

《中华人民共和国环境保护税法实施条例》（中华人民共和国国务院令第 693 号）

第十三条 纳税人排放应税大气污染物或者水污染物的浓度值低于国家和地方规定的污染物排放标准百分之三十的，减按百分之七十五征收环境保护税。纳税人排放应税大气污染物或者水污染物的浓度值低于国家和地方规定的污染物排放标准百分之五十的，减按百分之五十征收环境保护税。

第十条 依照环境保护税法第十三条的规定减征环境保护税的，应税大气污染物的小时平均值或者应税水污染物浓度值的日平均值，以及监测机构当月每次监测的应税大气污染物、水污染物的浓度值，均不得超过国家和地方规定的污染物排放标准。

2. 答：①企业基本信息，包括企业生产和生态环境保护等方面的基础信息；②企业环境管理信息，包括生态环境行政许可、环境保护税、环境污染责任保险、环保信用评价等方面的信息；③污染物产生、治理与排放信息，包括污染防治设施，污染物排放，有毒有害物质排放，工业固体废物和危险废物产生、贮存、流向、利用、处置，自行监测等方面的信息；④碳排放信息，包括排放量、排放设施等方面的信息；⑤生态环境应急信息，包括突发环境事件应急预案、重污染天气应急响应等方面的信息；⑥生态环境违法信息；⑦本年度临时环境信息依法披露情况。

解　析　依据《企业环境信息依法披露管理办法》（生态环境部令第24号）

第十二条　企业年度环境信息依法披露报告应当包括以下内容：

（一）企业基本信息，包括企业生产和生态环境保护等方面的基础信息；

（二）企业环境管理信息，包括生态环境行政许可、环境保护税、环境污染责任保险、环保信用评价等方面的信息；

（三）污染物产生、治理与排放信息，包括污染防治设施，污染物排放，有毒有害物质排放，工业固体废物和危险废物产生、贮存、流向、利用、处置，自行监测等方面的信息；

（四）碳排放信息，包括排放量、排放设施等方面的信息；

（五）生态环境应急信息，包括突发环境事件应急预案、重污染天气应急响应等方面的信息；

（六）生态环境违法信息；

（七）本年度临时环境信息依法披露情况；

（八）法律法规规定的其他环境信息。

3. 答：①开展风险评估；②完善风险防控措施；③排查安全隐患；④制定应急预案并备案、演练；⑤加强环境应急能力保障建设；⑥发生突发环境事件时依法处置，并对损害承担责任。

解 析 依据《突发环境事件应急管理办法》（环境保护部令第 34 号）

第六条 企业事业单位应当按照相关法律法规和标准规范的要求，履行下列义务：

（一）开展突发环境事件风险评估。

（二）完善突发环境事件风险防控措施。

（三）排查治理环境安全隐患。

（四）制定突发环境事件应急预案并备案、演练。

（五）加强环境应急能力保障建设。

发生或者可能发生突发环境事件时，企业事业单位应当依法进行处理，并对所造成的损害承担责任。

4．答：①建设对环境有影响的项目时进行环境影响评价；②被检查时，应该如实反映情况，提供必要资料；③建设的防治污染设施应与主体工程同时设计、同时施工、同时投产使用；④防治生产建设活动中产生的废气、废水等对环境的污染和危害；⑤建立环境保护责任制度；⑥重点排污单位按照相关要求安装监测设备，并保证其正常运行，保存原始检测记录；⑦依法缴纳环境税；实行排污许可管理的按规定申领排污许可证，并按证排污；⑧向社会公开污染物排放、防治设施等相关信息，接受社会的监督；⑨做好突发环境事件的风险控制、应急准备、应急处置和事后恢复等工作。

解 析 《中华人民共和国环境保护法》（中华人民共和国主席令第九号）

第十九条 生产建设企业建设对环境有影响的项目时，应当依法进行环境影响评价。

第二十四条 被检查时，应该如实反映情况，提供必要资料。

第四十一条 建设项目中防治污染的设施，应当与主体工程同时设计、同时施工、同时投产使用。防治污染的设施应当符合经批准的环境影响评价文件的要求，不得擅自拆除或者闲置。

第四十二条　防治在生产建设或者其他活动中产生的废气、废水、废渣等对环境的污染和危害。应当建立环境保护责任制度，明确单位负责人和相关人员的责任。重点排污单位应当按照国家有关规定和监测规范安装使用监测设备，保证监测设备正常运行，保存原始监测记录。

第四十三条　排放污染物的企业事业单位和其他生产经营者，应当按照国家有关规定缴纳排污费。排污费应当全部专项用于环境污染防治，任何单位和个人不得截留、挤占或者挪作他用。依照法律规定征收环境保护税的，不再征收排污费。

第五十五条　重点排污单位应当如实向社会公开其主要污染物的名称、排放方式、排放浓度和总量、超标排放情况，以及防治污染设施的建设和运行情况，接受社会监督。

第四十七条　各级人民政府及其有关部门和企业事业单位，应当依照《中华人民共和国突发事件应对法》的规定，做好突发环境事件的风险控制、应急准备、应急处置和事后恢复等工作。

5. 答：①单位基本情况；②监测点位及示意图；③监测指标；④执行标准及其限值；⑤监测频次；⑥采样和样品保存方法；⑦监测分析方法和仪器；⑧质量保证与质量控制等。

解　析　《排污单位自行监测技术指南　总则》（HJ 819—2017）

4.1　排污单位应查清所有污染源，确定主要污染源及主要监测指标，制定监测方案。监测方案内容包括：单位基本情况、监测点位及示意图、监测指标、执行标准及其限值、监测频次、采样和样品保存方法、监测分析方法和仪器、质量保证与质量控制等。

模拟试题（一）

一、填空题（每个空 1 分）

1．依据《危险废物产生单位管理计划制定指南》，原则上管理计划按年度制定，并存档________年以上。

2．某企业危险废物贮存间设置了多个堆间用于存放不同的危险废物，每个堆间应留有________。

3．从事收集、贮存、利用、处置危险废物经营活动的单位，贮存危险废物不得超过________，确需延长期限的，应当报经颁发许可证的生态环境主管部门批准。

4．依据《中华人民共和国大气污染防治法》，向大气排放污染物的，应当符合大气污染物________，遵守重点大气污染物排放总量控制要求。

5．依据《中华人民共和国水法》，直接从江河取用水资源的单位，应当向水行政主管部门或者流域管理机构申请领取________，并缴纳水资源费，取得取水权。

6．《企业事业单位突发环境事件应急预案备案管理办法（试行）》规定，企业结合环境应急预案实施情况，至少每________年对环境应急预案进行一次回顾性评估。

7．生态环境分区管控“三线一单”是指生态保护红线、________、资源利用上线和生态环境准入清单。

8．依据《铁路边界噪声限值及其测量方法》，铁路边界噪声测点原则上选在距铁路外侧轨道中心线________m 处。

9．不同法人单位的排污单位，应当________申请和领取排污许可证。

10．工业噪声声源一个月内超标不足 15 天的，噪声污染环境保护税应纳税额应按________计算。

二、单选题（每道题 1 分）

1．依据《中华人民共和国固体废物污染环境防治法》，对危险废物的容器和包装物必须设置（　　）。

A．器皿标识　　B．消防标识

C．危险废物识别标志　　D．企业标识

2．某发电企业建设了一座石灰石贮存场所，无法实现封闭贮存，计划在四周建设围挡，正常使用过程中堆放高度设计为3m，围挡的高度应设计为（　　）m。

A．1　　B．1.5　　C．2　　D．4

3．一般情况，测量企业厂界噪声时，测点应选在企业厂界外（　　）m，高度（　　）m以上，距任一反射面距离不小于1m的位置。

A．1，1　　B．1，1.2　　C．1.2，1　　D．2，1

4．某企业计划新建一座贮灰场，该灰场类型属于Ⅱ类场，采用单人工复合衬层作为防渗衬层，其黏土衬层厚度设计应不小于（　　）mm。

A．200　　B．300　　C．500　　D．750

5．依据《排污单位自行监测技术指南　火力发电及锅炉》规定，非甲烷总烃的监测频次为（　　）。

A．季度　　B．年度　　C．月度　　D．半年

6．依据《固定污染源烟气（SO_2、NO_x、颗粒物）排放连续监测技术规范》，具有自动校准功能的颗粒物CEMS和气态污染物CEMS每（　　）h至少自动校准一次仪器零点和量程，同时测试并记录零点漂移和量程漂移。

A．12　　B．24　　C．36　　D．48

7．依据《排污许可管理条例》，排污单位建立的环境管理台账记录保存期限为（　　）年。

A．1　　B．2　　C．3　　D．至少5

8．建设项目的环境影响评价文件自批准之日起超过（　　）

年，方决定该项目开工建设的，其环境影响评价文件应当报原审批部门重新审核。

A. 10　　B. 7　　C. 5　　D. 3

9. 依据《建设项目环境影响评价分类管理名录（2021 年版）》，涉及环境敏感区的总装机容量 5 万 kW 及以上的陆上风力发电应当编制（　　）。

A. 环境影响报告书　　B. 环境影响报告表

C. 环境影响登记表　　D. 环境影响备案表

10. 新建、改建、扩建地下水取水工程，应当同时安装（　　）。

A. 计量设施　　B. 过滤设施

C. 污染防治设施　　D. 监测设施

三、多选题（每道题 2 分，多选或错选不得分，少选则选对一项得 0.5 分）

1. 下列属于噪声敏感区域的是（　　）。

A. 学校　　B. 机关　　C. 工厂　　D. 民宅

2. 下列属于施工工地扬尘治理六个百分百要求的是（　　）。

A. 工地周边 100%围挡　　B. 物料堆放 100%覆盖

C. 出入车辆 100%冲洗　　D. 土方开挖 100%湿法作业

3. 某企业新建一座贮灰场，下列（　　）应作为档案进行永久保存。

A. 环评及验收资料

B. 环境监测资料

C. 灰场设计图纸

D. 污染防治设施检查维护资料

4. 依据《危险废物转移管理办法》，下列属于移出人应当履行的义务的是（　　）。

A．对承运人或者接受人的主体资格和技术能力进行核实

B．制定危险废物管理计划

C．填写、运行危险废物转移联单

D．将运输的危险废物运抵接受人地址，交付给危险废物转移联单上指定的接受人

5．排污者有下列（　　）行为之一，拒不改正的可以实施按日连续处罚。

A．违法超标排放污染物　　B．通过暗管等偷排污染物

C．篡改、伪造监测数据　　D．违法倾倒危险废物

6．依据《中华人民共和国水法》，国家对水资源依法实行（　　）。

A．取水许可制度　　B．先取后批制度

C．有偿使用制度　　D．无偿使用制度

7．依据《取水许可和水资源费征收管理条例》，有下列情形（　　）之一的，审批机关不予批准取水许可。

A．在地下水禁采区取用地下水的

B．在取水许可总量已经达到取水许可控制总量的地区增加取水量的

C．取水、退水布局不合理的

D．属于备案项目，未报送备案的

8．依据《企业环境信息依法披露管理办法》，企业年度环境信息依法披露报告应当包括以下（　　）内容。

A．企业基本信息　　B．环境保护税

C．生态环境违法信息　　D．生态环境应急信息

9．依据《排污许可管理条例》，在排污许可证有效期内，排污单位有以下（　　）情形的，应当重新申请取得排污许可证。

A．排污单位适用的污染物排放标准发生变化

B．新建排放污染物的项目

C．污染物排放口位置发生变化

D．污染物排放口种类增加

10．环评领域典型弄虚作假情形主要包括（　　）。

A．环评文件抄袭　　B．关键内容遗漏

C．数据结论错误　　D．其他造假情形

四、判断题（每道题 1 分）

1．在噪声敏感建筑物集中区域，禁止新建排放噪声的工业企业，改建、扩建工业企业的，应当采取有效措施防止工业噪声污染。（　　）

2．第Ⅰ类一般工业固体废物是指按照规定方法获得的浸出液中任何一种特征污染物浓度均未超过《污水综合排放标准》最高允许排放浓度，且 pH 值在 6～9 范围之内的一般工业固体废物。（　　）

3．危险废物贮存设施在施工前应做环境影响评价。（　　）

4．承担危险废物运输的单位应获得交通运输部门颁发的危险货物运输资质。（　　）

5．排污单位只需满足大气污染物排放标准即可向大气排放污染物。（　　）

6．依据《排污口规范化整治技术要求》，一切排污单位的污染物排放口必须设置与之相适应的环境保护图形标志牌。（　　）

7．NO_2 在烟气中占比较小，氮氧化物监测单元可以只监测烟气中的 NO。（　　）

8．依据《排污许可管理办法（试行）》，排污单位编制的书面年度执行报告应当由法定代表人或者主要负责人签字或者盖章。（　　）

9．企业是制定环境应急预案的责任主体，对环境应急预案内容的真实性和可操作性负责。（　　）

10．建设项目的环境影响评价文件未依法经审批部门审查或者审查后未予批准的，建设单位不得开工建设。（　　）

五、问答题

1．《环境保护主管部门实施按日连续处罚办法》中规定的可以实施按日连续处罚的情形有哪些？（10分）

2．某企业属于大气环境重点排污单位，该企业年度环境信息依法披露报告应当包括哪些内容？（10分）

3．依据《突发环境事件应急管理办法》，企业在突发环境事件应急管理方面应履行哪些义务？（10分）

4．依据《排污许可管理条例》，企业排污许可证应当记载哪些信息？（20分）

模拟试题（二）

一、填空题（每个空 1 分）

1．依据《中华人民共和国环境保护税法》，应税固体废物的应纳税额为固体废物________乘以具体适用税额。

2．产生、收集、贮存固体废物的单位，应当依法及时________固体废物污染环境防治信息，主动接受社会监督。

3．脱硫吸收剂制备可采用磨制系统制浆或来粉制浆，其中磨制系统制浆分为干磨制浆和________。

4．依据《地表水质量环境监测技术规范》，当采用船只采样时，采样船只应位于采样点________。

5．重点排污单位自动监测设备安装联网或者改造工作完成后，验收有关资料交有管辖权的环保部门________。

6．竣工环保验收期限是指自建设项目环境保护设施竣工之日起至________之日止的时间。

7．一个单位边界生产经营场所内有多处噪声超标，应根据________超标声级计算噪声污染环境保护税应纳税额。

8．《中华人民共和国环境保护税法》规定的应税污染物主要包括大气污染物、水污染物、噪声和________。

9．某建设项目征占地面积 1.2 公顷，挖填土石方总量为 500m^3，该项目水土保持编制方案类型为________。

10．水土保持监测评价结论为________色的项目，纳入水行政主管部门重点监管对象。

二、单选题（每道题 1 分）

1．依据《中华人民共和国固体废物污染环境防治法》，产生工业固体废物的单位应当取得（　　）。

A．经营许可证　　B．收集许可证

C．贮存许可证　　D．排污许可证

2．危险废物贮存场应设置（　　）环境保护图形标志牌。

A．提示性　　B．警告性

C．危险性　　D．禁止性

3．依据《中华人民共和国大气污染防治法》规定，施工单位应当在施工工地设置（　　），并采取有效防尘降尘措施。

A．硬质围挡　　B．遮阳帘

C．低音喇叭　　D．警戒线

4．依据《排污许可证申请与核发技术规范　码头》，码头排污单位中干式除尘器对应排气口类型为（　　）。

A．主要排放口　　B．车间设施排放口

C．一般排放口　　D．重要排放口

5．某火电企业配套建设铁路专用线，铁路专用线于 2012 年 3 月 5 日取得环境影响评价文件的批复，其铁路边界噪声昼间、夜间执行的排放限值应为（　　）dB（A）。

A．70，70　　B．70，50

C．60，50　　D．70，60

6．某企业粉煤灰贮存场在运行期间，根据《一般工业固体废物贮存和填埋污染控制标准》要求，大气无组织气体排放监测频次应至少每（　　）1 次。

A．月　　B．季度　　C．半年　　D．年

7．依据《锅炉大气污染物排放标准》，新建锅炉房的烟囱周围半径 200m 距离内有建筑物时，其烟囱应高出最高建筑物（　　）m 以上。

A．2　　B．3　　C．4　　D．5

8．缴纳环境保护税时，按污染当量数大小排序，对第一类水污染物按照前（　　）项征收。

A．四　　B．五　　C．六　　D．七

9．依据《固定污染源烟气（SO_2、NO_x、颗粒物）排放连续

监测技术规范》，无自动校准功能的颗粒物 CEMS 每（　　）d 至少校准一次仪器的零点和量程，同时测试并记录零点漂移和量程漂移。

A．5　　B．10　　C．15　　D．20

10．建设单位未依法报批建设项目环境影响报告书、报告表，擅自开工建设的，根据违法情节和危害后果，处建设项目总投资额（　　）的罚款。

A．1%　　B．3%　　C．5%　　D．1%～5%

三、多选题（每道题 2 分，多选或错选不得分，少选则选对一项得 0.5 分）

1．某企业新建一座贮灰场，设置有地下水导排系统，下列（　　）区域应布置地下水监测井。

A．地下水流场上游　　B．地下水主管出口处

C．地下水流场下游　　D．渗滤液收集池出口

2．依据《危险废物转移管理办法》，发生下列（　　）情形之一的，移出人应当重新提出危险废物跨省转移申请。

A．计划转移的危险废物的种类发生变化

B．计划转移的危险废物的重量超过原批准重量

C．计划转移的危险废物的利用方式发生变化

D．接受人发生变更

3．脱硝工艺可供选择的还原剂有（　　）。

A．液氨　　B．液氧　　C．尿素　　D．氨水

4．依据《取水许可和水资源费征收管理条例》，实施取水许可必须符合（　　），遵守依照《中华人民共和国水法》规定批准的水量分配方案。

A．水资源综合规划　　B．流域综合规划

C．水中长期供求规划　　D．水功能区划

5．依据《地下水管理条例》，有下列（　　）情形之一的，对取用地下水的取水许可申请不予批准。

A．不符合地下水水位控制要求

B．不符合限制开采区取用水规定

C．不符合行业用水定额和节水规定

D．不符合强制性国家标准

6．取水单位向原取水审批机关提出延续取水申请时应当提交（　　）。

A．延续取水申请书　　B．原取水申请批准文件

C．取水许可证　　D．环评批复文件

7．建设项目水资源论证报告书审查通过后，有下列（　　）情况之一的，业主单位应重新或补充编制水资源论证报告书，并提交原审查机关重新审查。

A．建设项目的规模发生重大变化的

B．取水标的发生重大变化的

C．自审查通过之日起满三年，建设项目未批准的

D．业主单位法人发生变化的

8．下列属于自动监控设施不正常运行情形的有（　　）。

A．分析仪器参数调整未进行登记备案

B．自动监控数据变化幅度长期在量程2%以内波动

C．分析仪器数据与数采仪数据偏差大于1%

D．仪器量程设置过大

9．存在下列（　　）情况之一的，水土保持设施竣工验收结论应为不通过。

A．未依法依规履行水土保持方案及重大变更的编报审批程序的

B．未依法依规开展水土保持监测

C．未依法依规开展水土保持监理工作

D．未依据法规缴纳水土保持补偿费的

10．水土保持方案经批准后，下列变化属于重大变更的有（　　）。

A．涉及省级水土流失重点预防区的

B．水土流失防治责任范围增加30%以上的

C．开挖填筑土石方总量增加30%以上的

D．施工道路长度增加20%以上的

四、判断题（每道题1分）

1．排放工业噪声的企业应当依法取得排污许可或者填报排污登记表。（　　）

2．按照《固体废物浸出毒性浸出方法水平振荡法》规定方法获得的浸出液pH值在6～9范围之外的一般工业固体废物属于第Ⅱ类一般工业固体废物。（　　）

3．凡是未列入国家危险废物名录的固体废物均不属于危险废物。（　　）

4．某市环保局在送达责令改正违法行为决定书后第15天，以暗查方式组织对排污者违法排放污染物行为的改正情况实施复查，该行为符合《环境保护主管部门实施按日连续处罚办法》。

（　　）

5.《地表水环境质量监测技术规范》，污水采样时应保证采样点位置准确，必要时使用定位仪定位，并做好记录。（　　）

6．CEMS在完成验收备案后，企业应确保过量空气系数、皮托管系数K值、烟道截面积、速度场系数应与登记备案一致。

（　　）

7．任何行政机关不得为建设单位指定从事环境影响评价工作的单位，进行环境影响评价。（　　）

8．抽取式气态污染物 CEMS 每 3 个月至少进行一次全系统的校准。 （ ）

9．确需在批准的水土保持方案确定的专门存放地外新设弃渣场的，生产建设单位可在征得所在地县级水行政主管部门同意后先行使用。 （ ）

10．某工厂从两个以上排放口排放应税污染物的，对每一排放口排放的应税污染物分别计算征收环境保护税。 （ ）

五、问答题

1．某企业只有一个大气主要排放口，2022 年 1 月向大气中排放二氧化硫 100kg、氮氧化物 200kg、烟尘 10kg、一氧化碳 50kg、汞及其化合物 0.0002kg，氮氧化物的所有小时均值均低于排放标准的 50%，其他污染物均有不同程度的小时均值超标现象。企业所在地大气污染物适用税额标准为二氧化硫 6 元/污染当量、氮氧化物 7 元/污染当量、其他大气污染物 2 元/污染当量，计算该企业 1 月大气污染物应缴纳的环境保护税（对应污染物的污染当量值分别为 0.95kg、0.95kg、2.18kg、16.7kg 和 0.0001kg）。（10 分）

2．建设项目环境保护设施存在哪些情形，建设单位不得提出验收合格的意见。（10 分）

3．依据《火电建设项目重大变动清单（试行）》，火电建设

项目重大变动包括哪些情形？（10 分）

4．依据《中华人民共和国环境保护法》，生产企业应当履行哪些相关职责？（20 分）

模拟试题（三）

一、填空题（每个空 1 分）

1.《危险废物转移管理办法》规定，危险废物电子转移联单数据应当在信息系统中至少保存________年。

2. 贮存废弃剧毒化学品还应充分考虑防盗要求，采用________封闭式管理，且有专人 24h 看管。

3. 依据《火电行业排污许可证申请与核发技术规范》，机组启动期间不作为火电机组 NO_x 达标判定时间原则上并网后不得超过________h。

4. 火电厂应定期对烟气脱硝设施的运行状况进行考核，考核指标至少应包括________，系统投运率，NO_x 排放达标状况及总量控制情况、还原剂消耗量、电耗等。

5. 电除尘器主要由机械本体和________两大部分组成。

6. 低低温电除尘器入口烟气温度应低于烟气酸露点，一般为________℃，最低温度应不小于于 85℃。

7. 按照脱硫工艺是否加水和脱硫产物的干湿形态，烟气脱硫技术分为湿法、干法和________三种工艺。

8. 依据《中华人民共和国水污染防治法》，国家对重点水污染物排放实施________控制制度。

9. 取水单位应当严格按照批准的年度取水计划取水。因扩大生产等特殊原因需要调整年度取水计划的，应当报经________同意。

10. 竣工环保验收报告编制完成后 5 个工作日内，公开验收报告，公示的期限不得少于________个工作日。

二、单选题（每道题 1 分）

1. 建设单位在施工合同中明确（　　）的噪声污染防治责任。

A. 施工单位　　　　B. 建设单位

C．环保单位　　　　D．工地

2．依据《声环境质量标准》，位于交通干线两侧一定距离内的噪声敏感建筑物执行（　　）类声环境功能区要求。

A．1　　B．2　　C．3　　D．4

3．装载液体危险废物的容器内须留有足够的空间，容器顶部与液体表面之间保留（　　）mm 以上的空间。

A．100　　B．500　　C．200　　D．300

4．《火电行业排污许可证申请与核发技术规范》中自动监测小时均值是指“整点 1 小时内不少于（　　）分钟的有效数据的算术平均值”。

A．15　　B．30　　C．45　　D．50

5．《火电行业排污许可证申请与核发技术规范》中 NO_x 的稳定运行达标判定期为机组启动后出力达到额定的（　　）开始到机组解列前出力降到额定的（　　）为止。

A．25%，25%　　　　B．25%，50%

C．50%，50%　　　　D．50%，25%

6．环境保护主管部门可以当场认定违法排放污染物的，应当（　　）向排污单位送达责令改正违法行为决定书。

A．现场调查时　　　　B．次日

C．三个工作日内　　　　D．五个工作日内

7．SNCR 采用尿素溶液作为还原剂时，以下哪个在其最佳反应温度区间（　　）℃。

A．100　　　　B．500

C．1000　　　　D．1300

8．以下不属于脱硫工艺性能指标的是（　　）。

A．脱硫效率　　　　B．二氧化硫排放浓度

C．系统压降　　　　D．氮氧化物排放浓度

9. 取水许可证有效期届满，需要延续的，取水单位或者个人应当在有效期届满（　　）日前向原审批机关提出申请。

A. 30　　B. 45　　C. 60　　D. 75

10. 依据《污染源自动监测设施运行管理办法》，当污染源自动监控设施需维修、更换时，必须在（　　）h 内恢复自动监控设施正常运行。

A. 12　　B. 24　　C. 36　　D. 48

三、多选题（每道题 2 分，多选或错选不得分，少选则选对一项得 0.5 分）

1. 火电厂脱硝设施催化剂常见的形式有（　　）。

A. 板状　　B. 蜂窝状

C. 波纹式　　D. 圆筒式

2. 烟气污染防治主要采用（　　）等技术。

A. 烟气除尘　　B. 烟气脱硫

C. 烟气脱硝　　D. 汞污染防治

3. 目前常用的烟气脱硫技术主要有（　　）。

A. 石灰石-石膏湿法脱硫技术

B. 烟气循环流化床脱硫技术

C. 氨法脱硫技术

D. 海水脱硫技术

4. 依据《火力发电厂水务管理导则》，循环水排污水宜在（　　）系统综合利用。

A. 湿法烟气脱硫系统　　B. 输煤栈桥冲洗

C. 煤场喷淋　　D. 除灰渣系统

5. 依据《电力环境保护技术监督导则》，废水处理系统的监督指标除了废水处理设施排放口污染物浓度以外，还包括（　　）。

A．废水处理率　　B．设备投用率

C．废水回用率　　D．处理水量

6．企业应开展环境风险评估，环境风险评估包括但不限于（　　）。

A．分析各类事故衍化规律

B．识别环境危害因素

C．分析与周边可能受影响的区域环境的关系

D．环境应急队伍

7． 根据《固定污染源烟气（SO_2、NO_x、颗粒物）排放连续监测系统技术要求及检测方法》的要求，CEMS 外壳或外罩应（　　）。

A．耐腐蚀　　B．密封性能良好

C．防尘　　D．防雨

8．根据《固定污染源烟气（SO_2、NO_x、颗粒物）连续排放监测技术规范》，CEMS 联网验收技术指标中关于通信稳定性的考核指标有（　　）。

A．现场机在线率为 95%以上

B．正常情况下，掉线后，应在 5min 之内重新上线

C．单台数据采集传输仪每日掉线次数在 5 次以内

D．报文传输稳定性在 99%以上

9．依据《企业事业单位突发环境事件应急预案备案管理办法（试行）》，企业环境应急预案体现（　　）特点。

A．自救互救　　B．信息报告

C．现场保护　　D．先期处置

10．下列属于火电企业废气主要排放口的有（　　）。

A．锅炉烟囱　　B．燃气轮机烟囱

C．输煤转运站排气筒　　D．采样间排气筒

四、判断题（每道题 1 分）

1. 产废单位应建立危险废物台账，保存期限至少为 5 年。（ ）

2. 企业应当按照危险废物特性进行分类收集贮存。（ ）

3. 未按照国家有关规定填写、运行危险废物转移联单的由生态环境主管部门处十万元以上一百万元以下的罚款。（ ）

4. 封场后如需对一般工业固体废物进行开采再利用，应进行环境影响评价。（ ）

5. 环保法的立法目的是为保护和改善环境，防治大气污染，保障公众健康，推进生态文明建设，促进经济社会可持续发展。（ ）

6. 烟气治理设施必须由火电厂自主运行。（ ）

7. 依据《中华人民共和国水法》，直接从江河、湖泊或者地下取用水资源的单位，应当申请领取取水许可证。（ ）

8. 依据《中华人民共和国环境保护税法》，企业事业单位向依法设立的污水集中处理场所排放应税污染物的，应缴纳相应污染物的环境保护税。（ ）

9. 利用地下水的单位应当加强地下水取水工程管理，节约、保护地下水，防止地下水污染。（ ）

10. 新建间接向水体排放污染物的建设项目应当依法进行环境影响评价。（ ）

五、问答题

1. 依据《打赢蓝天保卫战三年行动计划》，施工工地“无组织排放管控”“六个百分之百”主要包括哪些内容？（10 分）

2．请简述煤电项目建设完成后，开展竣工环保自主验收的程序和内容。（10 分）

3．依据《排污单位自行监测技术指南　总则》，火电企业自行监测方案应当包含哪些内容？（10 分）

4．依据《危险废物转移管理办法》，危险废物移出人应履行哪些义务？（20 分）

模拟试题（四）

一、填空题（每个空 1 分）

1. 依据《火电行业排污许可证申请与核发技术规范》，机组停机期间排放数据不作为火电机组 NO_x 达标判定依据，停机时间原则上不得超过________h。

2. 火电厂烟气排放应设置________进行监测，并与当地环保部门联网。

3. 根据《节水型企业　火力发电行业》技术考核指标及要求，循环冷却水排污水回用率应大于________。

4. 取水单位应当在每年的________前向取水审批机关报送其本年度的取水情况总结（表）和下一年度的取水计划建议（表）。

5. 取水单位应当依照国家技术标准安装________，保证其正常运行，并按照规定填报取水统计报表。

6. 对危险废物的容器和包装物应当按照规定设置________。

7. 依据《一般工业废物贮存和填埋污染控制标准》，企业贮灰场运行期间，土壤监测点的自行监测频次一般每________年1次。

8. 生态环境分区管控的“三线一单”是指生态保护红线、________、资源利用上线和生态环境准入清单。

9. 竣工环保验收报告编制完成后________个工作日内，公开验收报告，公示的期限不得少于________个工作日。

二、单选题（每道题 1 分）

1. 涉及单台 14MW 及以上锅炉或燃气轮机的排污单位废水总排放口监测频次为至少每（　　）一次。

A．月　　B．季度　　C．半年　　D．年

2. 依据《固定污染源烟气（SO_2、NO_x、颗粒物）排放连续监测技术规范》，二氧化硫当满量程＜286mg/m^3 时，示值误差不超过（　　）。

A. ±0.5%　　B. ±1.5%　　C. ±2.5%　　D. ±3.5%

3. 依据《固定污染源烟气（SO_2、NO_x、颗粒物）排放连续监测技术规范》，某企业抽取式气态污染物 CEMS 每（　　）至少进行一次全系统的校准。

A. 1个月　　B. 2个月　　C. 3个月　　D. 4个月

4. 依据《排污单位环境管理台账及排污许可证执行报告技术规范　总则（试行）》，环境管理台账应以（　　）形式记录。

A. 纸质台账　　B. 电子台账

C. 电子台账和纸质台账　　D. 电子台账或纸质台账

5. 脱硝装置使用寿命及检修维护周期应与（　　）保持一致。

A. 锅炉辅机　　B. 锅炉主机

C. 外围辅机　　D. 脱硫装置

6. 火电厂应建立健全烟气治理设施的事故预防和应急预案，至少应包括突发事件总体应急预案和（　　），并定期演练和记录备案。

A. 环境污染事故专项预案

B. 重大气象灾害预警应急预案

C. 火灾事故应急预案

D. 触电事故应急预案

7. 依据《火电厂烟气脱硫工程技术规范　海水法》，海水法烟气脱硫装置的入口烟气含尘浓度应不大于（　　）mg/m^3。

A. 10　　B. 20　　C. 30　　D. 40

8. 电除尘器产品整机性能试验宜在正常投运（　　）进行。

A. 1个月后至三个月　　B. 三个月后至六个月

C. 六个月后至九个月　　D. 九个月后至12个月

9. 依据《一般工业固体废物贮存和填埋污染控制标准》，贮存场的防洪标准应按重现期不小于（　　）年一遇的洪水位设计。

A．50　　B．30　　C．100　　D．40

10．某企业粉煤灰贮存场在运行期间，根据《一般工业固体废物贮存和填埋污染控制标准》要求，地下水监测频次至少（　　），且每两次监测之间间隔不少于（　　）。

A．每季度 1 次，1 个月　　B．每月 1 次，1 个月

C．每周 1 次，2 个月　　D．每年 1 次，2 个月

三、多选题（每道题 2 分，多选或错选不得分，少选则选对一项得 0.5 分）

1．依据《中华人民共和国固体废物污染环境防治法》，产生危险废物的单位，应当按照国家有关和环境保护标准要求（　　）危险废物。

A．贮存　　B．遗弃　　C．处置　　D．利用

2．依据《中华人民共和国环境保护税法》，应税污染物主要包括（　　）。

A．大气污染物　　B．水污染物

C．固体废物　　D．噪声

3．依据《中华人民共和国大气污染防治法》，暂时不能开工的建设用地，超过三个月的，应当进行（　　）。

A．绿化　　B．铺装　　C．遮盖　　D．审批

4．固体废物具备下列（　　）属性即可判定为危险废物。

A．腐蚀性　　B．毒性　　C．易燃性　　D．反应性

5．下列危险废物的收集作业满足要求的是（　　）。

A．收集作业区域设置作业界限标志和警示牌

B．作业区域设置危险废物收集专用通道

C．收集结束后清理和恢复收集作业区域

D．收集过危险废物的容器进行消除污染处理

6. 依据《固定污染源烟气（SO_2、NO_x、颗粒物）排放连续监测技术规范》，CEMS 日常运行管理应包括以下方面（　　）。

A. 日常巡检　　B. 日常维护保养

C. CEMS 的校准和校验　　D. 联网验收

7. 以油作为燃料的火电企业，非甲烷总烃的监测点位应该设立在（　　）。

A. 储油罐周边　　B. 厂界

C. 氨罐区周边　　D. 煤场周边

8. 依据《排污许可管理条例》，排污单位变更（　　）的，应当自变更之日起 30 日内，向审批部门申请办理排污许可证变更手续。

A. 名称　　B. 住所

C. 法定代表人　　D. 主要负责人

9. 建设项目水资源论证报告书审查通过后，有下列（　　）情况之一的，业主单位应重新或补充编制水资源论证报告书，并提交原审查机关重新审查。

A. 建设项目的性质、规模、地点发生重大变化的

B. 取水标的发生重大变化的

C. 自审查通过之日起满三年，建设项目未批准的

D. 业主单位法人发生变化的

10. 依据《环境噪声自动监测系统技术要求》，下列属于噪声监控系统应具备的功能的是（　　）。

A. 数据收集　　B. 数据存储

C. 统计及报表自动生成　　D. 数据查询

四、判断题（每道题 1 分）

1. 依据《地表水环境质量监测技术规范》，地表水环境质量例行监测可按月开展。（　　）

2. 企业年度环境信息依法披露报告应当包括污染物的产生、治理与排放信息。 （　　）

3. CEMS 运维单位应依据 CEMS 使用说明书和 HJ 75 的要求编制仪器运行管理规程，确定系统运行操作人员和管理维护人员的工作职责。 （　　）

4. 重点排污单位污染源自动监测的手工比对由生态环保主管部门负责开展，企业及时处理异常情况，确保监测数据完整有效。 （　　）

5. 依据《排污单位环境管理台账及排污许可证执行报告技术规范　总则（试行）》，生产设施运行时发生的异常情况仅需要记录发生原因和应对措施即可。 （　　）

6. 某企业生活污水不排入总排口，该企业废水监测时可不测总磷。 （　　）

7. 当 CEMS 安装在矩形烟道时，若烟道截面的宽度＞4m，则应在烟道两侧开设参比方法采样孔，并设置单层采样平台。

（　　）

8. 抽取式气态污染物 CEMS 每 3 个月至少进行一次全系统的校准。 （　　）

9. 建设单位编制环境影响报告表，应当依照有关法律规定，征求建设项目所在地有关单位和居民的意见。 （　　）

10. 在城市市区噪声敏感建筑物集中区域内夜间作业，无需公告附近居民。 （　　）

五、问答题

1. 某企业属于大气环境重点排污单位，该企业年度环境信息依法披露报告应当包括哪些内容？（10 分）

2．建设项目环境保护设施存在哪些情形，建设单位不得提出验收合格的意见（10 分）

3．依据《火电建设项目重大变动清单（试行）》，火电建设项目重大变动包括哪些情形？（10 分）

4．某企业只有一个大气主要排放口，2022 年 1 月向大气中排放二氧化硫 100kg、氮氧化物 200kg、烟尘 10kg、一氧化碳 50kg、汞及其化合物 0.0002kg，氮氧化物的所有小时均值均低于排放标准的 50%，其他污染物均有不同程度的小时均值超标现象。企业所在地大气污染物适用税额标准为二氧化硫 6 元/污染当量、氮氧化物 7 元/污染当量、其他大气污染物 2 元/污染当量，计算该企业 1 月大气污染物应缴纳的环境保护税（对应污染物的污染当量值分别为 0.95kg、0.95kg、2.18kg、16.7kg 和 0.0001kg）。（20 分）

模拟试题（五）

一、填空题（每个空 1 分）

1．依据《一般工业固体废物贮存和填埋污染控制标准》，当填埋场服务期满应在________年内启动封场作业。

2．实行排污许可管理的单位，不得无________排放工业噪声，应当按照相关要求进行噪声污染防治。

3．海水法烟气脱硫装置应由海水供应系统、烟气系统、二氧化硫吸收系统和________等组成。

4．火电厂烟气排放应设置________进行监测，并与当地环保部门联网。

5．袋式除尘器清灰方式应根据烟尘的物理性质确定，燃煤锅炉烟气宜采用行喷吹袋式除尘器或________喷吹袋式除尘器。

6．以自动监测方式开展自行监测的企业单位应该具有________名以上持有省级环境保护主管部门颁发的污染源自动监测数据有效性审核培训证书的人员，对自动监测设备进行日常运行维护。

7．除需要取得排污许可证的水和大气污染防治设施外，其他环境保护设施的验收期限一般不超过________。

8．申请排污许可证时，已投运排污单位的原、辅料及燃料年最大使用量按近________年实际使用量的最大值填写。

9 依据《环境噪声自动监测系统技术要求》，传声器风罩在风速________m/s 时应不损坏。

10．某火电企业厂界噪声执行《工业企业厂界环境噪声排放标准》中 3 类限值，即昼间 65dB（A），夜间 55dB（A），该企业晚上进行锅炉吹管产生的偶发噪声不得高于________dB（A）。

二、单选题（每道题 1 分）

1．依据《中华人民共和国固体废物污染环境防治法》，固体废物污染环境防治坚持减量化、资源化和（　　）的原则。

A．能源化　　B．无害化

C．有序化　　　　　　　　　　D．减排化

2．（　　）噪声排放标准应当报国务院生态环境主管部门备案。

A．市级　　　B．县级　　　C．地方　　　D．国家

3．固体废物污染环境防治坚持（　　）原则。

A．回收收集　　　　　　　　　B．节能减排

C．污染担责　　　　　　　　　D．分类处理

4．灰坝超过（　　）m 时坝坡宜设置马道。

A．5　　　B．10　　　C．15　　　D．20

5．某企业灰场进行了封场，封场后应继续开展渗滤液相关监测，直到连续（　　）年内没有渗滤液产生或产生的渗滤液未经处理即可稳定达标排放，方可停止。

A．1　　　B．2　　　C．3　　　D．5

6．以下不属于电除尘性能参数的是（　　）。

A．除尘效率　　　　　　　　　B．漏风率

C．颗粒度　　　　　　　　　　D．水体压降

7．涉单台 14MW 或 20t/h 及以上锅炉或燃气轮机的排污单位，直流冷却水排放口的废水监测指标（水温、流量）最低监测频次为（　　）。

A．日　　　B．月　　　C．季度　　　D．年

8．涉及单台 14MW 及以上锅炉或燃气轮机的排污单位废水总排放口监测频次为至少每（　　）一次。

A．月　　　B．季度　　　C．半年　　　D．年

9．依据《排污单位环境管理台账及排污许可证执行报告技术规范　总则（试行）》，企业在正常工况下脱硫、脱硝 DCS 系统曲线图的记录频次为（　　）。

A．1 次/周　　　B．2 次/周　　　C．2 次/月　　　D．1 次/月

10．在役火电企业厂界环境噪声每（　　）至少开展一次昼夜监测。

A．月　　B．季度　　C．半年　　D．年

三、多选题（每道题 2 分，多选或错选不得分，少选则选对一项得 0.5 分）

1．危险废物的收集计划应包括（　　）等。

A．收集任务概述　　B．危险废物收集量估算

C．安全生产与个人防护　　D．危险废物特性评估

2．依据《中华人民共和国固体废物污染环境防治法》，产生工业固体废物的单位应当根据（　　）条件对工业固体废物加以利用。

A．经济　　B．无害　　C．技术　　D．节能

3．依据《一般工业固体废物贮存和填埋污染控制标准》，贮存场和填埋场一般应包括（　　）等单元。

A．防渗系统　　B．雨污分流系统

C．环境监测系统　　D．公用工程

4．某企业计划新建一座危险废物贮存间，用于贮存产生废矿物油、废油漆桶，下列属于危险废物贮存间配置的有（　　）。

A．安全照明设施　　B．观察窗口

C．泄漏液体收集装置　　D．地面硬化及防渗处理

5．采用 SCR 工艺的锅炉，应对空气预热器等下游设备采取（　　）等措施。

A．防腐　　B．降温　　C．冲洗　　D．吹灰

6．依据《火力发电厂水务管理导则》，湿法烟气脱硫工艺应减少使用新鲜水或淡水，应采用下列（　　）系统的排水。

A．循环水排污水

B．化学车间反渗透浓水

C．处理合格的厂区生产和生活废水

D．城市再生水

7．依据《取水许可和水资源费征收管理条例》，取水是指利用取水工程或者设施直接从（　　）取用水资源。

A．江河　　B．污水处理厂

C．湖泊　　D．地下水

8．依据《火力发电厂能量平衡导则　第5部分：水平衡实验》，下列（　　）条件下，应该进行水平衡实验。

A．新机组投入稳定运行一年内

B．主要用水系统、设备已进行了改造，运行工况发生了较大的变化

C．与同类型机组相比，单位发电量取水量明显偏高

D．在实施节水、废水综合利用或废水零排放工程之前

9．依据《国家重点监控企业自行监测及信息公开办法（试行）》，企业自行监测内容应当包括（　　）。

A．水污染物排放监测

B．大气污染物排放监测

C．厂界噪声监测

D．环评要求的周边环境质量监测

10．建设项目的环境影响评价文件经批准后，建设项目的（　　）或者防治污染、防止生态破坏的措施发生重大变动的，建设单位应当重新报批建设项目的环境影响评价文件。

A．性质　　B．规模　　C．地点　　D．法人

四、判断题（每道题1分）

1．废水排放口各项水污染因子许可排放浓度（除pH值、TDS外）为日均浓度（日均值）。（　　）

2．依据《中华人民共和国固体废物污染环境防治法》，未按

照国家有关规定建立危险废物管理台账并如实记录的，由生态环境主管部门处十万元以上一百万元以下的罚款。（　　）

3．非法排放、倾倒、处置危险废物三吨以上的应当认定为“严重污染环境”。（　　）

4．具有不相容性质的危险废物未经安全性处置，不得混合收集、贮存、运输。（　　）

5．火电企业外排废水在线监测显示污染物浓度超标，而委托满足资质要求第三方监测机构开展季度监测时未超标。出于税务优化的目的，所缴纳的环境保护税可按照监测机构出具的监测数据计算。（　　）

6．依据《中华人民共和国大气污染防治法》，暂时不能开工的建设用地，闲置不超过三个月的，可不采取抑尘措施。（　　）

7．按照《固体废物浸出毒性浸出方法水平振荡法》规定方法获得的浸出液 pH 值在 6～9 范围之外的一般工业固体废物属于第Ⅱ类一般工业固体废物。（　　）

8．具有毒性危险特性的危险废物利用过程产生的固体废物，经鉴别不再具有危险特性的，不属于危险废物。（　　）

9．依据《取水许可和水资源费征收管理条例》，未安装计量设施的，责令限期安装，并处罚款或按照日最大取水能力计算的取水量和水资源费征收标准计征水资源费。（　　）

10．电厂若未保证水污染物排放自动监测设备正常运行，由地方环境保护主管部门责令整改并处以罚款。（　　）

五、问答题

1．《环境保护主管部门实施按日连续处罚办法》中规定的可以实施按日连续处罚的情形有哪些？（10 分）

2．依据《中华人民共和国环境保护法》，生产企业应当履行哪些相关职责？（10 分）

3．依据《危险废物转移管理办法》，危险废物移出人应履行哪些义务？（10 分）

4．请阐述煤电项目建设完成后，开展竣工环保自主验收的程序和内容。（20 分）

模拟试题（一）参考答案

一、填空题

1. 5

解　析　《危险废物产生单位管理计划制定指南》（环境保护部公告 2016 年第 7 号）

原则上管理计划按年度制定，并存档 5 年以上。

2. 搬运通道

解　析　《危险废物贮存污染控制标准》（GB 18597—2001）

7　危险废物贮存设施的运行与管理规定

每个堆间应留有搬运通道。

3. 1 年

解　析　《中华人民共和国固体废物污染环境防治法》（2020 年4月29日第十三届全国人民代表大会常务委员会第十七次会议第二次修订）

从事收集、贮存、利用、处置危险废物经营活动的单位，贮存危险废物不得超过一年；确需延长期限的，应当报经颁发许可证的生态环境主管部门批准；法律、行政法规另有规定的除外。

4. 排放标准

解　析　《中华人民共和国大气污染防治法》（2018 年 10 月 26 日第二次修正）

第十八条　企业事业单位和其他生产经营者建设对大气环境有影响的项目，应当依法进行环境影响评价、公开环境影响评价文件；向大气排放污染物的，应当符合大气污染物排放标准，遵守重点大气污染物排放总量控制要求。

5．取水许可证

解　析　《中华人民共和国水法》（2016 年 7 月 2 日第十二届全国人民代表大会常务委员会第二十一次会议第二次修正）

第四十八条　直接从江河、湖泊或者地下取用水资源的单位和个人，应当按照国家取水许可制度和水资源有偿使用制度的规定，向水行政主管部门或者流域管理机构申请领取取水许可证，并缴纳水资源费，取得取水权。但是，家庭生活和零星散养、圈养畜禽饮用等少量取水的除外。

6．三

解　析　《企业事业单位突发环境事件应急预案备案管理办法（试行）》（环发〔2015〕4 号）

第十二条　企业结合环境应急预案实施情况，至少每三年对环境应急预案进行一次回顾性评估。

7．环境质量底线

解　析　《关于实施“三线一单”生态环境分区管控的指导意见（试行）》（环环评〔2021〕108 号）

实施“三线一单”（生态保护红线、环境质量底线、资源利用上线和生态环境准入清单）生态环境分区管控制度。

8．30

解　析　《铁路边界噪声限值及其测量方法》（GB 125250—1990）

3.2　铁路边界系指距铁路外侧轨道中心线 30m 处。

9．分别

解　析　《污许可管理办法》（环水体〔2016〕186 号）

第六条　对排污单位排放水污染物、大气污染物的各类排污行为实行综合许可管理。排污单位申请并领取一个排污许可证，同一法人单位或其他组织所有，位于不同地点的排污单位，应当分别申请和领取排污许可证；不同法人单位或其他组织所有的排污单位，应当分别申请和领取排污许可证。

10．减半

解　析　《中华人民共和国环境保护税法》（中华人民共和国主席令第 61 号）附表 1　声源一个月内超标不足 15 天的，减半计算应纳税额。

二、单选题

1．C

解　析　《中华人民共和国固体废物污染环境防治法》（2020年4月29日第十三届全国人民代表大会常务委员会第十七次会议第二次修订）

第五十二条　对危险废物的容器和包装物以及收集、贮存、运输、处置危险废物的设施、场所，必须设置危险废物识别标志。

2．D

解　析　《中华人民共和国大气污染防治法》（2018 年 10 月 26 日第十三届全国人民代表大会常务委员会第六次会议修订）

第七十二条　贮存煤炭、煤矸石、煤渣、煤灰、水泥、石灰、石膏、砂土等易产生扬尘的物料应当密闭；不能密闭的，应当设置不低于堆放物高度的严密围挡，并采取有效覆盖措施防治扬尘污染。

3．B

解　析　《工业企业厂界环境噪声排放标准》（GB 12348—2008）

5.3.2　测点位置一般规定一般情况下，测点选在工业企业厂界外 1m、高度 1.2m 以上、距任一反射面距离不小于 1m 的位置。

4．D

解　析　《一般工业固体废物贮存和填埋污染控制标准》

（GB 18599—2020）

Ⅱ类场应采用单人工复合衬层作为防渗衬层，并符合以下技术要求：

b）黏土衬层厚度应不小于 0.75m。

5．A

解　析　《排污单位自行监测技术指南火力发电及锅炉》（HJ 820—2017）

5.1.2　无组织废气排放监测表 2 表示，非甲烷总烃的排放监测频次为季度。

6．B

解　析　《固定污染源烟气（SO_2、NO_x、颗粒物）排放连续监测技术规范》（HJ 75—2017）

第 10 章　固定污染源烟气排放连续监测系统日常运行管理要求

固定污染源烟气排放连续监测系统日常运行质量保证要求：

a）具有自动校准功能的颗粒物 CEMS 和气态污染物 CEMS 每 24h 至少自动校准一次仪器零点和量程，同时测试并记录零点漂移和量程漂移。

7．D

解　析　《排污许可管理条例》（国务院令第 736 号）

第二十一条　排污单位应当建立环境管理台账记录制度，按照排污许可证规定的格式、内容和频次，如实记录主要生产设施、污染防治设施运行情况以及污染物排放浓度、排放量。环境管理台账记录保存期限不得少于 5 年。

8．C

解　析　《中华人民共和国环境影响评价法》（2018 年 12 月 29 日中华人民共和国主席令第二十四号）

第二十四条　建设项目的环境影响评价文件自批准之日起超过五年，方决定该项目开工建设的，其环境影响评价文件应当报原审批部门重新审核。

9．A

解　析　《建设项目环境影响评价分类管理名录（2021 年版）》（生态环境部令第 16 号）

四十一　电力、热力生产和供应业序号 90 涉及环境敏感区的总装机容量 5 万千瓦及以上的陆上风力发电需编制环境影响报告书。

10．A

解　析　《地下水管理条例》（国务院令第 748 号）

第二十二条　新建、改建、扩建地下水取水工程，应当同时安装计量设施。已有地下水取水工程未安装计量设施的，应当按照县级以上地方人民政府水行政主管部门规定的期限安装。

三、多选题

1．ABD

解　析　《工业企业厂界环境噪声排放标准》（GB 12348—2008）

3.5　噪声敏感建筑物指医院、学校、机关、科研单位、住宅等需要保持安静的建筑物。

2．ABCD

解　析　《国务院关于印发打赢蓝天保卫战三年行动计划的通知》（国发〔2018〕22 号）

（二十）加强扬尘综合治理。严格施工扬尘监管。2018 年底前，各地建立施工工地管理清单。因地制宜稳步发展装配式建筑。将施工工地扬尘污染防治纳入文明施工管理范畴，建立扬尘控制责任制度，扬尘治理费用列入工程造价。重点区域建筑施工工地要做到工地周边围挡、物料堆放覆盖、土方开挖湿法作业、路面硬化、出入车辆清洗、渣土车辆密闭运输“六个百分之百”。

3．ABCD

解　析　《一般工业固体废物贮存和填埋污染控制标准》（GB 18599—2020）

7.3　贮存场、填埋场运行企业应建立档案管理制度，并按照国家档案管理等法律法规进行整理与归档，永久保存。档案资料主要包括但不限于以下内容：

a）场址选择、勘察、征地、设计、施工、环评、验收资料；

b）废物的来源、种类、污染特性、数量、贮存或填埋位置等资料；

c）各种污染防治设施的检查维护资料；

d）渗滤液、工艺水总量以及渗滤液、工艺水处理设备工艺参数及处理效果记录资料；

e）封场及封场后管理资料；

f）环境监测及应急处置资料。

4．ABC

解　析　《危险废物转移管理办法》（生态环境部、公安部、交通运输部令第23号）

第十条　移出人应当履行以下义务：

（一）对承运人或者接受人的主体资格和技术能力进行核实，依法签订书面合同；

（二）制定危险废物管理计划，明确拟转移危险废物的种类、重量（数量）和流向等信息；

（四）填写、运行危险废物转移联单。

承运人应当履行以下义务：

（四）将运输的危险废物运抵接受人地址，交付给危险废物转移联单上指定的接受人，并将运输情况及时告知移出人。

5．ABCD

解　析　《环境保护主管部门实施按日连续处罚办法》（环境保护部令第28号）

第五条　排污者有下列行为之一，受到罚款处罚，被责令改正，拒不改正的，依法作出罚款处罚决定的环境保护主管部门可以实施按日连续处罚：

（一）超过国家或者地方规定的污染物排放标准，或者超过重点污染物排放总量控制指标排放污染物的；

（二）通过暗管、渗井、渗坑、灌注或者篡改、伪造监测数据，或者不正常运行防治污染设施等逃避监管的方式排放污染物的；

（三）排放法律、法规规定禁止排放的污染物的；

（四）违法倾倒危险废物的；

（五）其他违法排放污染物行为。

6．AC

解　析　《中华人民共和国水法》（2016年7月2日第十二届全国人民代表大会常务委员会第二十一次会议第二次修正）

第七条　国家对水资源依法实行取水许可制度和有偿使用制度。

7．ABCD

解　析　《取水许可和水资源费征收管理条例》（国务院令第460号）

第二十条　有下列情形之一的，审批机关不予批准，并在作出不批准的决定时，书面告知申请人不批准的理由和依据：

（一）在地下水禁采区取用地下水的；

（二）在取水许可总量已经达到取水许可控制总量的地区增加取水量的；

（三）可能对水功能区水域使用功能造成重大损害的；

（四）取水、退水布局不合理的；

（五）城市公共供水管网能够满足用水需要时，建设项目自备取水设施取用地下水的；

（六）可能对第三者或者社会公共利益产生重大损害的；

（七）属于备案项目，未报送备案的；

（八）法律、行政法规规定的其他情形。

8．ABCD

解　析　《企业环境信息依法披露管理办法》（部令第 24 号）

第十二条　企业年度环境信息依法披露报告应当包括以下内容：（一）企业基本信息，包括企业生产和生态环境保护等方面的基础信息；（二）企业环境管理信息，包括生态环境行政许可、环境保护税、环境污染责任保险、环保信用评价等方面的信息；（三）污染物产生、治理与排放信息，包括污染防治设施，污染物排放，有毒有害物质排放，工业固体废物和危险废物产生、贮存、流向、利用、处置，自行监测等方面的信息；（四）碳排放信息，包括排放量、排放设施等方面的信息；（五）生态环境应急信息，包括突发环境事件应急预案、重污染天气应急响应等方面的信息；（六）生态环境违法信息；（七）本年度临时环境信息依法披露情况；（八）法律法规规定的其他环境信息。

9．BCD

解　析　《排污许可管理条例》（国务院令第 736 号）

第十五条　在排污许可证有效期内，排污单位有下列情形之一的，应当重新申请取得排污许可证：

（一）新建、改建、扩建排放污染物的项目；

（二）生产经营场所、污染物排放口位置或者污染物排放方式、排放去向发生变化；

（三）污染物排放口数量或者污染物排放种类、排放量、排放浓度增加。

10. ABCD

解　析　《关于严惩弄虚作假提高环评质量的意见》（环环评〔2020〕48号）

一、环评领域典型弄虚作假情形：

（一）环评文件抄袭。

（二）关键内容遗漏。

（三）数据结论错误。

（四）其他造假情形。

四、判断题

1. 正确

解　析　《中华人民共和国噪声污染防治法》（第十三届全国人民代表大会常务委员会第三十二次会议于2021年12月24日通过）

第三十五条　在噪声敏感建筑物集中区域，禁止新建排放噪声的工业企业，改建、扩建工业企业的，应当采取有效措施防止工业噪声污染。

2. 正确

解　析　《一般工业固体废物贮存和填埋污染控制标准》（GB 18599—2020）

第Ⅰ类一般工业固体废物按照HJ 557规定方法获得的浸出液中任何一种特征污染物浓度均未超过GB 8978最高允许排放浓度（第二类污染物最高允许排放浓度按照一级标准执行），且pH值在6～9范围之内的一般工业固体废物。

3. 正确

解析 《危险废物贮存污染控制标准》(GB 18597—2001)

4.10 危险废物贮存设施在施工前应做环境影响评价。

4. 正确

解析 《危险废物收集 贮存 运输技术规范》(HJ 2025—2012)

危险废物运输的单位应获得交通运输部门颁发的危险货物运输资质。

5. 错误

解析 《中华人民共和国大气污染防治法》(2018 年 10 月 26 日第十三届全国人民代表大会常务委员会第六次会议)

第十八条 企业事业单位和其他生产经营者建设对大气环境有影响的项目，应当依法进行环境影响评价、公开环境影响评价文件；向大气排放污染物的，应当符合大气污染物排放标准，遵守重点大气污染物排放总量控制要求。

6. 正确

解析 《排污口规范化整治技术要求》(国家环保局环监〔1996〕470 号)

第 4.1.1 条：一切排污单位的污染物排放口（源）和固体废物贮存、处置场，必须实行规范化整治，按照国家标准《环境保护图形标志》(GB 15562.1—1995)(GB 15562.2—1995)的规定，设置与之相适应的环境保护图形标志牌。

7. 错误

解析 《固定污染源烟气(SO_2、NO_x、颗粒物)排放连续监测技术规范》(HJ 75—2017)

第四章 固定污染源烟气排放连续监测系统的组成和功能要求

CEMS 由颗粒物监测单元和（或）气态污染物监测单元、烟气参数监测单元、数据采集与处理单元组成。CEMS 应当实现测量烟气中颗粒物浓度、气态污染物 SO_2 和（或）NO_x 浓度，烟气参数（温度、压力、流速或流量、湿度、含氧量等），同时计算烟气中污染物排放速率和排放量，显示（可支持打印）和记录各种数据和参数，形成相关图表，并通过数据、图文等方式传输至管理部门等功能。对于氮氧化物监测单元，NO_2 可以直接测量，也可通过转化炉转化为 NO 后一并测量，但不允许只监测烟气中的 NO。NO_2 转换为 NO 的效率应满足 HJ 76 的要求。

8．正确

解　析　《排污许可管理办法（试行）》（环境保护部令第 48 号）

第三十七条　排污单位应当按照排污许可证规定的关于执行报告内容和频次的要求，编制排污许可证执行报告。排污许可证执行报告包括年度执行报告、季度执行报告和月执行报告。排污单位应当每年在全国排污许可证管理信息平台上填报、提交排污许可证年度执行报告并公开，同时向核发环保部门提交通过全国排污许可证管理信息平台印制的书面执行报告。书面执行报告应当由法定代表人或者主要负责人签字或者盖章。

9．正确

解　析　《企业事业单位突发环境事件应急预案备案管理办法（试行）》（环发〔2015〕4 号）

第八条　企业是制定环境应急预案的责任主体，根据应对突发环境事件的需要，开展环境应急预案制定工作，对环境应急预案内容的真实性和可操作性负责。企业可以自行编制环境应急预案，也可以委托相关专业技术服务机构编制环境应急预案。委托相关专业技术服务机构编制的，企业指定有关人员全程参与。

10．正确

解　析　《中华人民共和国环境影响评价法》（第十三届全国人民代表大会常务委员会第七次会议修订通过）

第二十五条　建设项目的环境影响评价文件未依法经审批部门审查或者审查后未予批准的，建设单位不得开工建设。

五、问答题

1．答：①超过国家或者地方规定的污染物排放标准，或者超过重点污染物排放总量控制指标排放污染物的；②通过暗管、渗井、渗坑、灌注或者篡改、伪造监测数据，或者不正常运行防治污染设施等逃避监管的方式排放污染物的；③排放法律、法规规定禁止排放的污染物的；④违法倾倒危险废物的；⑤其他违法排放污染物行为。

解　析　《环境保护主管部门实施按日连续处罚办法》（环境保护部令第 28 号）

排污者有下列行为之一，受到罚款处罚，被责令改正，拒不改正的，依法作出罚款处罚决定的环境保护主管部门可以实施按日连续处罚：

1）超过国家或者地方规定的污染物排放标准，或者超过重点污染物排放总量控制指标排放污染物的；

2）通过暗管、渗井、渗坑、灌注或者篡改、伪造监测数据，或者不正常运行防治污染设施等逃避监管的方式排放污染物的；

3）排放法律、法规规定禁止排放的污染物的；

4）违法倾倒危险废物的；

5）其他违法排放污染物行为。

2．答：①企业基本信息，包括企业生产和生态环境保护等方面的基础信息；②企业环境管理信息，包括生态环境行政许可、环境保护税、环境污染责任保险、环保信用评价等方面的信息；

③污染物产生、治理与排放信息，包括污染防治设施，污染物排放，有毒有害物质排放，工业固体废物和危险废物产生、贮存、流向、利用、处置，自行监测等方面的信息；④碳排放信息，包括排放量、排放设施等方面的信息；⑤生态环境应急信息，包括突发环境事件应急预案、重污染天气应急响应等方面的信息；⑥生态环境违法信息；⑦本年度临时环境信息依法披露情况。

解　析 《企业环境信息依法披露管理办法》（生态环境部令第 24 号）

第十二条　企业年度环境信息依法披露报告应当包括以下内容：

（一）企业基本信息，包括企业生产和生态环境保护等方面的基础信息；

（二）企业环境管理信息，包括生态环境行政许可、环境保护税、环境污染责任保险、环保信用评价等方面的信息；

（三）污染物产生、治理与排放信息，包括污染防治设施，污染物排放，有毒有害物质排放，工业固体废物和危险废物产生、贮存、流向、利用、处置，自行监测等方面的信息；

（四）碳排放信息，包括排放量、排放设施等方面的信息；

（五）生态环境应急信息，包括突发环境事件应急预案、重污染天气应急响应等方面的信息；

（六）生态环境违法信息；

（七）本年度临时环境信息依法披露情况；

（八）法律法规规定的其他环境信息。

3．答：①开展风险评估；②完善风险防控措施；③排查安全隐患；④制定应急预案并备案、演练；⑤加强环境应急能力保障建设；⑥发生突发环境事件时依法处置，并对损害承担责任。

解　析 《突发环境事件应急管理办法》（环境保护部令第

34号）

第六条 企业事业单位应当按照相关法律法规和标准规范的要求，履行下列义务：

（一）开展突发环境事件风险评估。

（二）完善突发环境事件风险防控措施。

（三）排查治理环境安全隐患。

（四）制定突发环境事件应急预案并备案、演练。

（五）加强环境应急能力保障建设。

发生或者可能发生突发环境事件时，企业事业单位应当依法进行处理，并对所造成的损害承担责任。

4. 答：①排污单位名称、住所、法定代表人或者主要负责人、生产经营场所所在地等；②有效期限、发证机关、发证日期、证书编号和二维码等；③产生和排放污染物环节、污染防治设施等；④污染物排放口位置和数量、污染物排放方式和排放去向等；⑤污染物排放种类、许可排放浓度、许可排放量等；⑥污染物排放口规范化建设、自行监测、环境管理台账记录、排污许可证执行报告的内容和频次、信息公开、无组织排放控制等要求；⑦其他控制污染物排放的要求。

解 析 《排污许可管理条例》（中华人民共和国国务院令第736号）

第十三条 排污许可证应当记载下列信息：

（一）排污单位名称、住所、法定代表人或者主要负责人、生产经营场所所在地等；

（二）排污许可证有效期限、发证机关、发证日期、证书编号和二维码等；

（三）产生和排放污染物环节、污染防治设施等；

（四）污染物排放口位置和数量、污染物排放方式和排放去向等；

（五）污染物排放种类、许可排放浓度、许可排放量等；

（六）污染防治设施运行和维护要求、污染物排放口规范化建设要求等；

（七）特殊时段禁止或者限制污染物排放的要求；

（八）自行监测、环境管理台账记录、排污许可证执行报告的内容和频次等要求；

（九）排污单位环境信息公开要求；

（十）存在大气污染物无组织排放情形时的无组织排放控制要求；

（十一）法律法规规定排污单位应当遵守的其他控制污染物排放的要求。

模拟试题（二）参考答案

一、填空题

1．排放量

解　析　《中华人民共和国环境保护税法》（中华人民共和国主席令第六十一号）

第十一条　环境保护税应纳税额按照下列方法计算：

（三）应税固体废物的应纳税额为固体废物排放量乘以具体适用税额。

2．公开

解　析　《中华人民共和国固体废物污染环境防治法》（2020年4月29日第十三届全国人民代表大会常务委员会第十七次会议第二次修订）

第二十九条　产生、收集、贮存、运输、利用、处置固体废物的单位，应当依法及时公开固体废物污染环境防治信息，主动接受社会监督。

3．湿磨制浆

解　析　《石灰石—石灰/石膏湿法烟气脱硫工程通用技术规范》（HJ 179—2018）

6.4.2　脱硫吸收剂制备可采用磨制系统制浆或来份制浆，其中磨制系统制浆分为湿磨制浆和干磨制浆。

4．下游

解　析　《地表水质量环境监测技术规范》（HJ 91.2—2022）

4.2.4.2　采样方式和技术要求各种采样方式的技术要求如下：

a）船只采样：按采样时间及风浪等级选择适当吨位的船只；采样船应位于采样点下游，逆流采集水样，避免搅动底部沉积物造成水样污染。

5. 备案

解　析　《关于加快重点行业重点地区的重点排污单位自动监控工作的通知》（环办环监〔2017〕61号）

第三条　督促企业落实主体责任：重点排污单位自动监测设备安装联网或者改造工作完成后，应由购置建设的主要出资方按照有关技术标准规范组织验收，验收有关资料交有管辖权的环保部门备案。

6. 向社会公开验收报告

解　析　《建设项目竣工环境保护验收暂行办法》（国环规环评〔2017〕4号）

验收期限是指自建设项目环境保护设施竣工之日起至建设单位向社会公开验收报告之日止的时间。

7. 最高一处

解　析　《中华人民共和国环境保护税法》（中华人民共和国主席令第六十一号）

附表1　一个单位边界上有多处噪声超标，应根据最高一处超标声级计算应纳税额。当沿边界长度超过100米由两处以上噪声超标，按照两个单位计算应纳税额。

8. 固体废物

解　析　《中华人民共和国环境保护税法》（中华人民共和国主席令第六十一号）

第三条　本法所称应税污染物，是指本法所附《环境保护税税目税额表》《应税污染物和当量值表》规定的大气污染物、水污染物、固体废物和噪声。

9. 水土保持方案报告表

解　析　《水利部关于进一步深化“放管服”改革全面加强

水土保持监管的意见》(水保〔2019〕160号)

征占地面积在5公顷以上或者挖填土石方总量在5万立方米以上的生产建设项目（以下简称项目）应当编制水土保持方案报告书，征占地面积在0.5公顷以上5公顷以下或者挖填土石方总量在1千立方米以上5万立方米以下的项目编制水土保持方案报告表。

10．红

解　析　《水利部关于进一步深化“放管服”改革全面加强水土保持监管的意见》(水保〔2019〕160号)

编制水土保持方案报告书的项目，应当依法开展水土保持监测工作。实行水土保持监测“绿黄红”三色评价，水土保持监测单位根据监测情况，在监测季报和总结报告等监测成果中提出“绿黄红”三色评价结论。监测成果应当公开，生产建设单位应当在工程建设期间将水土保持监测季报在其官方网站公开，同时在业主项目部和施工项目部公开。水行政主管部门要将监测评价结论为“红”色的项目，纳入重点监管对象。

二、单选题

1．D

解　析　《中华人民共和国固体废物污染环境防治法》(2020年4月29日第十三届全国人民代表大会常务委员会第十七次会议第二次修订)

第三十九条　产生工业固体废物的单位应当取得排污许可证。

2．B

解　析　《排污口规范化整治技术要求（试行)》(原国家环境保护总局环监〔1996〕470号)

第4.1.5条　排放剧毒、致癌物及对人体有严重危害物质的排放口（源）或危险废物贮存、处置场，设置警告性环境保护图形标志牌。

3．A

解　析　《中华人民共和国大气污染防治法》（2018年10月26日第十三届全国人民代表大会常务委员会第六次会议修订）

第六十九条　施工单位应当在施工工地设置硬质围挡，并采取覆盖、分段作业、择时施工、洒水抑尘、冲洗地面和车辆等有效防尘降尘措施。

4．C

解　析　《排污许可证申请与核发技术规范　码头》（HJ 1107—2020）

4.4.2.4　排放口类型码头排污单位废气排放口主要为干式除尘器（布袋除尘器、静电除尘器等）排气口，均为一般排放口。

5．A

解　析　《铁路边界噪声限值及其测量方法》（GB 12525—1990）

表1　铁路边界噪声限值为昼间70dB（A），夜间70dB（A）。

6．B

解　析　《一般工业固体废物贮存和填埋污染控制标准》（GB 18599—2020）

10.5　大气监测要求

10.5.2　运行期间，企业自行监测频次至少每季度1次。

7．B

解　析　《锅炉大气污染物排放标准》（GB 13271—2014）

4.5　新建锅炉房的烟囱周围半径200m距离内有建筑物时，其烟囱应高出最高建筑物3m以上。

8．B

解　析　《中华人民共和国环境保护税法》（中华人民共和国

主席令第六十一号）

第 5.2 条　第九条　每一排放口的应税水污染物，按照本法所附《应税污染物和当量值表》，区分第一类水污染物和其他类水污染物，按照污染当量数从大到小排序，对第一类水污染物按照前五项征收环境保护税，对其他类水污染物按照前三项征收环境保护税。

9．C

解　析　《固定污染源烟气（SO_2、NO_x、颗粒物）排放连续监测技术规范》（HJ 75—2017）

第 10 章　固定污染源烟气排放连续监测系统日常运行管理要求

固定污染源烟气排放连续监测系统日常运行质量保证要求：

b）无自动校准功能的颗粒物 CEMS 每 15d 至少校准一次仪器的零点和量程，同时测试并记录零点漂移和量程漂移。

10．D

解　析　《中华人民共和国环境影响评价法》（第十三届全国人民代表大会常务委员会第七次会议修订通过）

第三十一条　建设单位未依法报批建设项目环境影响报告书、报告表，或者未依照本法第二十四条的规定重新报批或者报请重新审核环境影响报告书、报告表，擅自开工建设的，由县级以上生态环境主管部门责令停止建设，根据违法情节和危害后果，处建设项目总投资额百分之一以上百分之五以下的罚款，并可以责令恢复原状；对建设单位直接负责的主管人员和其他直接责任人员，依法给予行政处分。

三、多选题

1．ABC

解　析　《一般工业固体废物贮存和填埋污染控制标准》（GB

18599—2020）

10.3.2　地下水监测井的布置应符合以下要求：

a）在地下水流场上游应布置 1 个监测井，在下游至少应布置 1 个监测井，在可能出现污染扩散区域至少应布置 1 个监测井。设置有地下水导排系统的，应在地下水主管出口处至少布置 1 个监测井，用以监测地下水导排系统排水的水质。

2．ABCD

解　析　《危险废物转移管理办法》（生态环境部、公安部、交通运输部令第 23 号）

第二十八条　发生下列情形之一的，移出人应当重新提出危险废物跨省转移申请：

（一）计划转移的危险废物的种类发生变化或者重量（数量）超过原批准重量（数量）的；

（二）计划转移的危险废物的贮存、利用、处置方式发生变化的；

（三）接受人发生变更或者接受人不再具备拟接受危险废物的贮存、利用或者处置条件的。

3．ACD

解　析　《火电厂烟气脱硝技术导则》（DLT 296—2011）

6.3.1　可供选择的还原剂有液氨（NH_3）、尿素［CO（NH_2）$_2$］、氨水（$NH_3 \cdot H_20$ 或 $NH_4 \cdot OH$）

4．ABCD

解　析　《取水许可和水资源费征收管理条例》（国务院令第 460 号）

第六条　实施取水许可必须符合水资源综合规划、流域综合规划、水中长期供求规划和水功能区划，遵守依照《中华人民共和国水法》规定批准的水量分配方案；尚未制定水量分配方案的，应当遵守有关地方人民政府间签订的协议。

5．ABCD

解　析　《地下水管理条例》（国务院令第 748 号）

第二十五条　有下列情形之一的，对取用地下水的取水许可申请不予批准：

（一）不符合地下水取水总量控制、地下水水位控制要求；

（二）不符合限制开采区取用水规定；

（三）不符合行业用水定额和节水规定；

（四）不符合强制性国家标准；

6．ABC

解　析　《取水许可管理办法》（水利部令第 34 号）

第二十七条　按照《取水条例》第二十五条规定，取水单位或者个人向原取水审批机关提出延续取水申请时应当提交下列材料：

（一）延续取水申请书；

（二）原取水申请批准文件和取水许可证。

7．ABC

解　析　《建设项目水资源论证管理办法》（水利部令第 47 号）

第十一条　建设项目水资源论证报告书审查通过后，有下列情况之一的，业主单位应重新或补充编制水资源论证报告书，并提交原审查机关重新审查：

（一）建设项目的性质、规模、地点或取水标的发生重大变化的；

（二）自审查通过之日起满三年，建设项目未批准的。

8．ABCD

解　析　《污染源自动监控设施现场监督检查技术指南》（环办〔2012〕57 号）

7.1　数据异常

7.1.4　自动监控数据变化幅度长期在量程 2%以内波动。

7.1.6.1　分析仪器数据与数采仪数据偏差大于 1%。

7.2.1　仪器量程设置过大。

7.2.2　实际监测条件发生变化，仪器参数未相应调整或变化调整未进行登记备案。

9．ABCD

解　析　《水利部办公厅关于印发生产建设项目水土保持设施自主验收规程（试行）的通知》（办水保〔2018〕133 号）

4.8　存在下列情况之一的，竣工验收结论应为不通过：

a）未依法依规履行水土保持方案及重大变更的编报审批程序的。

b）未依法依规开展水土保持监测或补充开展的水土保持监测不符合的。

c）未依法依规开展水土保持监理工作。

i）未依法依规缴纳水土保持补偿费的。

10．ABCD

解　析　《水利部生产建设项目水土保持方案变更管理（试行）》（办水保〔2016〕65 号）

第三条　水土保持方案经批准后，生产建设项目地点、规模发生重大变化，有下列情形之一的，生产建设单位应当补充或者修改水土保持方案，报水利部审批。

（一）涉及国家级和省级水土流失重点预防区或者重点治理区的；

（二）水土流失防治责任范围增加 30%以上的；

（三）开挖填筑土石方总量增加 30%以上的；

（四）线型工程山区、丘陵区部分横向位移超过 300 米的长度累计达到该部分线路长度的 20%以上的；

（五）施工道路或者伴行道路等长度增加 20%以上的；

（六）桥梁改路堤或者隧道改路堑累计长度 20 公里以上的。

四、判断题

1．正确

解 析 《中华人民共和国噪声污染防治法》（中华人民共和国第十三届全国人民代表大会常务委员会第三十二次会议于 2021 年 12 月 24 日通过）

第三十六条 排放工业噪声的企业事业单位和其他生产经营者，应当采取有效措施，减少振动、降低噪声，依法取得排污许或者填报排污登记表。

2．正确

解 析 《一般工业固体废物贮存和填埋污染控制标准》（GB 18599—2020）

第Ⅱ类一般工业固体废物按照 HJ 557 规定方法获得的浸出液中有一种或一种以上的特征污染物浓度超过 GB 8978 最高允许排放浓度（第二类污染物最高允许排放浓度按照一级标准执行），或 pH 值在 6～9 范围之外的一般工业固体废物。

3．错误

解 析 《危险废物鉴别标准 通则》（GB 5085.7—2019）

3.2 危险废物指列入国家危险废物名录或者根据国家规定的危险废物鉴别标准和鉴别方法认定的具有危险特性的固体废物。

4．正确

解 析 《环境保护主管部门实施按日连续处罚办法》（环境保护部令第 28 号）

第十条 环境保护主管部门应当在送达责令改正违法行为决

定书之日起三十日内，以暗查方式组织对排污者违法排放污染物行为的改正情况实施复查。

5．正确

解　析　《地表水环境质量监测技术规范》（HJ 91.2—2022）

4.2.4.1　采样时应保证采样点位置准确，必要时使用定位仪定位，并拍摄水体现场情况，做好记录。不能抵达指定采样位置时，应记录现场情况和调整后的实际采样位置。

6．正确

解　析　《固定污染源烟气（SO_2、NO_x、颗粒物）排放连续监测技术规范》（HJ 75—2017）

CEMS 在完成安装、调试检测并和主管部门联网后，应进行技术验收，包括 CEMS 技术指标验收和联网验收。

9.4.3　过量空气系数、皮托管系数 K 值、烟道截面积、速度场系数应与登记备案一致。

7．正确

解　析　《建设项目环境保护管理条例》（国务院令第 682 号）

第十三条　建设单位可以采取公开招标的方式，选择从事环境影响评价工作的单位，对建设项目进行环境影响评价。

任何行政机关不得为建设单位指定从事环境影响评价工作的单位，进行环境影响评价。

8．正确

解　析　《固定污染源烟气（SO_2、NO_x、颗粒物）排放连续监测技术规范》（HJ 75—2017）

11.2　定期校准

e）抽取式气态污染物 CEMS 每 3 个月至少进行一次全系统的校准，要求零气和标准气体从监测站房发出，经采样探头末端与样品气体通过的路径（应包括采样管路、过滤器、洗涤器、调节器、分析仪表等）一致，进行零点和量程漂移、示值误差和系统响应时间的检测。

9．正确

解　析　《水利部关于进一步深化“放管服”改革全面加强水土保持监管的意见》(水保〔2019〕160号)

（一）确需在批准的水土保持方案确定的专门存放地外新设弃渣场的，生产建设单位可在征得所在地县级水行政主管部门同意后先行使用，同步做好防护措施，保证不产生水土流失危害，并及时向原审批部门办理变更审批手续。

10．正确

解　析　《中华人民共和国环境保护税法》(中华人民共和国主席令第六十一号)

第八条　从两个以上排放口排放应税污染物的，对每一排放口排放的应税污染物分别计算征收环境保护税；纳税人持有排污许可证的，其污染物排放口按照排污许可证载明的污染物排放口确定。

五、问答题

1．答：

（一）计算各污染物的污染当量数：

二氧化硫：100÷0.95＝105.26（kg）

氮氧化物：200÷0.95＝210.52（kg）

烟尘：10÷2.18＝4.58（kg）

一氧化碳：50÷16.7＝2.99（kg）

汞及其化合物：0.0002÷0.0001＝2（kg）

（二）按污染当量数排序：

氮氧化物（210.52）＞二氧化硫（105.26）＞烟尘（4.58）＞一氧化碳（2.99）＞汞及其化合物（2）

（三）计算应纳税额：

氮氧化物：210.52×7×0.5＝736.82（元）

二氧化硫：105.26×6＝631.56（元）

烟尘：4.58×2＝9.16（元）

大气污染物应纳税额：736.82＋631.56＋9.16＝1377.54（元）

解　析　《中华人民共和国环境保护税法》(中华人民共和国主席令第六十一号)

第八条　应税大气污染物、水污染物的污染当量数，以该污染物的排放量除以该污染物的污染当量值计算。每种应税大气污染物、水污染物的具体污染当量值，依照本法所附《应税污染物和当量值表》执行。

第九条　每一排放口或者没有排放口的应税大气污染物，按照污染当量数从大到小排序，对前三项污染物征收环境保护税。

第十一条　环境保护税应纳税额按照下列方法计算：

（一）应税大气污染物的应纳税额为污染当量数乘以具体适用税额；

第十三条　纳税人排放应税大气污染物或者水污染物的浓度值低于国家和地方规定的污染物排放标准百分之三十的，减按百分之七十五征收环境保护税。纳税人排放应税大气污染物或者水污染物的浓度值低于国家和地方规定的污染物排放标准百分之五十的，减按百分之五十征收环境保护税。

《中华人民共和国环境保护税法实施条例》（中华人民共和国国务院令第693号）

第十条　依照环境保护税法第十三条的规定减征环境保护税的，应税大气污染物的小时平均值或者应税水污染物浓度值的日平均值，以及监测机构当月每次监测的应税大气污染物、水污染物的浓度值，均不得超过国家和地方规定的污染物排放标准。

2．答：①未按照环评文件及批复要求建成环境保护设施；②环境保护设施未能与主体工程同时投产及使用；③污染物排放不符合国家和地方相关标准、环评文件及其审批部门审批决定或者重点污染物排放总量控制指标要求的；④发生重大变动未按照规定重新报批环评文件；⑤建设过程中造成重大环境污染未治理完成的或者造成重大生态破坏未恢复的；⑥纳入排污许可管理的建设项目，无证排污或者不按证排污的；⑦受到处罚被责令整改，尚未完成整改的；⑧验收报告的基础资料数据不实，内容存在重大缺项；⑨验收结论不明确、不合理的。

解　析　《建设项目竣工环境保护验收暂行办法》（国环规环评〔2017〕4号）

第八条　建设项目环境保护设施存在下列情形之一的，建设单位不得提出验收合格的意见：

（一）未按环境影响报告书（表）及其审批部门审批决定要求建成环境保护设施，或者环境保护设施不能与主体工程同时投产或者使用的；

（二）污染物排放不符合国家和地方相关标准、环境影响报告书（表）及其审批部门审批决定或者重点污染物排放总量控制指标要求的；

（三）环境影响报告书（表）经批准后，该建设项目的性质、规模、地点、采用的生产工艺或者防治污染、防止生态破坏的措施发生重大变动，建设单位未重新报批环境影响报告书（表）或者环境影响报告书（表）未经批准的；

（四）建设过程中造成重大环境污染未治理完成，或者造成重大生态破坏未恢复的；

（五）纳入排污许可管理的建设项目，无证排污或者不按证排污的；

（六）分期建设、分期投入生产或者使用依法应当分期验收的建设项目，其分期建设、分期投入生产或者使用的环境保护设施防治环境污染和生态破坏的能力不能满足其相应主体工程需要的；

（七）建设单位因该建设项目违反国家和地方环境保护法律法规受到处罚，被责令改正，尚未改正完成的；

（八）验收报告的基础资料数据明显不实，内容存在重大缺项、遗漏，或者验收结论不明确、不合理的；

（九）其他环境保护法律法规规章等规定不得通过环境保护验收的。

3．答：①由热电联产机组、矸石综合利用机组变为普通发电机组，或由普通发电机组变为矸石综合利用机组②热电联产机组供热替代量减少10%及以上；③单机装机规模变化后超越同等级规模；④锅炉容量变化后超越同等级规模；⑤地址变动导致不利环境影响加重的；⑥电厂（含配套灰场）重新选址；⑦锅炉类型变化后污染排放量增加的；⑧冷却方式变化（包括排烟方式变化、排烟冷却塔直径变大等）或排烟高度降低；⑨烟气处理措施变化导致废气排放浓度（排放量）增加或环境风险增大；⑩周围存在环境敏感点，降噪措施发生变化，导致厂界噪声排放增加。

解　析　《火电建设项目重大变动清单（试行）》（环办〔2015〕52号）

性质：

1）由热电联产机组、矸石综合利用机组变为普通发电机组，或由普通发电机组变为矸石综合利用机组。

2）热电联产机组供热替代量减少10%及以上。

规模：

3）单机装机规模变化后超越同等级规模。

4）锅炉容量变化后超越同等级规模。

地点：

5）电厂（含配套灰场）重新选址；在原厂址（含配套灰场）或附近调整（包括总平面布置发生变化）导致不利环境影响加重。

生产工艺：

6）锅炉类型变化后污染物排放量增加。

7）冷却方式变化。

8）排烟形式变化（包括排烟方式变化、排烟冷却塔直径变大等）或排烟高度降低。

环境保护措施：

9）烟气处理措施变化导致废气排放浓度（排放量）增加或环境风险增大。

10）降噪措施发生变化，导致厂界噪声排放增加（声环境评价范围内无环境敏感点的项目除外）。

4．答：①建设对环境有影响的项目时进行环境影响评价；②被检查时，应该如实反映情况，提供必要资料；③建设的防治污染设施应与主体工程同时设计、同时施工、同时投产使用；④防治生产建设活动中产生的废气、废水等对环境的污染和危害；⑤建立环境保护责任制度；⑥重点排污单位按照相关要求安装监测设备，并保证其正常运行，保存原始检测记录；⑦依法缴纳环境税；实行排污许可管理的按规定申领排污许可证，并按证排污；⑧向社会公开污染物排放、防治设施等相关信息，接受社会的监督；⑨做好突发环境事件的风险控制、应急准备、应急处置和事后恢复等工作。

解　析　依据《中华人民共和国环境保护法》（中华人民共和国主席令第九号）

第十九条　生产建设企业建设对环境有影响的项目时，应当依法进行环境影响评价。

第二十四条　被检查时，应该如实反映情况，提供必要资料。

第四十一条　建设项目中防治污染的设施，应当与主体工程同时设计、同时施工、同时投产使用。防治污染的设施应当符合经批准的环境影响评价文件的要求，不得擅自拆除或者闲置。

第四十二条　防治在生产建设或者其他活动中产生的废气、废水、废渣等对环境的污染和危害。应当建立环境保护责任制度，明确单位负责人和相关人员的责任。重点排污单位应当按照国家有关规定和监测规范安装使用监测设备，保证监测设备正常运行，保存原始监测记录。

第四十三条　排放污染物的企业事业单位和其他生产经营者，应当按照国家有关规定缴纳排污费。排污费应当全部专项用于环境污染防治，任何单位和个人不得截留、挤占或者挪作他用。依照法律规定征收环境保护税的，不再征收排污费。

第四十七条　各级人民政府及其有关部门和企业事业单位，应当依照《中华人民共和国突发事件应对法》的规定，做好突发环境事件的风险控制、应急准备、应急处置和事后恢复等工作。

第五十五条　重点排污单位应当如实向社会公开其主要污染物的名称、排放方式、排放浓度和总量、超标排放情况，以及防治污染设施的建设和运行情况，接受社会监督。

模拟试题（三）参考答案

一、填空题

1．十年

解　析　《危险废物转移管理办法》（生态环境部、公安部、交通运输部部令第 23 号）

第二十条　危险废物电子转移联单数据应当在信息系统中至少保存十年。

2．双钥匙

解　析　《危险废物收集　贮存　运输技术规范》（HJ 2025—2012）

6.6　废弃危险化学品贮存应满足 GB 15603、《危险化学品安全管理条例》《废弃危险化学品污染环境防治办法》的要求。贮存废弃剧毒化学品还应充分考虑防盗要求，采用双钥匙封闭式管理，且有专人 24 小时看管。

3．4

解　析　《火电行业排污许可证申请与核发技术规范》（环水体〔2016〕189 号）

六、达标排放判定方法

（一）废气

2．特殊情况

NO_x 的稳定运行达标判定期为机组启动后出力达到额定的 50%开始到机组解列前出力降到额定的 50%为止。在此期间外的启动和停机时段内的排放数据可不作为火电机组 NO_x 达标判定依据。其中，启动时间原则上并网后不得超过 4 小时，如企业可提供一年以上在线监测数据等证明实际启动时间超过 4 小时的，可适当延长，最高可延长至 8 小时。

4．脱硝效率

解　析　《火电厂烟气治理设施运行管理技术规范》（HJ 2040—2014）

表 1　烟气治理设施运行管理的考核指标

脱硝设施的考核指标包括：脱硝效率、系统投运率、NO_x 排放达标状况及总量控制情况、还原剂消耗量、电耗、氨逃逸。

5．电气

解　析　《电除尘器》（DL/T 514—2017）

4　结构

4.1　电除尘器主要由机械本体和电气两大部分组成。

6．90

解　析　《燃煤电厂超低排放烟气治理工程技术规范》（HJ 2053—2018）

6.4.1.3　采用低低温电除尘技术时，灰硫比宜大于 100，计算方法见附录 F。低低温电除尘器入口烟气温度应低于烟气酸露点，一般为 90±5℃，最低温度应不小于 85℃。

7．半干法

解　析　《火电厂污染防治可行技术指南》（HJ 2301—2017）

5.3.1.1　按照脱硫工艺是否加水和脱硫产物的干湿形态，烟气脱硫技术分为湿法、干法和半干法三种工艺。

8．总量

解　析　《中华人民共和国水污染防治法》（2017 年 6 月 27 日第十二届全国人民代表大会常务委员会第二十八次会议修正）

第二十条　国家对重点水污染物排放实施总量控制制度。

9．原取水审批机关

解　析　《取水许可管理办法》（水利部令第 34 号）

第三十七条　取水单位或者个人应当严格按照批准的年度取水计划取水。因扩大生产等特殊原因需要调整年度取水计划的，应当报经原取水审批机关同意。

10．20

解　析　《建设项目竣工环境保护验收暂行办法》（国环规环评〔2017〕4号）

（三）验收报告编制完成后5个工作日内，公开验收报告，公示的期限不得少于20个工作日。

二、单选题

1．A

解　析　《中华人民共和国噪声污染防治法》（中华人民共和国第十三届全国人民代表大会常务委员会第三十二次会议于2021年12月24日通过）

第四十条　建设单位应当按照规定将噪声污染防治费用列入工程造价，在施工合同中明确施工单位的噪声污染防治责任。

2．D

解　析　《声环境质量标准》（GB 3096—2008）

7.2　位于交通干线两侧一定距离内的噪声敏感建筑物执行4类声环境功能区要求。

3．A

解　析　《危险废物贮存污染控制标准》（GB 18597—2001）

4.7　装载液体危险废物的容器内须留有足够的空间，容器顶部与液体表面之间保留100mm以上的空间。

4．C

解　析　《火电行业排污许可证申请与核发技术规范》（环水体〔2016〕189号）

六、达标排放判定方法

（一）废气

1．一般情况

自动监测小时均值是指“整点 1 小时内不少于 45 分钟的有效数据的算术平均值”。

5．C

解　析　《火电行业排污许可证申请与核发技术规范》（环水体〔2016〕189 号）

六、达标排放判定方法

（一）废气

2．特殊情况

NO_x 的稳定运行达标判定期为机组启动后出力达到额定的 50%开始到机组解列前出力降到额定的 50%为止。在此期间外的启动和停机时段内的排放数据可不作为火电机组 NO_x 达标判定依据。其中，启动时间原则上并网后不得超过 4 小时，如企业可提供一年以上在线监测数据等证明实际启动时间超过 4 小时的，可适当延长，最高可延长至 8 小时。

6．A

解　析　《环境保护主管部门实施按日连续处罚办法》（环境保护部令第 28 号）

第八条　环境保护主管部门可以当场认定违法排放污染物的，应当在现场调查时向排污者送达责令改正违法行为决定书，责令立即停止违法排放污染物行为。

7．C

解　析　《火电厂烟气脱硝技术导则》（DLT 296—2011）

7.1.2　液氨、氨水的反应温度宜为 871℃～1038℃，尿素的反应温度宜为 927℃～1039℃。

8. D

解　析　《火电厂烟气脱硫装置验收技术规范》（DL/T 1150—2012）

5.1　脱硫工艺性能指标：主要有脱硫效率、二氧化硫排放质量浓度、水量消耗、电能消耗、吸收剂消耗、系统压力降、除雾器出口烟气中携带的液滴质量浓度、石膏品质、废水品质、蒸汽消耗和压缩空气消耗。

9. B

解　析　《取水许可和水资源费征收管理条例》（国务院令第460号）

第二十五条　取水许可证有效期限一般为5年，最长不超过10年。有效期届满，需要延续的，取水单位或者个人应当在有效期届满45日前向原审批机关提出申请，原审批机关应当在有效期届满前，作出是否延续的决定。

10. D

解　析　《污染源自动监测设施运行管理办法》（环发〔2008〕6号）

第十五条　污染源自动监控设施的维修、更换必须在48小时内恢复自动监控设施正常运行，设施不能正常运行期间，要采取人工采样监测的方式报送数据，数据报送每天不少于4次，间隔不得超过6小时。

三、多选题

1. ABC

解　析　《火电厂烟气脱硝技术导则》（DLT 296—2011）

1.3.4　促使还原剂选择性地与烟气中的氮氧化物在一定温度下发生化学反应的物质，催化剂形式有蜂窝状、板状和波纹式。

2. ABCD

解　析　《火电厂污染防治可行技术指南》（HJ 2301—2017）

5.1.1　烟气污染防治主要采用烟气除尘、脱硫、低氮燃烧与烟气脱硝、汞污染防治等技术。

3. ABCD

解　析　《火电厂污染防治可行技术指南》（HJ 2301—2017）

5.3　烟气脱硫技术

5.3.2　石灰石-石膏湿法脱硫技术

5.3.3　烟气循环流化床脱硫技术

5.3.4　氨法脱硫技术

5.3.5　海水脱硫技术

5.3.6　脱硫新技术

4. ABCD

解　析　《火力发电厂水务管理导则》（DL/T 1337—2014）

5.3　循环水排污水宜在下列系统综合利用：

a）湿法烟气脱硫系统、除灰渣系统。

b）输煤栈桥冲洗和煤场喷淋。

c）循环水排污水进行脱盐深度处理后，淡水可作为锅炉补给水系统和循环水系统的补充水源。

5. ABCD

解　析　《电力环境保护技术监督导则》（DL/T 1050—2016）

5.2.3.5　应对废水处理设施进行下列技术监督：

a）监督指标：废水处理设施排放口污染物浓度、废水处理率、设备投用率、废水回用率、处理水量。

6. ABC

解　析　《企业事业单位突发环境事件应急预案备案管理办法（试行）》（环发〔2015〕4号）

第十条 开展环境风险评估和应急资源调查。环境风险评估包括但不限于：分析各类事故衍化规律、自然灾害影响程度，识别环境危害因素，分析与周边可能受影响的居民、单位、区域环境的关系，构建突发环境事件及其后果情景，确定环境风险等级。应急资源调查包括但不限于：调查企业第一时间可调用的环境应急队伍、装备、物资、场所等应急资源状况和可请求援助或协议援助的应急资源状况。

7. ABCD

解 析 《固定污染源烟气（SO_2、NO_x、颗粒物）排放连续监测系统技术要求及检测方法》（HJ 76—2017）

5.1 外观要求

5.1.4 CEMS 外壳或外罩应耐腐蚀、密封性能良好、防尘、防雨。

8. ABD

解 析 《固定污染源烟气（SO_2、NO_x、颗粒物）排放连续监测技术规范》（HJ 75—2017）

9.4.5 联网验收技术指标要求通信稳定性

1. 现场机在线率为 95%以上；

2. 正常情况下，掉线后，应在 5min 之内重新上线；

3. 单台数据采集传输仪每日掉线次数在 3 次以内；

4. 报文传输稳定性在 99%以上，当出现报文错误或丢失时，启动纠错逻辑，要求数据采集传输仪重新发送报文。

9. ABD

解 析 《企业事业单位突发环境事件应急预案备案管理办法（试行）》（环发〔2015〕4 号）

第九条 环境应急预案体现自救互救、信息报告和先期处置特点，侧重明确现场组织指挥机制、应急队伍分工、信息报告、监测预警、不同情景下的应对流程和措施、应急资源保障等内容。

10．AB

解　析　《火电行业排污许可证申请与核发技术规范》（环水体〔2016〕189号）

火电企业废气主要排放口包括锅炉烟囱和燃气轮机组烟囱，废气一般排放口包括输煤转运站排气筒、采样间排气筒等；火电企业废水排放口为一般排放口。

四、判断题

1．正确

解　析　《危险废物产生单位管理计划制定指南》（环境保护部公告2016年第8号）

第四部分

（三）产废单位结合自身的实际情况，与生产记录相衔接，建立危险废物台账，如实记载产生危险废物的种类、数量、流向、贮存、利用处置等信息。鼓励产废单位采用信息化手段建立危险废物台账。危险废物台账应分类装订成册，由专人管理，防止遗失。危险废物台账保存期限至少为5年。

2．正确

解　析　《中华人民共和国固体废物污染环境防治法》（2020年4月29日第十三届全国人民代表大会常务委员会第十七次会议第二次修订）

第八十一条　收集、贮存危险废物，应当按照危险废物特性分类进行。禁止混合收集、贮存、运输、处置性质不相容而未经安全性处置的危险废物。

3．正确

解　析　《中华人民共和国固体废物污染环境防治法》（2020年4月29日第十三届全国人民代表大会常务委员会第十七次会议

第二次修订）

第一百一十二条　违反本法规定，有下列行为之一，由生态环境主管部门责令改正，处以罚款，没收违法所得；情节严重的，报经有批准权的人民政府批准，可以责令停业或者关闭：（一）未按照规定设置危险废物识别标志的；有第一项、第六项、第七项、第九项行为之一，处十万元以上一百万元以下的罚款。

4．正确

解　析　《一般工业固体废物贮存和填埋污染控制标准》（GB 18599—2020）

9.8　封场后如需对一般工业固体废物进行开采再利用，应进行环境影响评价。

5．正确

解　析　《中华人民共和国大气污染防治法》（2018 年 10 月 26 日第十三届全国人民代表大会常务委员会第六次会议）

第一条　为保护和改善环境，防治大气污染，保障公众健康，推进生态文明建设，促进经济社会可持续发展，制定本法。

6．错误

解　析　《火电厂烟气治理设施运行管理技术规范》（HJ 2040—2014）

4.6　烟气治理设施可由火电厂自主运行，也可委托具有运营资质的单位运行。

7．正确

解　析　《中华人民共和国水法》（2016 年 7 月 2 日第十二届全国人民代表大会常务委员会第二十一次会议第二次修正）

第四十八条　直接从江河、湖泊或者地下取用水资源的单位和个人，应当按照国家取水许可制度和水资源有偿使用制度的规定，向水行政主管部门或者流域管理机构申请领取取水许可证，并缴纳水资源费，取得取水权。但是，家庭生活和零星散养、圈养畜禽饮用等少量取水的除外。

8．错误

解　析　《中华人民共和国环境保护税法》（主席令第六十一号）

第四条　有下列情形之一的，不属于直接向环境排放污染物，不缴纳相应污染物的环境保护税：

（一）企业事业单位和其他生产经营者向依法设立的污水集中处理、生活垃圾集中处理场所排放应税污染物的；

（二）企业事业单位和其他生产经营者在符合国家和地方环境保护标准的设施、场所贮存或者处置固体废物的。

9．正确

解　析　《地下水管理条例》（国务院令第748号）

第六条　利用地下水的单位和个人应当加强地下水取水工程管理，节约、保护地下水，防止地下水污染。

10．正确

解　析　《中华人民共和国水污染防治法》（2017年6月27日第十二届全国人民代表大会常务委员会第二十八次会议修正）

第十九条　新建、改建、扩建直接或者间接向水体排放污染物的建设项目和其他水上设施，应当依法进行环境影响评价。

五、问答题

1．答：①工地周边围挡百分之百；②物料堆放覆盖百分之百；③土方开挖湿法作业百分之百；④路面硬化百分之百；⑤出入车辆清洗百分之百；⑥土车辆密闭运输百分之百。

解　析　《打赢蓝天保卫战三年行动计划》（国发〔2018〕22号）

第（二十）条　加强扬尘综合治理。严格施工扬尘监管。重点区域建筑施工工地要做到工地周边围挡、物料堆放覆盖、土方开挖湿法作业、路面硬化、出入车辆清洗、渣土车辆密闭运输“六个百分之百”。

2．答：验收程序及内容如下：

（1）项目竣工后，建设单位或委托技术机构启动验收工作。

（2）验收自查，自查内容包括环保手续的履行情况，项目建设情况，环保设施的建设情况，重大变动情况等。

（3）在验收自查的基础上编制验收监测方案。

（4）建设单位自行或委托技术机构开展现场验收监测工作，并形成验收监测报告。验收监测报告应包括建设项目概况、验收依据、项目建设情况、环境保护设施、环评文件主要结论与建议及审批部门审批决定、验收执行标准、验收监测内容、质量保证和质量控制、验收监测结果、验收监测结论、建设项目环境保护“三同时”竣工验收登记表等。

（5）验收监测报告编制完成以后，建设单位应提出验收意见，明确验收结论。验收意见可通过成立验收工作组，召开现场验收会议的形式提出。

（6）建设单位在落实验收意见的基础上，形成验收报告，验收报告包括验收监测报告、验收意见和其他需要说明事项等三部分内容。

（7）验收报告编制完成后应进行公示，公示期满后登录全国建设项目竣工环境保护验收信息平台，填报相关信息。

（8）建设单位整理验收相关材料，建立完整档案。

解　析　《建设项目竣工环境保护验收技术指南　污染影响类》（生态环境部公告 2018 年第 9 号）

第 3 部分　验收工作程序

3．答：①单位基本情况；②监测点位及示意图；③监测指标；④执行标准及其限值；⑤监测频次；⑥采样和样品保存方法；

⑦监测分析方法和仪器；⑧质量保证与质量控制等。

解 析 《排污单位自行监测技术指南 总则》（HJ 819—2017）

4.1 排污单位应查清所有污染源，确定主要污染源及主要监测指标，制定监测方案。监测方案内容包括：单位基本情况、监测点位及示意图、监测指标、执行标准及其限值、监测频次、采样和样品保存方法、监测分析方法和仪器、质量保证与质量控制等。

4. 答：①对不明确是否具有危险特性的固体废物，应开展危废鉴别；②对承运人或者接受人的主体资格和技术能力进行核实，依法签订书面合同，并在合同中约定运输、贮存、利用、处置危险废物的污染防治要求及相关责任；③制订危废管理计划，明确相关信息；④建立危废管理台账；⑤填写、运行危险废物转移联单，明确危废的种类等相关信息以及突发环境事件的防范措施等；⑥及时核实接受人贮存、利用或者处置相关危险废物情况。

解 析 《危险废物转移管理办法》（生态环境部、公安部、交通运输部令第 23 号）

第十条 移出人应当履行以下义务：

（一）对承运人或者接受人的主体资格和技术能力进行核实，依法签订书面合同，并在合同中约定运输、贮存、利用、处置危险废物的污染防治要求及相关责任；

（二）制定危险废物管理计划，明确拟转移危险废物的种类、重量（数量）和流向等信息；

（三）建立危险废物管理台账，对转移的危险废物进行计量称重，如实记录、妥善保管转移危险废物的种类、重量（数量）和接受人等相关信息；

（四）填写、运行危险废物转移联单，在危险废物转移联单中如实填写移出人、承运人、接受人信息，转移危险废物的种类、重量（数量）、危险特性等信息，以及突发环境事件的防范措施等；

（五）及时核实接受人贮存、利用或者处置相关危险废物情况；

（六）法律法规规定的其他义务。

移出人应当按照国家有关要求开展危险废物鉴别。禁止将危险废物以副产品等名义提供或者委托给无危险废物经营许可证的单位或者其他生产经营者从事收集、贮存、利用、处置活动。

模拟试题（四）参考答案

一、填空题

1．1

解 析 《火电行业排污许可证申请与核发技术规范》（环水体〔2016〕189号）

六、达标排放判定方法

（一）废气

2．特殊情况

NO_x 的稳定运行达标判定期为机组启动后出力达到额定的50%开始到机组解列前出力降到额定的50%为止。在此期间外的启动和停机时段内的排放数据可不作为火电机组 NO_x 达标判定依据。其中，启动时间原则上并网后不得超过4小时，如企业可提供一年以上在线监测数据等证明实际启动时间超过4小时的，可适当延长，最高可延长至8小时；停机时间为1小时。对于电量不上网的自备电厂，冷启动不得超过4-5小时，热启动不得超过3-4小时，停机时间为1小时。

2．连续监测系统/CEMS

解 析 《火电厂除尘工程技术规范》（HJ 2039—2014）

火电厂烟气排放应设置连续监测系统进行监测，并与当地环保部门联网。烟气除尘进、出口应设置人工采样孔及操作平台。

3．90%

解 析 《节水型企业　火力发电行业》（GB/T 26925—2011）

4.4　表3：循环冷却水排污水回用率应大于90%。

4．12月31日

解 析 《取水许可管理办法》（水利部令第34号）

第三十四条　取水单位或者个人应当在每年的12月31日前向取水审批机关报送其本年度的取水情况总结（表）和下一年度的取水计划建议（表）。

5. 计量设施

解　析　《取水许可和水资源费征收管理条例》（国务院令第460号）

第四十三条　取水单位或者个人应当依照国家技术标准安装计量设施，保证计量设施正常运行，并按照规定填报取水统计报表。

6. 危险废物识别标志

解　析　《中华人民共和国固体废物污染环境防治法》（2020年4月29日第十三届全国人民代表大会常务委员会第十七次会议第二次修订）

第七十七条　对危险废物的容器和包装物以及收集、贮存、运输、利用、处置危险废物的设施、场所，应当按照规定设置危险废物识别标志。

7. 3

解　析　《一般工业固体废物贮存和填埋污染控制标准》（GB 18599—2020）

10.6　土壤监测要求

10.6.4　运行期间，土壤监测点的自行监测频次一般每3年1次，采样深度根据可能影响的深度适当调整，以表层土壤为重点采样层。

8. 环境质量底线

解　析　《关于实施“三线一单”生态环境分区管控的指导意见（试行）》（环环评〔2021〕108号）

实施“三线一单”（生态保护红线、环境质量底线、资源利用上线和生态环境准入清单）生态环境分区管控制度。

9．5、20

解　析　《建设项目竣工环境保护验收暂行办法》(国环规环评〔2017〕4号)

（三）验收报告编制完成后5个工作日内，公开验收报告，公示的期限不得少于20个工作日。

二、单选题

1．B

解　析　《排污单位自行监测技术指南　火力发电及锅炉》(HJ 820—2017)

5.2　涉及单台14MW或20t/h及以上锅炉或燃气轮机的排污单位企业废水总排放口每季度必监测项目：pH值、化学需氧量、氨氮、悬浮物、总磷、石油类、硫化物、溶解性总固体（全盐类）、流量。

2．C

解　析　《固定污染源烟气（SO_2、NO_x、颗粒物）排放连续监测技术规范》(HJ 75—2017)

表1　示值误差、系统响应时间、零点漂移和量程漂移验收技术要求：二氧化硫当满量程＜286mg/m^{3}时，示值误差不超过±2.5%（相对于仪表满量程值）；氮氧化物当满量程＜410mg/m^{3}时，示值误差不超过±2.5%（相对于仪表满量程值）。

3．C

解　析　《固定污染源烟气（SO_2、NO_x、颗粒物）排放连续监测技术规范》(HJ 75—2017)

10　固定污染源烟气排放连续监测系统日常运行管理要求

固定污染源烟气排放连续监测系统日常运行质量保证要求：e）抽取式气态污染物CEMS每3个月至少进行一次全系统的校

准，要求零气和标准气体从监测站房发出，经采样探头末端与样品气体通过的路径（应包括采样管路、过滤器、洗涤器、调节器、分析仪表等）一致，进行零点和量程漂移、示值误差和系统响应时间的检测。

4．C

解 析 《排污单位环境管理台账及排污许可证执行报告技术规范 总则（试行）》（HJ 944—2018）

4.2 记录形式分为电子台账和纸质台账两种形式。

5．B

解 析 《火电厂烟气脱硝技术导则》（DLT 296—2011）

4.4 脱硝装置使用寿命及检修维护周期应与锅炉主机一致。

6． A

解 析 《火电厂烟气治理设施运行管理技术规范》（HJ 2040—2014）

5.1.3 火电厂应建立健全烟气治理设施的事故预防和应急预案，至少应包括突发事件总体应急预案、环境污染事故专项预案，并定期演练和记录备案。

7．C

解 析 《火电厂烟气脱硫工程技术规范 海水法》（HJ 2046—2014）

5.1.4 海水法烟气脱硫装置的入口烟气含尘浓度应不大于 $30mg/m^3$。

8．B

解 析 《电除尘器》（DLT 514—2017）

10.2 产品整机性能试验

产品整机性能试验宜在正常投运三个月后至六个月进行；测试单位的选定按合同规定执行，无规定时可由用户和制造厂协商确定。测试方法执行 GB/T 13931。

9．A

解 析 《一般工业固体废物贮存和填埋污染控制标准》（GB 18599—2020）

5.1.2 贮存场、填埋场的防洪标准应按重现期不小于 50 年一遇的洪水位设计，国家已有标准提出更高要求的除外。

10．A

解 析 《一般工业固体废物贮存和填埋污染控制标准》（GB 18599—2020）

10.3.3 贮存场、填埋场地下水监测频次应符合以下要求：

a）运行期间，企业自行监测频次至少每季度 1 次，每两次监测之间间隔不少于 1 个月，国家另有规定的除外；如周边有环境敏感区应增加监测频次，具体监测点位和频次依据环境影响评价结论确定。

三、多选题

1．ACD

解 析 《中华人民共和国固体废物污染环境防治法》（2020 年 4 月 29 日第十三届全国人民代表大会常务委员会第十七次会议第二次修订）

第七十九条 产生危险废物的单位，应当按照国家有关规定和环境保护标准要求贮存、利用、处置危险废物，不得擅自倾倒、堆放。

2．ABCD

解 析 《中华人民共和国环境保护税法》（中华人民共和国主席令第六十一号）

第三条 本法所称应税污染物，是指本法所附《环境保护税税目税额表》《应税污染物和当量值表》规定的大气污染物、水污染物、固体废物和噪声。

3．ABC

解　析　《中华人民共和国大气污染防治法》（2018 年 10 月 26 日第十三届全国人民代表大会常务委员会第六次会议修订）

第六十九条　暂时不能开工的建设用地，建设单位应当对裸露地面进行覆盖；超过三个月的，应当进行绿化、铺装或者遮盖。

4．ABCD

解　析　《危险废物鉴别标准　通则》（GB 5085.7—2019）

4.3　未列入《国家危险废物名录》，但不排除具有腐蚀性、毒性、易燃性、反应性的固体废物，依据 GB 5085.1、GB 5085.2、GB 5085.3、GB 5085.4、GB 5085.5 和 GB 5085.6，以及 HJ 298 进行鉴别。凡具有腐蚀性、毒性、易燃性、反应性中一种或一种以上危险特性的固体废物，属于危险废物。

5．ABCD

解　析　《危险废物收集、贮存、运输技术规范》（HJ 2025—2012）

5.7　危险废物的收集作业应满足如下要求：

1）应根据收集设备、转运车辆以及现场人员等实际情况确定相应作业区域，同时要设置作业界限标志和警示牌。

2）作业区域内应设置危险废物收集专用通道和人员避险通道。

3）收集时应配备必要的收集工具和包装物，以及必要的应急监测设备及应急装备。

4）危险废物收集应参照本标准附录 A 填写记录表，并将记录表作为危险废物管理的重要档案妥善保存。

5）收集结束后应清理和恢复收集作业区域，确保作业区域环境整洁安全。

收集过危险废物的容器、设备、设施、场所及其他物品转作他用时，应消除污染，确保其使用安全。

6．ABC

解　析　《固定污染源烟气（SO_2、NO_x、颗粒物）排放连续监测技术规范》（HJ 75—2017）

10　固定污染源烟气排放连续监测系统日常运行管理要求

CEMS运维单位应根据CEMS使用说明书和本标准的要求编制仪器运行管理规程，确定系统运行操作人员和管理维护人员的工作职责。运维人员应当熟练掌握烟气排放连续监测仪器设备的原理、使用和维护方法。CEMS日常运行管理应包括以下方面：日常巡检、日常维护保养和CEMS的校准和校验。

7．AB

解　析　《排污单位自行监测技术指南　火力发电及锅炉》（HJ 820—2017）

5.1.2　无组织废气排放监测点位、指标和频次按表内规定，表内规定非甲烷总烃的监测点位应该设立在储油罐周边及厂界。

8．ABCD

解　析　《排污许可管理条例》（国务院令第736号）

第十四条　排污许可证有效期为5年。排污许可证有效期届满，排污单位需要继续排放污染物的，应当于排污许可证有效期届满60日前向审批部门提出申请。审批部门应当自受理申请之日起20日内完成审查；对符合条件的予以延续，对不符合条件的不予延续并书面说明理由。排污单位变更名称、住所、法定代表人或者主要负责人的，应当自变更之日起30日内，向审批部门申请办理排污许可证变更手续。

9．ABC

解　析　《建设项目水资源论证管理办法》（水利部令第47号）

第十一条　建设项目水资源论证报告书审查通过后，有下列情况之一的，业主单位应重新或补充编制水资源论证报告书，并提交原审查机关重新审查：

（一）建设项目的性质、规模、地点或取水标的发生重大变化的；

（二）自审查通过之日起满三年，建设项目未批准的。

10．ABCD

解　析　《环境噪声自动监测系统技术要求》（HJ 907—2017）

4.2.1　噪声监控系统主要功能噪声监控系统应具有噪声监测子站运行状态监控、数据收集、数据存储、审核、查询、统计及报表生成等功能。

四、判断题

1．正确

解　析　《地表水环境质量监测技术规范》（HJ 91.2—2022）

4.2.2　地表水环境质量例行监测可按月开展。

2．正确

解　析　《企业环境信息依法披露管理办法》（生态环境部部令第 24 号）

第十二条　企业年度环境信息依法披露报告应当包括以下内容：（一）企业基本信息，包括企业生产和生态环境保护等方面的基础信息；（二）企业环境管理信息，包括生态环境行政许可、环境保护税、环境污染责任保险、环保信用评价等方面的信息；（三）污染物产生、治理与排放信息，包括污染防治设施，污染物排放，有毒有害物质排放，工业固体废物和危险废物产生、贮存、流向、利用、处置，自行监测等方面的信息；（四）碳排放信息，包括排放量、排放设施等方面的信息；（五）生态环境应急信息，包括突发环境事件应急预案、重污染天气应急响应等方面的信息；

（六）生态环境违法信息；（七）本年度临时环境信息依法披露情况；（八）法律法规规定的其他环境信息。

3．正确

解　析　《固定污染源烟气（SO_2、NO_x、颗粒物）排放连续监测技术规范》（HJ 75—2017）

10.1　总体要求

CEMS运维单位应根据CEMS使用说明书和本标准的要求编制仪器运行管理规程，确定系统运行操作人员和管理维护人员的工作职责。

4．错误

解　析　《关于深化环境监测改革提高环境监测数据质量的意见》

第十条　明确污染源自动监测要求：建立重点排污单位自行监测与环境质量监测原始数据全面直传上报制度。重点排污单位应当依法安装使用污染源自动监测设备，定期检定或校准，保证正常运行，并公开自动监测结果。取消环境保护部门负责的有效性审核。重点排污单位自行开展污染源自动监测的手工比对，及时处理异常情况，确保监测数据完整有效。自动监测数据可作为环境行政处罚等监管执法的依据。

5．错误

解　析　《排污单位环境管理台账及排污许可证执行报告技术规范　总则（试行）》（HJ 944—2018）

第四章　环境管理台账记录要求

排污许可管理台账应当包括基本信息、生产设施运行管理信息、污染防治设施运行管理信息、监测记录信息，生产设施运行管理信息包括：正常工况（运行状态、生产负荷、主要产品产量、原辅料、燃料、其他）、非正常工况（起止时间、产品产量、原辅材料及燃料消耗量、事件原因、应对措施、是否报告）；污染治理设施运行管理信息：正常情况（运行情况、主要药剂添加情况、DCS 系统曲线图）、异常情况（起止时间、污染物排放浓度、异常原因、应对措施、是否报告）。

6．正确

解 析 《排污单位自行监测技术指南 火力发电及锅炉》（HJ 820—217）

5.2 废水排放监测废水排放监测的监测点位、监测指标、监测频次表三规定，生活污水不排入总排口，该企业废水监测时可不测总磷。

7．错误

解 析 《固定污染源烟气（SO_2、NO_x、颗粒物）排放连续监测技术规范》（HJ 75—2017）

7.1.1.7 应合理布置采样平台与采样孔；

c）当 CEMS 安装在矩形烟道时，若烟道截面的高度＞4m，则不宜在烟道顶层开设参比方法采样孔；若烟道截面的宽度＞4m，则应在烟道两侧开设参比方法采样孔，并设置多层采样平台。

8．正确

解 析 《固定污染源烟气（SO_2、NO_x、颗粒物）排放连续监测技术规范》（HJ 75—2017）

11.2 定期校准

e）抽取式气态污染物 CEMS 每 3 个月至少进行一次全系统的校准，要求零气和标准气体从监测站房发出，经采样探头末端与样品气体通过的路径（应包括采样管路、过滤器、洗涤器、调节器、分析仪表等）一致，进行零点和量程漂移、示值误差和系统响应时间的检测。

9. 正确

解析 《建设项目环境保护管理条例》（国务院令第253号）

第十四条 建设单位编制环境影响报告书，应当依照有关法律规定，征求建设项目所在地有关单位和居民的意见。

10. 错误

解析 《中华人民共和国噪声污染防治法》（中华人民共和国第十三届全国人民代表大会常务委员会第三十二次会议于2021年12月24日通过）

第四十三条 在噪声敏感建筑物集中区域，禁止夜间进行产生噪声的建筑施工作业，但抢修、抢险施工作业，因生产工艺或者其他特殊需要必须连续施工作业的除外。因特殊需要必须连续施工作业的，应当取得地方人民政府住房和城乡建设、生态环境主管部门或者地方人民政府指定的部门证明，并在施工现场显著位置公示或者以其他方式公告附近居民。

五、问答题

1. 答：①企业基本信息，包括企业生产和生态环境保护等方面的基础信息；②企业环境管理信息，包括生态环境行政许可、环境保护税、环境污染责任保险、环保信用评价等方面的信息；③污染物产生、治理与排放信息，包括污染防治设施，污染物排放，有毒有害物质排放，工业固体废物和危险废物产生、贮存、流向、利用、处置，自行监测等方面的信息；④碳排放信息，包括排放量、排放设施等方面的信息；⑤生态环境应急信息，包括突发环境事件应急预案、重污染天气应急响应等方面的信息；⑥生态环境违法信息；⑦本年度临时环境信息依法披露情况。

解析 《企业环境信息依法披露管理办法》（生态环境部令第24号）

第十二条 企业年度环境信息依法披露报告应当包括以下

内容：

（一）企业基本信息，包括企业生产和生态环境保护等方面的基础信息；

（二）企业环境管理信息，包括生态环境行政许可、环境保护税、环境污染责任保险、环保信用评价等方面的信息；

（三）污染物产生、治理与排放信息，包括污染防治设施，污染物排放，有毒有害物质排放，工业固体废物和危险废物产生、贮存、流向、利用、处置，自行监测等方面的信息；

（四）碳排放信息，包括排放量、排放设施等方面的信息；

（五）生态环境应急信息，包括突发环境事件应急预案、重污染天气应急响应等方面的信息；

（六）生态环境违法信息；

（七）本年度临时环境信息依法披露情况；

（八）法律法规规定的其他环境信息。

2．答：①未按照环评文件及批复要求建成环境保护设施；②环境保护设施未能与主体工程同时投产及使用；③污染物排放不符合国家和地方相关标准、环评文件及其审批部门审批决定或者重点污染物排放总量控制指标要求的；④发生重大变动未按照规定重新报批环评文件；⑤建设过程中造成重大环境污染未治理完成的或者造成重大生态破坏未恢复的；⑥纳入排污许可管理的建设项目，无证排污或者不按证排污的；⑦受到处罚被责令整改，尚未完成整改的；⑧验收报告的基础资料数据不实，内容存在重大缺项；⑨验收结论不明确、不合理的。

解　析　《建设项目竣工环境保护验收暂行办法》（国环规环评〔2017〕4号）

第八条　建设项目环境保护设施存在下列情形之一的，建设单位不得提出验收合格的意见：

（一）未按环境影响报告书（表）及其审批部门审批决定要求建成环境保护设施，或者环境保护设施不能与主体工程同时投产或者使用的；

（二）污染物排放不符合国家和地方相关标准、环境影响报告书（表）及其审批部门审批决定或者重点污染物排放总量控制指标要求的；

（三）环境影响报告书（表）经批准后，该建设项目的性质、规模、地点、采用的生产工艺或者防治污染、防止生态破坏的措施发生重大变动，建设单位未重新报批环境影响报告书（表）或者环境影响报告书（表）未经批准的；

（四）建设过程中造成重大环境污染未治理完成，或者造成重大生态破坏未恢复的；

（五）纳入排污许可管理的建设项目，无证排污或者不按证排污的；

（六）分期建设、分期投入生产或者使用依法应当分期验收的建设项目，其分期建设、分期投入生产或者使用的环境保护设施防治环境污染和生态破坏的能力不能满足其相应主体工程需要的；

（七）建设单位因该建设项目违反国家和地方环境保护法律法规受到处罚，被责令改正，尚未改正完成的；

（八）验收报告的基础资料数据明显不实，内容存在重大缺项、遗漏，或者验收结论不明确、不合理的；

（九）其他环境保护法律法规规章等规定不得通过环境保护验收的。

3．答：①由热电联产机组、矸石综合利用机组变为普通发电机组，或由普通发电机组变为矸石综合利用机组②热电联产机组供热替代量减少10%及以上；③单机装机规模变化后超越同等级规模；④锅炉容量变化后超越同等级规模；⑤地址变动导致不利环境影响加重的；⑥电厂（含配套灰场）重新选址；⑦锅炉类型变化后污染排放量增加的；⑧冷却方式变化（包括排烟方式变化、排烟冷却塔直径变大等）或排烟高度降低；⑨烟气处理措施变化导致废气排放浓度（排放量）增加或环境风险增大；⑩周围存在环境敏感点，降噪措施发生变化，导致厂界噪声排放增加。

解　析　《火电建设项目重大变动清单（试行）》（环办〔2015〕52号）

性质：

1）由热电联产机组、矸石综合利用机组变为普通发电机组，或由普通发电机组变为矸石综合利用机组。

2）热电联产机组供热替代量减少10%及以上。

规模：

3）单机装机规模变化后超越同等级规模。

4）锅炉容量变化后超越同等级规模。

地点：

5）电厂（含配套灰场）重新选址；在原厂址（含配套灰场）或附近调整（包括总平面布置发生变化）导致不利环境影响加重。

生产工艺：

6）锅炉类型变化后污染物排放量增加。

7）冷却方式变化。

8）排烟形式变化（包括排烟方式变化、排烟冷却塔直径变大等）或排烟高度降低。

环境保护措施：

9）烟气处理措施变化导致废气排放浓度（排放量）增加或环境风险增大。

10）降噪措施发生变化，导致厂界噪声排放增加（声环境评价范围内无环境敏感点的项目除外）。

4．答：

（一）计算各污染物的污染当量数：

二氧化硫：100÷0.95＝105.26（kg）

氮氧化物：200÷0.95＝210.52（kg）

烟尘：10÷2.18＝4.58（kg）

一氧化碳：50÷16.7＝2.99（kg）

汞及其化合物：0.0002÷0.0001＝2（kg）

（二）按污染当量数排序：

氮氧化物（210.52）＞二氧化硫（105.26）＞烟尘（4.58）＞一氧化碳（2.99）＞汞及其化合物（2）

（三）计算应纳税额：

氮氧化物：210.52×7×0.5＝736.82（元）

二氧化硫：105.26×6＝631.56（元）

烟尘：4.58×2＝9.16（元）

大气污染物应纳税额：736.82＋631.56＋9.16＝1377.54（元）

解　析　《中华人民共和国环境保护税法》（中华人民共和国主席令第六十一号）

第八条　应税大气污染物、水污染物的污染当量数，以该污染物的排放量除以该污染物的污染当量值计算。每种应税大气污染物、水污染物的具体污染当量值，依照本法所附《应税污染物和当量值表》执行。

第九条　每一排放口或者没有排放口的应税大气污染物，按照污染当量数从大到小排序，对前三项污染物征收环境保护税。

第十一条　环境保护税应纳税额按照下列方法计算：（一）应税大气污染物的应纳税额为污染当量数乘以具体适用税额。

第十三条　纳税人排放应税大气污染物或者水污染物的浓度

值低于国家和地方规定的污染物排放标准百分之三十的，减按百分之七十五征收环境保护税。纳税人排放应税大气污染物或者水污染物的浓度值低于国家和地方规定的污染物排放标准百分之五十的，减按百分之五十征收环境保护税。

《中华人民共和国环境保护税法实施条例》（中华人民共和国国务院令第 693 号）

第十条　依照环境保护税法第十三条的规定减征环境保护税的，应税大气污染物的小时平均值或者应税水污染物浓度值的日平均值，以及监测机构当月每次监测的应税大气污染物、水污染物的浓度值，均不得超过国家和地方规定的污染物排放标准。

模拟试题（五）参考答案

一、填空题

1. 5

解　析　《危险废物产生单位管理计划制定指南》（环境保护部公告 2016 年第 9 号）

原则上管理计划按年度制定，并存档 5 年以上。

2. 排污许可证

解　析　《中华人民共和国噪声污染防治法》（中华人民共和国第十三届全国人民代表大会常务委员会第三十二次会议于 2021 年 12 月 24 日通过）

第三十六条　实行排污许可管理的单位，不得无排污许可证排放工业噪声，并应当按照排污许可证的要求进行噪声污染防治。

3. 海水恢复系统

解　析　《火电厂烟气脱硫工程技术规范　海水法》（HJ 2046—2014）

6.1.1　海水法烟气脱硫装置应由海水供应系统、烟气系统、二氧化硫吸收系统和海水恢复系统等组成。

4. 连续监测系统/CEMS

解　析　《火电厂除尘工程技术规范》（HJ 2039—2014）

火电厂烟气排放应设置连续监测系统进行监测，并与当地环保部门联网。烟气除尘进、出口应设置人工采样孔及操作平台。

5. 回转脉冲

解　析　《火电厂除尘工程技术规范》（HJ 2039—2014）

6.6.1.8　袋式除尘器清灰方式应根据烟尘的物理性质确定，燃煤锅炉烟气宜采用行喷吹袋式除尘器或回转脉冲喷吹袋式除尘器。

6. 两

解 析 《国家重点监控企业自行监测及信息公开办法（试行）》（环发〔2013〕81 号）

第十条 以自动监测方式开展自行监测的，应当具备以下条件：

（二）具有两名以上持有省级环境保护主管部门颁发的污染源自动监测数据有效性审核培训证书的人员，对自动监测设备进行日常运行维护。

7. 3 个月

解 析 《建设项目竣工环境保护验收暂行办法》（国环规环评〔2017〕4 号）

除需要取得排污许可证的水和大气污染防治设施外，其他环境保护设施的验收期限一般不超过 3 个月。

8. 5

解 析 《火电行业排污许可证申请与核发技术规范》（环水体〔2016〕189 号）

已投运排污单位的年最大使用量按近五年实际使用量的最大值填写，未投运排污单位的年最大使用量按设计使用量填写。

9. 30

解 析 《环境噪声自动监测系统技术要求》（HJ 907—2017）

4.1.3.1 传声器风罩在风速 30m/s 时应不损坏。

10. 70

解 析 《工业企业厂界环境噪声排放标准》（GB 12348—2008）

4.1.3 夜间偶发噪声的最大声级超过限值的幅度不得高于 15dB（A）。

二、单选题

1．B

解　析　《中华人民共和国固体废物污染环境防治法》（2020年4月29日第十三届全国人民代表大会常务委员会第十七次会议第二次修订）

第四条　固体废物污染环境防治坚持减量化、资源化和无害化的原则。

2．C

解　析　《中华人民共和国噪声污染防治法》（中华人民共和国第十三届全国人民代表大会常务委员会第三十二次会议于2021年12月24日通过）

第十五条　地方噪声排放标准应当报国务院生态环境主管部门备案。

3．C

解　析　《中华人民共和国固体废物污染环境防治法》（2020年4月29日第十三届全国人民代表大会常务委员会第十七次会议第二次修订）

第五条　固体废物污染环境防治坚持污染担责的原则。

4．B

解　析　《火电厂水工设计规范（灰场部分）》（DL/T 5339—2018）

17.2.6　坝体结构

3．灰坝超过10m时坝坡宜设置马道。

5．B

解　析　《一般工业固体废物贮存和填埋污染控制标准》（GB 18599—2020）

9.7　封场后渗滤液处理系统、废水排放监测系统应继续正常运行，直到连续2年内没有渗滤液产生或产生的渗滤液未经处理即可稳定达标排放。

6. C

解　析　《电除尘器》(DLT 514—2017)

5.2　性能参数为：

a）电除尘器效率（%）；

b）烟气流速（m/s）；

c）设计压力（kPa）；

d）本体压力降（Pa）；

e）本体漏风率（%）；

f）噪声［dB（A）］。

7. A

解　析　《排污单位自行监测技术指南　火力发电及锅炉》(HJ 820—2017)

5.2　涉单台14MW或20t/h及以上锅炉或燃气轮机的排污单位，直流冷却水排放口的废水监测指标（水温、流量）最低监测频次为日。

8. B

解　析　《排污单位自行监测技术指南　火力发电及锅炉》(HJ 820—2017)

5.2　涉及单台14MW或20t/h及以上锅炉或燃气轮机的排污单位企业废水总排放口每季度必监测项目：pH值、化学需氧量、氨氮、悬浮物、总磷、石油类、硫化物、溶解性总固体（全盐类）、流量。

9. D

解　析　《排污单位环境管理台账及排污许可证执行报告技术规范　总则（试行）》(HJ 944—2018)

4.4　记录频次

生产设施运行管理信息：正常工况（运行状态、生产负荷、主要产品产量：1 次/日或批次；原辅料、燃料：按采购批次），非正常工况（1 次/工况期）。污染治理设施运行管理信息：正常情况（运行情况、主要药剂添加情况：1 次/日，DCS 曲线图：1 次/月），异常情况：按照异常情况期记录，1 次/异常情况期。

10．B

解　析　《排污单位自行监测技术指南　火力发电及锅炉》（HJ 820—2017）

5.3　厂界环境噪声监测厂界环境噪声每季度至少开展一次昼夜监测，监测指标为等效 A 声级。

三、多选题

1．ABCD

解　析　《危险废物收集、贮存、运输技术规范》（HJ 2025—2012）

5.2　危险废物的收集应根据危险废物的工艺特征、排放周期、危险废物特性、废物管理计划等因素制定收集计划。收集计划应包括收集任务概述、收集目标及原则、危险废物特性评估、危险废物收集量估算、收集作业范围和方法、收集设备与包装容器、安全生产与个人防护、工程防护与事故应急、进度安排与组织管理。

2．AC

解　析　《中华人民共和国固体废物污染环境防治法》（2020 年 4 月 29 日第十三届全国人民代表大会常务委员会第十七次会议第二次修订）

第四十条　产生工业固体废物的单位应当根据经济、技术条件对工业固体废物加以利用；对暂时不利用或者不能利用的，应当按照国务院生态环境等主管部门的规定建设贮存设施、场所，安全分类存放，或者采取无害化处置措施。贮存工业固体废物应当采取符合国家环境保护标准的防护措施。

3．ABCD

解 析 《一般工业固体废物贮存和填埋污染控制标准》（GB 18599—2020）

5.1.3 贮存场和填埋场一般应包括以下单元：

a）防渗系统、渗滤液收集和导排系统；

b）雨污分流系统；

c）分析化验与环境监测系统；

d）公用工程和配套设施；

e）地下水倒排系统和废水处理系统（根据具体情况选择设置）。

4．ABCD

解 析 《危险废物贮存污染控制标准》（GB 18597—2001）

6.2 危险废物贮存设施（仓库式）的设计原则

6.2.1 地面与裙脚要用坚固、防渗的材料建造，建筑材料必须与危险废物相容。

6.2.2 必须有泄漏液体收集装置、气体导出口及气体净化装置。

6.2.3 设施内要有安全照明设施和观察窗口。

6.2.4 用以存放装载液体、半固体危险废物容器的地方，必须有耐腐蚀的硬化地面，且表面无裂隙。

6.2.5 应设计堵截泄漏的裙脚，地面与裙脚所围建的容积不低于堵截最大容器的最大储量或总储量的五分之一。

6.2.6 不相容的危险废物必须分开存放，并设有隔离间隔断。

5. ACD

解　析　《火电厂烟气脱硝技术导则》（DLT 296—2011）

6.1.3　应对空气预热器等下游设备采取防腐、吹灰及冲洗等措施。

6. ABCD

解　析　《火力发电厂水务管理导则》（DL/T 1337—2014）

5.5　湿法烟气脱硫工艺应减少使用新鲜水或淡水，应采用下列系统的排水：

a）循环水排污水。

b）化学车间反渗透浓水。

c）处理合格的厂区生产和生活废水以及城市再生水。

7. ACD

解　析　《取水许可和水资源费征收管理条例》（国务院令第 460 号）

第二条　本条例所称取水，是指利用取水工程或者设施直接从江河、湖泊或者地下取用水资源。

8. ABCD

解　析　《火力发电厂能量平衡导则　第 5 部分：水平衡实验》（DL/T 606.5—2009）

4.3　在下列任何一种条件下，都应该进行水平衡实验：

a）新机组投入稳定运行一年内；

b）主要用水系统、设备已进行了改造，运行工况发生了较大的变化；

c）与同类型机组相比，单位发电量取水量明显偏高，或偏离设计水耗较大；

d）在实施节水、废水综合利用或废水零排放工程之前。

9．ABCD

解　析　《国家重点监控企业自行监测及信息公开办法（试行）》（环发〔2013〕81号）

第五条　企业自行监测内容应当包括：

（一）水污染物排放监测；

（二）大气污染物排放监测；

（三）厂界噪声监测；

（四）环境影响评价报告书（表）及其批复有要求的，开展周边环境质量监测。

10．ABC

解　析　《中华人民共和国环境影响评价法》（2018年12月29日第十三届全国人民代表大会常务委员会第七次会议修订通过）

第二十四条　建设项目的环境影响评价文件经批准后，建设项目的性质、规模、地点、采用的生产工艺或者防治污染、防止生态破坏的措施发生重大变动的，建设单位应当重新报批建设项目的环境影响评价文件。

四、判断题

1．正确

解　析　《火电行业排污许可证申请与核发技术规范》（环水体〔2016〕189号）

明确所有废水排放口各项水污染因子许可排放浓度（除pH值、TDS外），为日均浓度。

2．正确

解　析　《中华人民共和国固体废物污染环境防治法》（2020年4月29日第十三届全国人民代表大会常务委员会第十七次会议第二次修订）

第一百一十二条　违反本法规定，有下列行为之一，由生态环境主管部门责令改正，处以罚款，没收违法所得；情节严重的，报经有批准权的人民政府批准，可以责令停业或者关闭：

（十三）未按照国家有关规定建立危险废物管理台账并如实记录的。

有第十三项行为，处十万元以上一百万元以下的罚款。

3．正确

解　析　《最高人民法院、最高人民检察院关于办理环境污染刑事案件适用法律若干问题的解释》（2016 年 12 月 8 日最高人民检察院第十二届检查委员会第 58 次会议通过）

第一条　实施刑法第三百三十八条规定的行为，具有下列情形之一的，应当认定为“严重污染环境”：

（二）非法排放、倾倒、处置危险废物三吨以上的。

4．正确

解　析　《中华人民共和国固体废物污染环境防治法》（2020 年4月29日第十三届全国人民代表大会常务委员会第十七次会议第二次修订）

第八十一条　收集、贮存危险废物，应当按照危险废物特性分类进行。禁止混合收集、贮存、运输、处置性质不相容而未经安全性处置的危险废物。

5．错误

解　析　《中华人民共和国环境保护税法》（中华人民共和国第十二届全国人民代表大会常务委员会第二十五次会议于 2016 年 12 月 25 日通过）

第十条　应税大气污染物、水污染物、固体废物的排放量和噪声的分贝数，按照下列方法和顺序计算：

（一）纳税人安装使用符合国家规定和监测规范的污染物自

动监测设备的，按照污染物自动监测数据计算；

（二）纳税人未安装使用污染物自动监测设备的，按照监测机构出具的符合国家有关规定和监测规范的监测数据计算。

6．错误

解　析　《中华人民共和国大气污染防治法》（2018 年 10 月 26 日第十三届全国人民代表大会常务委员会第六次会议修订）

第六十九条　暂时不能开工的建设用地，建设单位应当对裸露地面进行覆盖；超过三个月的，应当进行绿化、铺装或者遮盖。

7．正确

解　析　《一般工业固体废物贮存和填埋污染控制标准》（GB 18599—2020）

第Ⅱ类一般工业固体废物按照 HJ 557 规定方法获得的浸出液中有一种或一种以上的特征污染物浓度超过 GB 8978 最高允许排放浓度（第二类污染物最高允许排放浓度按照一级标准执行），或 pH 值在 6～9 范围之外的一般工业固体废物。

8．正确

解　析　《危险废物鉴别标准　通则》（GB 5085.7—2019）

6.2　具有毒性危险特性的危险废物利用过程产生的固体废物，经鉴别不再具有危险特性的，不属于危险废物。除国家有关法规、标准另有规定的外，具有毒性危险特性的危险废物处置后产生的固体废物，仍属于危险废物。

9．错误

解　析　《取水许可和水资源费征收管理条例》（国务院令第 460 号）

第五十三条　未安装计量设施的，责令限期安装，并按照日最大取水能力计算的取水量和水资源费征收标准计征水资源费，处 5000 元以上 2 万元以下罚款；情节严重的，吊销取水许可证。

10．正确

解 析 《中华人民共和国水污染防治法》（2017年6月27日第十二届全国人民代表大会常务委员会第二十八次会议修正）

第八十二条 违反本法规定，有下列行为之一的，由县级以上人民政府环境保护主管部门责令限期改正，处二万元以上二十万元以下的罚款；逾期不改正的，责令停产整治：

（二）未按照规定安装水污染物排放自动监测设备，未按照规定与环境保护主管部门的监控设备联网，或者未保证监测设备正常运行的。

五、问答题

1．答：①超过国家或者地方规定的污染物排放标准，或者超过重点污染物排放总量控制指标排放污染物的；②通过暗管、渗井、渗坑、灌注或者篡改、伪造监测数据，或者不正常运行防治污染设施等逃避监管的方式排放污染物的；③排放法律、法规规定禁止排放的污染物的；④违法倾倒危险废物的；⑤其他违法排放污染物行为。

解 析 《环境保护主管部门实施按日连续处罚办法》（环境保护部令第28号）

排污者有下列行为之一，受到罚款处罚，被责令改正，拒不改正的，依法作出罚款处罚决定的环境保护主管部门可以实施按日连续处罚：

1）超过国家或者地方规定的污染物排放标准，或者超过重点污染物排放总量控制指标排放污染物的；

2）通过暗管、渗井、渗坑、灌注或者篡改、伪造监测数据，或者不正常运行防治污染设施等逃避监管的方式排放污染物的；

3）排放法律、法规规定禁止排放的污染物的；

4）违法倾倒危险废物的；

5）其他违法排放污染物行为。

2．答：①建设对环境有影响的项目时进行环境影响评价；②被检查时，应该如实反映情况，提供必要资料；③建设的防治污染设施应与主体工程同时设计、同时施工、同时投产使用；④防治生产建设活动中产生的废气、废水等对环境的污染和危害；⑤建立环境保护责任制度；⑥重点排污单位按照相关要求安装监测设备，并保证其正常运行，保存原始检测记录；⑦依法缴纳环境税；实行排污许可管理的按规定申领排污许可证，并按证排污；⑧向社会公开污染物排放、防治设施等相关信息，接受社会的监督；⑨做好突发环境事件的风险控制、应急准备、应急处置和事后恢复等工作。

解析 《中华人民共和国环境保护法》（中华人民共和国主席令第九号）

第十九条　生产建设企业建设对环境有影响的项目时，应当依法进行环境影响评价。

第二十四条　被检查时，应该如实反映情况，提供必要资料。

第四十一条　建设项目中防治污染的设施，应当与主体工程同时设计、同时施工、同时投产使用。防治污染的设施应当符合经批准的环境影响评价文件的要求，不得擅自拆除或者闲置。

第四十二条　防治在生产建设或者其他活动中产生的废气、废水、废渣等对环境的污染和危害。应当建立环境保护责任制度，明确单位负责人和相关人员的责任。重点排污单位应当按照国家有关规定和监测规范安装使用监测设备，保证监测设备正常运行，保存原始监测记录。

第四十三条　排放污染物的企业事业单位和其他生产经营者，应当按照国家有关规定缴纳排污费。排污费应当全部专项用于环境污染防治，任何单位和个人不得截留、挤占或者挪作他用。

依照法律规定征收环境保护税的，不再征收排污费。

第四十七条　各级人民政府及其有关部门和企业事业单位，应当依照《中华人民共和国突发事件应对法》的规定，做好突发环境事件的风险控制、应急准备、应急处置和事后恢复等工作。

第五十五条　重点排污单位应当如实向社会公开其主要污染物的名称、排放方式、排放浓度和总量、超标排放情况，以及防治污染设施的建设和运行情况，接受社会监督。

3. 答：①对不明确是否具有危险特性的固体废物，应开展危废鉴别；②对承运人或者接受人的主体资格和技术能力进行核实，依法签订书面合同，并在合同中约定运输、贮存、利用、处置危险废物的污染防治要求及相关责任；③制订危废管理计划，明确相关信息；④建立危废管理台账；⑤填写、运行危险废物转移联单，明确危废的种类等相关信息以及突发环境事件的防范措施等；⑥及时核实接受人贮存、利用或者处置相关危险废物情况。

解　析　《危险废物转移管理办法》（生态环境部、公安部、交通运输部令第23号）

第十条　移出人应当履行以下义务：

（一）对承运人或者接受人的主体资格和技术能力进行核实，依法签订书面合同，并在合同中约定运输、贮存、利用、处置危险废物的污染防治要求及相关责任；

（二）制定危险废物管理计划，明确拟转移危险废物的种类、重量（数量）和流向等信息；

（三）建立危险废物管理台账，对转移的危险废物进行计量称重，如实记录、妥善保管转移危险废物的种类、重量（数量）和接受人等相关信息；

（四）填写、运行危险废物转移联单，在危险废物转移联单中如实填写移出人、承运人、接受人信息，转移危险废物的种类、重量（数量）、危险特性等信息，以及突发环境事件的防范措施等；

（五）及时核实接受人贮存、利用或者处置相关危险废物情况；

（六）法律法规规定的其他义务。

移出人应当按照国家有关要求开展危险废物鉴别。禁止将危险废物以副产品等名义提供或者委托给无危险废物经营许可证的单位或者其他生产经营者从事收集、贮存、利用、处置活动。

4．答：验收程序及内容如下：

（1）项目竣工后，建设单位或委托技术机构启动验收工作。

（2）验收自查，自查内容包括环保手续的履行情况，项目建设情况，环保设施的建设情况，重大变动情况等。

（3）在验收自查的基础上编制验收监测方案。

（4）建设单位自行或委托技术机构开展现场验收监测工作，并形成验收监测报告。验收监测报告应包括建设项目概况、验收依据、项目建设情况、环境保护设施、环评文件主要结论与建议及审批部门审批决定、验收执行标准、验收监测内容、质量保证和质量控制、验收监测结果、验收监测结论、建设项目环境保护“三同时”竣工验收登记表等。

（5）验收监测报告编制完成以后，建设单位应提出验收意见，明确验收结论。验收意见可通过成立验收工作组，召开现场验收会议的形式提出。

（6）建设单位在落实验收意见的基础上，形成验收报告，验收报告包括验收监测报告、验收意见和其他需要说明事项等三部分内容。

（7）验收报告编制完成后应进行公示，公示期满后登录全国建设项目竣工环境保护验收信息平台，填报相关信息。

（8）建设单位整理验收相关材料，建立完整档案。

解　析　《建设项目竣工环境保护验收技术指南　污染影响类》（生态环境部公告 2018 年第 9 号）

第 3 部分　验收工作程序